职业院校智能制造专业"十四五"系列教材

电气控制线路安装与维修

（任务驱动模式·含工作页·微课视频）

主　编　金凌芳

副主编　钟皖生　杨细芬

参　编　郑炎栋　魏克辉　陈建荣

机械工业出版社

本书以《国家职业技能标准 电工》为依据，紧紧围绕"以职业标准为依据，以企业需求为导向，以职业能力为核心"的编写理念，采用"任务驱动"模式编写，以工作任务为引领，由浅入深，循序渐进，精简理论，突出核心技能与实际操作能力，使理论与实践融为一体，充分体现"工作中学习，学习中工作"的教学思想，以培养社会急需的高技能人才。本书分3个单元，18个工作任务，主要内容包括电气控制线路的安装与调试、低压电器的选用与电气控制线路的设计、电气控制线路的分析与检修。每个单元提出职业能力目标要求，每个工作任务分为任务目标、任务描述、任务分析、任务准备、任务实施、任务评价和任务拓展等栏目。

本书还开发了配套的工作页和微课视频。工作页按照"资讯、计划、决策、实施、检查、评价"6个完整的行动序列来设计，以引导学生自主学习、探究学习、合作学习，既可以作为课前预习、课中记录及课后作业的学习手册，同时也是评价学生职业能力的有效载体。

本书难度适中，可作为广大职业院校培养中、高级电类技能型人才的教学用书，也可作为相关人员的在职培训、岗位培训用书。

图书在版编目（CIP）数据

电气控制线路安装与维修：任务驱动模式：含工作页：微课视频/金凌芳主编. —北京：机械工业出版社，2023.1（2025.1重印）
职业院校智能制造专业"十四五"系列教材
ISBN 978-7-111-72231-1

Ⅰ.①电… Ⅱ.①金… Ⅲ.①电气控制-控制电路-安装-职业教育-教材②电气控制-控制电路-维修-职业教育-教材 Ⅳ.①TM571.2

中国版本图书馆CIP数据核字（2022）第252746号

机械工业出版社（北京市百万庄大街22号 邮政编码100037）
策划编辑：陈玉芝 王 博 责任编辑：陈玉芝 王 博
责任校对：贾海霞 王 延 封面设计：陈 沛
责任印制：郜 敏
北京富资园科技发展有限公司印刷
2025年1月第1版第3次印刷
184mm×260mm · 18.25印张 · 440千字
标准书号：ISBN 978-7-111-72231-1
定价：59.00元

电话服务 网络服务
客服电话：010-88361066 机 工 官 网：www.cmpbook.com
010-88379833 机 工 官 博：weibo.com/cmp1952
010-68326294 金 书 网：www.golden-book.com
封底无防伪标均为盗版 机工教育服务网：www.cmpedu.com

前 言

　　《国家职业教育改革实施方案》明确提出，职业教育是有别于普通教育的一种教育类型，职业教育教材应当采用和普通教育教材不同的编写形式，在内容、体例、呈现方式等各方面突出鲜明的职教特色，采用新型活页式、工作手册式教材并配套开发信息化资源是新时代教材建设的重点。为此，我们针对职业教育中电气自动化设备安装与维修专业、机电一体化专业等专业的高素质技术技能人才培养要求，以全国技工院校"十二五"系列规划教材《电气控制线路安装与维修》（任务驱动模式·含工作页）为基础，重新编写，使本书更具有时代特色。本书具有以下特点：

　　在编写理念上，突出以职业能力为核心。本书在编写时坚持"以职业标准为依据，以企业需求为导向，以职业能力为核心"的理念，结合企业实际，反映岗位需求，突出新知识、新技术、新工艺、新方法，以培养学生的综合职业能力为目标。

　　在编写模式上，采用"任务驱动"的编写模式。以任务为引领，使理论与实践融为一体。按照维修电工核心职业领域分3个单元18个任务进行展开，每个任务由任务目标、任务描述、任务分析、任务准备、任务实施、任务评价和任务拓展等栏目，充分反映"工作即学习、学习即工作"的教学思想，符合一体化教学改革方向。

　　在内容安排上，增强针对性和可读性。本书内容由浅入深，循序渐进，精简理论，突出核心技能与实操能力，并以《国家职业技能标准　电工》为依据，结合考证实例，更具有针对性和选择性。为激发学生（员）的学习兴趣，每个任务结合工作实际案例提出，还精心设置了"特别提示"等栏目。

　　在使用功能上，注重一体化教学实施。本书立足一体化教学改革，借鉴先进的行动导向教学理念，配套开发了工作页、电子课件、微课视频等立体化、信息化教学资源。

　　本书由金凌芳任主编，并负责全书的策划、统稿、校稿工作；钟皖生、杨细芬任副主编。全书共分3个单元，单元1由钟皖生、杨细芬、郑炎栋编写，单元2由金凌芳编写，单元3由陈建荣、魏克辉编写，工作页由金凌芳、陈建荣、魏克辉编写，微课视频由钟皖生、杨细芬、郑炎栋、魏克辉负责制作，金凌芳负责策划、审核。

　　本书的机床控制线路图由浙江天煌科技有限公司提供，在本书编写过程中还参考了相关资料和文献，在此向有关单位和个人表示衷心感谢！

　　由于编者水平有限，书中难免有疏漏和不足之处，恳请读者批评指正。

编　者

二维码清单

名称	图形	名称	图形
三相交流异步电动机的接线方式		三相笼型异步电动机自锁正转控制线路	
认识常用低压电器——刀开关		电器元件的安装接线——工艺要求	
认识常用低压电器——组合开关		三相笼型异步电动机正反转控制线路——倒顺开关控制	
认识常用低压电器——熔断器		三相笼型异步电动机正反转控制线路——接触器联锁	
三相笼型异步电动机手动正转控制线路——通电试车		三相笼型异步电动机正反转控制线路——按钮接触器双重联锁	
认识常用低压电器——交流接触器		认识常用低压电器——低压断路器	
认识常用低压电器——按钮		认识常用低压电器——行程开关	
三相笼型异步电动机点动控制线路		三相笼型异步电动机位置控制线路	
认识常用低压电器——热继电器		槽板安装——工艺要求	

（续）

名称	图形	名称	图形
三相笼型异步电动机位置控制线路——通电试车		三相交流双速异步电动机按钮控制线路	
三相笼型异步电动机自动往返控制线路		三相交流双速异步电动机自动变速控制线路	
三相笼型异步电动机顺序控制线路		三相交流双速异步电动机自动变速控制线路——通电前检查	
三相笼型异步电动机顺序起动、逆序停止控制线路——通电前检查		三相绕线转子异步电动机起动与调速控制线路	
认识常用低压电器——时间继电器		三相绕线转子异步电动机起动与调速控制线路——凸轮控制器控制	
三相笼型异步电动机减压起动控制线路——丫-△减压起动		电气防火和防爆	
三相笼型异步电动机制动控制线路——电磁抱闸制动		电气控制线路设计的一般要求	
认识常用低压电器——速度继电器		机床电气故障的检修方法——电压测量法	
三相笼型异步电动机制动控制线路——反接制动		机床电气故障的检修方法——电阻测量法	
三相笼型异步电动机制动控制线路——能耗制动		CA6150 型卧式车床	
三相笼型异步电动机的半波整流能耗制动控制线路——通电前检查		CA6150 型卧式车床——电气控制分析（一）	
三相交流笼型异步电动机变极调速原理		CA6150 型卧式车床——电气控制分析（二）	

（续）

名称	图形	名称	图形
CA6150 型卧式车床——电气控制分析（三）		X62W 型万能铣床——电气控制分析（二）	
Z3050 型摇臂钻床		X62W 型万能铣床——电气控制分析（三）	
Z3050 型摇臂钻床——电气控制分析（一）		T68 型卧式镗床	
Z3050 型摇臂钻床——电气控制分析（二）		T68 型卧式镗床——电气控制分析（一）	
Z3050 型摇臂钻床——电气控制分析（三）		T68 型卧式镗床——电气控制分析（二）	
M7130 型平面磨床		T68 型卧式镗床——电气控制分析（三）	
M7130 型平面磨床——电气控制分析（一）		T68 型卧式镗床——故障维修示例	
M7130 型平面磨床——电气控制分析（二）		20/5t 桥式起重机——电气控制分析（一）	
M7130 型平面磨床——电气控制分析（三）		20/5t 桥式起重机——电气控制分析（二）	
X62W 型万能铣床		20/5t 桥式起重机——电气控制分析（三）	
X62W 型万能铣床——电气控制分析（一）			

目 录

单元1　电气控制线路的安装与调试

单元目标

方法能力目标

1. 收集整理资料的能力。
2. 制订、实施工作计划的能力。
3. 理论知识应用及实践操作的能力。
4. 基本电气控制线路分析的能力。
5. 自我评价的认知能力和他人评价的承受能力。

专业能力目标

1. 常用低压电器的识别与应用能力。
2. 基本电气控制线路图的识读能力。
3. 基本电气控制线路的安装与调试能力。
4. 常用电工工具和仪表的使用能力。

社会能力目标

1. 沟通协调能力。
2. 语言表达能力。
3. 团队组织能力。
4. 班组管理能力。
5. 责任心与职业道德，安全与自我保护能力。

单元任务

　　由于各种生产机械的工作性质和加工工艺的不同，使得它们对电动机的控制要求也不尽相同。要使电动机按照生产机械的要求正常、安全地运转，必须配备相应的电器，组成一定的控制线路，才能达到控制目的。在生产实践中，一台生产机械的控制线路可以比较简单，也可以相当复杂。但是，任何复杂的控制线路总是由一些基本的控制线路组合起来的。电动机常见的基本控制线路有以下几种：手动正转控制线路、点动控制线路、自锁正转控制线路、正反转控制线路、位置控制线路、顺序控制线路、减压起动控制线路、制动控制线路、变极调速控制线路和起动与调速控制线路等。本单元任务是学习上述常见基本控制线路的安装与调试。

任务 1　三相笼型异步电动机手动正转控制线路的安装与调试

任务目标

1. 会正确识别、安装和使用常用低压开关、熔断器。
2. 知道三相交流异步电动机的两种接线方式，并能按要求正确连接。
3. 能分析三相异步电动机手动正转控制线路的控制原理，并会正确安装。
4. 明确电动机的通电操作步骤和安全注意事项。
5. 能查阅相关资料，提高独立工作的能力和团队协作的能力。
6. 遵守"7S"管理规定，做到安全文明操作。

任务描述

图 1-1-1 所示是开启式负荷开关控制的三相笼型异步电动机手动正转控制线路，按图在配线板上进行安装与调试，具体要求如下：

1. 按图示进行正确的安装与调试。
2. 所有元器件的安装符合工艺要求。
3. 正确使用电工工具和仪表，能用仪表测量线路和检测元器件。
4. 电动机要通过端子排接入配线板，电动机外壳要有保护接地或接零。
5. 学员进入实训场地要穿戴好劳保用品并进行安全文明操作。
6. 安装工时：60min。

图 1-1-1　开启式负荷开关控制的三相笼型异步电动机手动正转控制线路

任务分析

手动正转控制线路是通过低压开关来控制电动机起动与停止的线路，是最基本的电气控制线路，具有使用电器少、接线简单、操作方便等特点，主要应用于 5.5kW 以下小功率三相异步电动机拖动的机械设备，如三相排风扇、砂轮机等。完成该任务需要学习熔断器、组合开关等常用低压电器的知识，记住它们的图形符号与文字符号，熟悉它们的功能、基本结构、工作原理及型号的含义，还要会识读手动正转控制线路的原理图和安装接线图，并能正确安装，明确通电试车时的通电操作程序，特别是安全文明操作。

任务准备

一、明确三相交流异步电动机的接线方式

三相交流异步电动机的三相定子绕组每相都有两个引出线头，一头叫作首端，另一头叫作末端。第一相绕组首端用 U1 表示，末端用 U2 表示；第二相绕组首端用 V1 表示，末端用 V2 表示；第三相绕组首末端分别用 W1 和 W2 来表示。这六个引出线头接到接线盒的接线柱上，接线柱相应地标出 U1、U2、V1、V2、W1、W2 的标记，如图 1-1-2 所示。三相定子绕组的六根端头可将三相定子绕组接成星形或三角形。一台电动机是接成星形还是三角形，应依厂商规定（可以从电动机铭牌上查到）。三相定子绕组的首末端是生产厂商事先设定好的，绝不可任意颠倒，但可将三相绕组的首末端一起颠倒，例如将三相绕组的末端 U2、V2、W2 倒过来作为首端，而将 U1、V1、W1 作为末端，但绝不可单独将一相绕组的首末端颠倒，否则将产生接线错误。如果接线盒中发生接线错误，或者将绕组首末端弄错，轻则电动机不能正常起动，长时间通电造成起动电流过大，电动机发热严重，影响寿命，重则烧毁电动机绕组，或造成电源短路。

图 1-1-2　三相交流异步电动机

1. 星形联结

星形（丫）联结是指将三相绕组的末端并连起来（即将 U2、V2、W2 三个接线柱用联结片连接在一起），将三相绕组首端分别接入三相交流电源（即将 U1、V1、W1 分别接入 L1、L2、L3 相电源），如图 1-1-3 所示。

2. 三角形联结

三角形（△）联结是指将第一相绕组的首端 U1 与第三相绕组的末端 W2 相连接，再接入第一相电源；将第二相绕组的首端 V1 与第一相绕组的末端 U2 相连接，再接入第二相电源；将第三相绕组的首端 W1 与第二相绕组的末端 V2 相连接，再接入第三相电源。即在接线板上将接线柱 U1 和 W2、V1 和 U2、W1 和 V2 分别用联结片连接起来，再分别接入三相电源，如图 1-1-4 所示。

三相交流异步
电动机的接线
方式

图 1-1-3　星形联结

图 1-1-4　三角形联结

二、认识常用低压开关

低压开关是指交流额定工作电压不超过 1200V、直流额定工作电压不超过 1500V 的开关电器，主要作隔离、转换及接通和分断电路用，多数用作机床电路中的电源开关和局部照明电路的开关，有时也可用来直接控制小功率电动机的起动、停止和正反转。常用的低压开关有开启式负荷开关、组合开关和低压断路器，这里先介绍前面两种。

1. 开启式负荷开关

开启式负荷开关俗称瓷底胶盖刀开关，简称刀开关。生产中常用的是 HK 系列开启式负荷开关，适用于照明、电热设备及小功率电动机控制线路，供手动不频繁接通和分断电路并起短路保护作用。HK 系列负荷开关由刀开关和熔断器组合而成。开启式负荷开关结构简单，价格便宜，在一般的照明电路和功率小于 5.5kW 的电动机控制线路中被广泛采用。但这种开关没有专用的灭弧装置，其刀式动触头和静触头易被电弧灼伤引起接触不良，因此不宜用于操作频繁的电路。

（1）类型及符号 开启式负荷开关的常见类型及符号如图 1-1-5 所示。

图 1-1-5 开启式负荷开关的常见类型及符号

（2）型号及规格 常见的开启式负荷开关有 HK 系列，其型号及含义如下：

认识常用低压电器——刀开关

常见的 HK1 系列开启式负荷开关的主要技术参数见表 1-1-1。

表 1-1-1　常见的 HK1 系列开启式负荷开关的主要技术参数

型　号	极　数	额定电流/A	额定电压/V	可控制电动机最大功率/kW		配用熔丝的规格			
				220V	380V	熔丝的成分（%）			熔丝线径/mm
						铅	锡	锑	
HK1 - 15	2	15	220	—	—				1.45 ~ 1.59
HK1 - 30	2	30	220	—	—				2.30 ~ 2.52
HK1 - 60	2	60	220	—	—	98	1	1	3.36 ~ 4.00
HK1 - 15	3	15	380	1.5	2.2				1.45 ~ 1.59
HK1 - 30	3	30	380	3.0	4.0				2.30 ~ 2.52
HK1 - 60	3	60	380	4.5	5.5				3.36 ~ 4.00

2. 组合开关

组合开关又称为转换开关，其特点是体积小、触头多、接线方式灵活、操作方便。组合开关适用于交流频率 50Hz、额定工作电压 380V 及以下，直流额定工作电压 220V 及以下、额定电流 100A 以下的电气线路中，用于手动不频繁接通、分断电源电路，也可用作直接控制 5.5kW 以下较小功率电动机的起动、停止和正反转。

（1）类型及符号　组合开关的常见类型及符号如图 1-1-6 所示。

图 1-1-6　组合开关的常见类型及符号

（2）结构原理　HZ10 - 10/3 型组合开关的结构如图 1-1-7 所示，其静触头装在绝缘垫

认识常用低压电器——组合开关

图 1-1-7　HZ10 - 10/3 型组合开关的结构

板上，并附有接线柱，用于与电源及负载相接，动触头装在能随转轴转动的绝缘垫板上，手柄和转轴能沿顺时针或逆时针方向转动90°，带动3个动触头分别与静触头接触或分离，实现接通和分断电路的目的。由于采用了扭簧储能结构，能快速闭合及分断电路，且使开关的闭合和分断速度与手动操作快慢无关。

（3）型号及规格

```
        HZ  10 —□  □/□
组合开关 ┘        │ │  └─ 极数
设计序号 ────┘    │ └──── 开关专门用途代号
                  └────── 额定电流
```

常见的HZ10、HZ5系列组合开关的主要技术参数见表1-1-2。

表1-1-2 常见的HZ10、HZ5系列组合开关的主要技术参数

型　　号	额定电流/A	可控制电动机的最大功率和额定电流		说　　明
HZ10-10	6（单极）	3kW	7A	属于国标产品（建议使用）
	10			
HZ10-25	25	5.5kW	12A	
HZ10-60	60	—		
HZ10-100	100	—		
HZ5-10	10	1.7kW		HZ1~HZ5系列为非国标产品
HZ5-20	20	4kW		
HZ5-40	40	7.5kW		
HZ5-60	60	10kW		

三、认识低压熔断器

低压熔断器是低压配电网络和电力拖动系统中主要用作短路保护的电器，在照明和加热电路中熔断器也可用作过载保护电路。使用时，熔断器应串联在被保护的电路中。正常情况下，熔断器的熔体相当于一段导线，而当电路发生短路故障时，熔体能迅速熔断分断电路，起到保护线路和电气设备的作用，且故障电流偏大，熔断时间越短。它具有结构简单、价格便宜、动作可靠、使用维修方便等优点，因此得到了广泛应用。

1. 熔断器的常见类型及符号（见图1-1-8）

2. 熔断器的结构

熔断器主要由熔体（也称熔芯）、安装熔体的熔管和熔座三部分组成。熔体是熔断器的核心，常做成丝状、片状或栅状，制作熔体的材料一般有铅锡合金、锌、铜、银等。熔管是熔体的保护外壳，用耐热绝缘材料制成，在熔体熔断时兼有灭弧作用。熔座是熔断器的底座，作用是固定熔管和外接引线。

螺旋式熔断器属于有填料密封管式熔断器，主要由瓷帽、熔体（熔管）、熔断指示器、高接线端、低接线端及瓷座等组成，如图1-1-9所示。它具有分断能力较强、结构紧凑、体积小、更换熔体方便等特点，广泛用于控制箱、配电屏、机床设备及振动较大的场合。

熔体内装有石英砂、熔丝和带小红点的熔断指示器，石英砂用以增强灭弧性能。如熔断指示器的小红点脱落，则表明熔丝熔断。

图 1-1-8　熔断器的常见类型及符号

a）NT 系列刀形触点熔断器　b）RT 系列圆筒形帽熔断器　c）插入式熔断器　d）螺旋式熔断器　e）电路符号

图 1-1-9　螺旋式熔断器的结构

3. 型号及规格

- 熔体额定电流（A）
- 熔断器额定电流（A）
- 设计代号
- C—插入式
- L—螺旋式
- M—无填料密封管式
- T—有填料密封管式
- S—快速式
- Z—自复式
- R—熔断器

常见的 RL 系列熔断器的主要技术参数见表 1-1-3。

表1-1-3　常见的 RL 系列熔断器的主要技术参数

类　别	型　号	额定电压/V	额定电流/A	熔体额定电流等级/A	极限分断能力/kA	功率因数
螺旋式熔断器	RL1	500	15	2、4、6、10、15	2	≥0.3
			60	20、25、30、35、40、50、60	3.5	
			100	60、80、100	20	
			200	100、125、150、200	50	
	RL2	500	25	2、4、6、10、15、20、25	1	
			60	25、35、50、60	2	
			100	80、100	3.5	

四、认知接线端子排

电气控制配接线中，凡控制屏内设备与屏外设备相连接时，都要通过一些专门的接线端子，这些接线端子组合起来，便称为接线端子排，也可称为端子排、接线端子。端子排的作用就是将屏内设备和屏外设备的线路相连接，起到信号（电流电压）传输的作用。有了端子排，使得接线美观，维护方便，在远距离线之间的连接时更加牢靠，便于施工和维护。

端子排的常见类型如图1-1-10所示。

图1-1-10　端子排的常见类型

端子排有很多生产厂商制造，型号每家都不一样。下面以 JD0 系列端子排为例说明其型号的含义。

```
J D 0—10   20
```
接线端子 ——
设计序号 ——
—— 20节
—— 10A

五、识读安装接线图

安装接线图是用规定的图形符号，按各元器件相对位置绘制的实际接线图。图1-1-11是手动正转控制线路的安装接线图，这是多线法绘制而成的。图中没有具体元器件间的距离，安装时以 20～60mm

图1-1-11　手动正转控制线路的安装接线图

的间隔为宜，端子排接在配线板边缘约 20mm 处。

六、准备工具、仪表、器材及耗材（见表 1-1-4）

表 1-1-4　工具、仪表、器材及耗材一览表

分　类	名　　称	型号与规格	单　位	数　量	备　注
工具	电工工具	验电器、螺钉旋具（一字槽和十字槽）、电工刀、尖嘴钳、钢丝钳等	套	1	
仪表	绝缘电阻表	ZC7（500V）或自定	块	1	
	万用表	MF500 或自定	块	1	
器材	三相异步电动机	Y112M－4（1.1kW、380V、2.41A、丫联结）或 WDJ26（厂编）	台	1	M
	配线板	木质配线板（600mm×500mm×20mm）	块	1	
	刀开关	HK1－15/3，15A	把	1	QS
	熔断器	RL1－15/10，15A 熔断器配 10A 熔体	只	3	FU1
	端子排	JD0－1015	条	1	XT
耗材	主电路导线	BV－1.5mm^2	m	若干	
	板外连接导线	BVR－1.5mm^2	m	若干	
	接地线	BVR－1.5mm^2（黄绿双色）	m	若干	
	自攻螺钉	自定	颗	若干	

七、明确安装接线的工艺要求

1. HK1 系列刀开关的安装工艺要求

1）线路有熔断器作短路保护，刀开关中的熔体可用 1mm^2 导线连接。

2）刀开关要求装在配线板右上方，其上方不再安装其他电器，以防触电事故的发生。

3）刀开关垂直地面安装，合闸时，操作手柄朝上，不得倒装与平装。

4）接线时应将电源进线接在静触点接线桩上，负载侧引线接在动触点一侧的接线桩上。

2. RL 系列熔断器的安装工艺要求

1）熔断器的进出线接线桩应垂直布置，螺旋式熔断器电源进线应接在瓷座的低接线端上，负载侧出线应接在螺纹壳的高接线端上，这样在更换熔体时，旋出螺帽后螺纹壳上不带电，可以保证操作者的安全，如图 1-1-12 所示。

2）熔断器要安装合格的熔体。

3）安装熔断器时，上下各级熔体应相互配合，做到下一级熔体规格小于上一级熔体规格。

4）更换熔体或熔管时，必须切断电源，尤其不允许带负荷操作。

5）熔断器兼作隔离器件使用时，应安装在控制开关的进线端；若仅作短路保护用，应安装在控制开关的出线端。

图 1-1-12　熔断器的正确安装

3. 电动机的安装接线工艺要求

1）控制板必须安装在操作时能看到电动机的地方，以保证安全；放在桌面时，应防止掉到地上。

2）电动机在座墩或底座上的固定必须牢固。在紧固底脚螺栓时，必须按对角线均匀施力，依次交错逐步拧紧。

3）电动机为Y联结时，应先将 U2、V2、W2 短接，U1、V1、W1 分别接到端子排的 U、V、W。

4）电动机外壳按照规定要求必须接到保护接地专用端子上。检查安装质量，并用绝缘电阻表检查绝缘。

4. 端子排的安装工艺要求

1）应排列整齐、合理，布置于控制板或控制柜边缘。

2）端子排的安装应牢固，其金属外壳部分应可靠接地。

◤ 任务实施

1. 明确工作任务

本任务以小组为单位实施，根据班级人数将学生分成若干个小组，每组以 3~4 人为宜，每人明确各自的工作任务和要求。小组长负责组织成员制订安装与调试单元任务 1 工作计划，协调小组实施工作任务，领取、分发材料和汇报成果。

2. 制订工作计划

根据任务要求、工作流程和小组成员的分工，小组讨论安装与调试单元任务 1 内容，制订合理的工作计划。工作计划的内容包括工作环节或工作流程，每个环节内容所用的工具、材料，质量、安全和环境检测等措施，负责人员，计划工时等。工作计划须提交给小组长或指导教师审核，征得同意后方可实施。

3. 绘制安装接线图

根据安装与调试单元任务 1 中的电气控制线路图绘制安装接线图。

4. 领取并检查材料

正确填写安装与调试单元任务 1 工作页中的材料清单，从仓库中领取材料，并认真检查其是否完好。

5. 安装接线

对照安装与调试单元任务 1 的安装接线图和电动机安装接线的工艺要求，在规定时间内完成接线。

6. 检查记录

接线完成后，进行线路检查。检查方法有核对检查和万用表检查两种。如果有故障，应及时处理，并在工作页上填写安装与调试单元任务 1 的接线故障分析及处理单。

（1）核对检查　线路安装完毕后，通常要结合原理图或安装接线图从电源端开始，根据编号逐一检查接线的正确性及接点的安装质量，检查有无漏接、错接之处。

（2）万用表检查　用万用表"$R \times 1$"挡，并进行校零，分别测量电动机的直流电阻 R_{UV}、R_{UW}、R_{WV}，装好熔体，合上刀开关，将万用表两表笔分别放在刀开关的上接线座，测得的阻值应与对应的直流电阻一致。否则，说明接线错误或接触不良，应仔细检查。

7. 通电试运行

1）检查无误后，再用绝缘电阻表检查电动机及线路对地的绝缘电阻（不得小于1MΩ）。在排除其他一切可能的不安全因素后，方可通电试运行。通电试运行时，要严格执行电工安全操作规程，穿戴好劳动防护用品，一人监护、一人操作。

2）通电试运行前，必须征得教师的同意，并由指导教师接通三相电源 L1、L2、L3，同时在现场监护。学生用验电器检查工位的电源插座是否有电，确认有电后再插上电源插头→合上电源开关 QS→检验熔断器下接线端是否带电，注意观察电动机的工作状况，如出现异常情况，应立即切断电源，并仔细记录故障现象，以作为故障分析的依据，还要及时进行故障排除，待故障排除后再次通电试运行。

（二维码旁注：三相笼型异步电动机手动正转控制线路——通电试车）

3）如出现故障，学生应独立进行检修。若需带电检查时，教师必须在现场监护。检修完毕后，如需要再次试运行，教师也应该在现场监护，并做好时间记录。

4）通电校验完毕，切断电源，进行验电，在确保无电的情况下拔下插头或拆除电源连接线。

8. 整理清扫

拆除所装线路及元器件，按照"7S"要求做到工完场清。整理并归还材料。

任务评价

见配套教材《电气控制线路安装与维修工作页》AZ01。

任务拓展

安装与调试组合开关控制的三相笼型异步电动机手动正转控制线路（见图 1-1-13），组合开关安装的具体要求如下：

1）组合开关装在配线板的右上方，其上方不再安装其他电器。

2）组合开关的通断能力较低，不能用来分断故障电流；金属外壳可靠接地。

3）当开关处于关断时，手柄处于水平位置；当开关接通时，手柄处于垂直位置。

图 1-1-13　组合开关控制的三相笼型异步电动机手动正转控制线路

特别提示：比较开启式负荷开关控制的三相笼型异步电动机手动正转控制线路图，分析熔断器的作用有何不同。

任务 2　三相笼型异步电动机点动控制线路的安装与调试

任务目标

1. 会正确识别、安装和使用交流接触器、按钮等常用低压电器。

2. 能分析三相笼型异步电动机点动控制线路的工作原理。

3. 能看懂三相异步电动机点动控制线路的安装布置图和接线图，并会正确安装。

4. 能应用万用表检查线路，验证线路安装的正确性，并进行故障的排除。

5. 能查阅相关资料，提高独立工作的能力和团队协作的能力。

6. 遵守"7S"管理规定，做到安全文明操作。

📖 任务描述

图 1-2-1 所示是三相笼型异步电动机的点动控制线路，按图在配线板上进行电气线路安装与调试，具体要求如下：

1. 根据三相笼型异步电动机点动控制线路的原理图绘制布置图和接线图。

2. 对照三相笼型异步电动机点动控制线路的布置图和接线图安装接线。

3. 板面导线敷设必须横平竖直，符合板前明线敷设的工艺要求。

4. 正确使用电工工具和仪表，能用仪表测量线路和检测元器件。

5. 按钮、电动机要通过端子排接入配线板，电动机要有保护接地或接零。

6. 学员进入实训场地要穿戴好劳保用品并进行安全文明操作，通电调试时要有人监护。

图 1-2-1　三相笼型异步电动机的点动控制线路

7. 安装工时：80min。

✏️ 任务分析

点动控制线路是最基本的电气控制线路之一，按下按钮，电动机通电运转；松开按钮，电动机失电停下来。它是电动机运行时间较短的一种控制线路，广泛应用于设备调试运行、起吊重物和机床设备调整等场合。该任务是在完成本单元任务 1 的基础上实施的，完成该任务需要学习交流接触器、按钮这两个重要低压电器的知识，识别它们的结构特征，记住它们的文字符号和图形符号，熟悉其动作原理和常用型号，分析点动控制线路的工作原理，看懂点动控制线路的元器件布置图和安装接线图，明确板前明线敷设的工艺要求，然后才能对这个线路进行安装与调试。

▱ 任务准备

一、认识交流接触器

交流接触器是一种自动的电磁式开关，适用于远距离频繁接通或断开交流主电路及大容量控制线路。其主要控制对象是电动机，也可用于控制其他负载，如电热设备、电焊机以及电容器组等。它不仅能实现远距离自动操作和欠电压释放保护功能，而且具有控制容量大、工作可靠、操作频率高、使用寿命长等优点，在电力拖动系统中得到广泛应用。

1. 常见的交流接触器及符号

常见的交流接触器及符号如图 1-2-2 所示。

图 1-2-2　常见的交流接触器及符号

2. 结构原理

交流接触器的结构如图 1-2-3 所示，它主要由电磁系统、触头系统和灭弧装置等组成。其工作原理是将线圈通电，使电磁系统动作，带动触头动作，使触头闭合或断开，实现电路的通断控制。

图 1-2-3　交流接触器的结构

（1）电磁系统　主要由线圈、静铁心和衔铁（动铁心）三部分组成。为了消除衔铁在铁心上的振动和噪声，交流接触器在铁心端面上装有短路环。铁心由硅钢片叠压而成，是交流接触器的主要发热部件。

（2）触头系统　交流接触器采用双断点桥式触头，触头按功能不同分为主触头和辅助触头两类，主触头用以通断电流较大的主电路，辅助触头用通断电流较小的控制线路，通常有 3 个主触头、2 个常开和 2 个常闭辅助触头。

（3）灭弧装置　交流接触器在分断较大电流电路时，在动、静触头之间将产生较强的电弧，它不仅会烧伤触头，严重时还会造成相间短路。通常主触头的额定电流在 40A 以上的交流接触器都带有灭弧装置，用以熄灭电弧。

认识常用低压电器——交流接触器

3. 型号及规格

CJT1 系列交流接触器的型号及其含义如下：

CJ　T　1—□

基本规格代号,用380V 额定电压下的额定工作电流数值表示

设计序号

新型铜基银触头

交流接触器

CJT1 系列交流接触器的常见规格见表 1-2-1。

二、认识按钮

按钮是主令电器的一种，常用的主令电器还有位置开关、万能转换开关和主令控制器。主令电器是用作接通或者断开控制电器，以发出指令或者作程序控制的开关电器。按钮的触头允许通过的电流较小，一般不超过 5A，因此一般情况下它不直接控制主电路的通断，而

是在控制线路中发出指令或者信号去控制接触器、继电器等电器，再由它们去控制主电路的通断、功能转换或者电气联锁。

表1-2-1　CJT1系列交流接触器的常见规格

型号	主触头		线圈电压/V	可控制电动机最大功率/kW	
	额定电流/A	额定电压/V		220V	380V
CJT1-10	10			2.2	4
CJT1-20	20			5.8	10
CJT1-40	40	380	36、110、127、220、380	11	20
CJT1-60	60			17	30
CJT1-100	100			28	50
CJT1-150	150			43	75

1. 按钮的常见类型及标注（见图1-2-4）

颜色	含义
红	紧急
黄	异常
绿	安全
蓝	强制性的
白	未赋予特定含义
灰	
黑	

图1-2-4　按钮的常见类型及标注

2. 结构原理

按钮一般都由按钮帽、复位弹簧、桥式触头、外壳及支柱连杆等组成。按钮按未受外力时触头的分合状况，可分为常开按钮（起动按钮，用绿色标记）、常闭按钮（停止按钮，用红色标记）及复合按钮（常开、常闭组合为一体的按钮），其结构及符号如图1-2-5所示。按下复合按钮时，常闭触头先断开，常开触头后闭合。

图1-2-5　按钮的结构及符号

3. 型号及含义

LA 系列按钮的型号及其含义如下：

```
        L  A  □ — □  □ □
```

主令电器

按钮

设计序号

常闭触头数

常开触头数

结构形式代号（K\H\S\F\J 等）

认识常用低压电器——按钮

三、识读点动控制线路的原理图

1. 电路原理图绘制的一般规定

图 1-2-1 是按照电路原理图绘制的一般规定绘制的，三相交流电源线 L1、L2、L3 依次水平画在图的上方，电源开关水平画出。由熔断器 FU1、接触器 KM 的 3 个主触头和电动机组成的主电路，画在图的左侧。由熔断器 FU2、起动按钮 SB、接触器 KM 的线圈组成的控制线路跨接在 U12 和 V12 两条电源线之间垂直画在主电路的右侧，且耗能元件 KM 的线圈应画在电路的下方，为表示同一电器，在图形符号旁边标注了相同的文字符号 KM。线路按规定在各接点处进行编号，主电路用 U、V、W 和数字表示，如 U11、V11、W11；控制线路用阿拉伯数字表示，编号原则是从左到右、从上到下数字递增。

2. 点动控制线路的工作原理分析

先合上电源开关 QS。

（1）起动　按下 SB→KM 线圈得电→KM 主触头闭合→电动机 M 全压起动运行（按钮 SB 不松开）。该控制即为点动控制。

（2）停止　松开 SB→KM 线圈失电→KM 主触头分断→电动机 M 断电惯性旋转至停止。

三相笼型异步电动机点动控制线路

四、识读元器件布置图

元器件布置图（布局图）主要用来表明电气系统中所有元器件的实际位置，为生产机械电气控制设备的制造、安装提供必要的资料。一般情况下，元器件布置图与安装接线图组合在一起使用。图 1-2-6 是点动控制线路的元器件布置图。图中元器件的布置应整齐、对称；外形尺寸与结构类似的电器放在一起，以利加工、安装和布线；元器件之间的间距应适当，一般以 2～6cm 为宜；安装时要找到尺寸基准线，本图以配线板的上沿和右沿为基准。

五、识读安装接线图

安装接线图是用规定的图形符号，按各元器件相对位置绘制的实际接线图。图 1-2-7 是用单线法绘制的点动控制线路安装接线图。图中的各元器件用规定的图形符号标记，同一元器件的各部件必须画在一起，各元器件在图中的位置与实际位置一致，如交流接触器 KM；不安装在同一控制板（柜、屏）上的元器件必须通过端子排 XT 进行连接；各元器件的文字符号及接线端子的编号是与原理图相一致的，并且是按原理图的连线进行连接；相同走向的多根导线用单线表示。

图 1-2-6　点动控制线路的元器件布置图

图 1-2-7　点动控制线路的安装接线图

六、准备工具、仪表、器材及耗材（见表 1-2-2）

表 1-2-2　工具、仪表、器材及耗材一览表

分　类	名　　称	型号与规格	单　位	数　量	备　注
工具	电工工具	验电器、螺钉旋具（一字槽和十字槽）、电工刀、尖嘴钳、钢丝钳、压线钳等	套	1	
仪表	绝缘电阻表	ZC7（500V）或自定	块	1	
	万用表	MF500 或自定	块	1	

（续）

分类	名 称	型号与规格	单 位	数 量	备 注
器材	三相异步电动机	Y112M－4（1.1kW、380V、2.41A）或 WDJ26（厂编）	台	1	M
	配线板	木质配线板（600mm×500mm×20mm）	块	1	
	组合开关	HZ10－10/3，10A	把	1	QS
	主电路熔断器	RL1－15/10，15A 熔断器配 10A 熔体	只	3	FU1
	控制线路熔断器	RL1－15/2，15A 熔断器配 2A 熔体	只	2	FU2
	交流接触器	CJT1－10/3，线圈电压 380V	只	1	KM
	按钮	LA4－3H	只	1	SB
	端子排	JD0－1015	条	1	XT
耗材	主电路导线	BV－1.5mm²	m	若干	
	控制线路导线	BVR－1mm²	m	若干	
	接地线	BVR－1.5mm²（黄绿双色）	m	若干	
	自攻螺钉	自定	颗	若干	

七、明确安装接线工艺要求

1. 电气控制线路安装接线的一般顺序

先根据原理图绘制元器件布置图和安装接线图，列出元器件明细表，采购检验元器件，再根据元器件布置图在配线板上安装固定元器件，然后再根据安装接线图配线，最后检验试运行。接线时一般先接控制线路，再接主电路。

2. 交流接触器的安装工艺要求

1）交流接触器的安装平面与垂直面倾斜度不应超过 ±5°。

2）接触器上的散热孔应上下布置，接触器之间应留有适当的空间以利于散热。

3）接触器的观察方孔便于观察里面线圈的参数，A1 标记在上面。

4）远离有冲击和振动的地方。

3. 按钮安装的工艺要求

1）无须固定在配线板上，按钮接线和电源、电动机配线一般要通过端子排接入配线板。

2）进出按钮接线桩的导线采用的端子排要有端子标号，便于检修。

3）如果按钮的外壳是金属，则外壳应可靠接地。

4. 其他电器的安装及接线工艺要求

参见单元 1 的任务 1。

5. 板前明线敷设的工艺要求

1）布线通道尽可能少，同时并行导线按主电路、控制线路分类集中，单层密排，紧贴安装面布线。

2）同一平面的导线应高低一致或前后一致，不能交叉，非交叉不可时，导线应在接线端处引出。

3）布线应横平竖直，分布均匀。

4）布线时严禁损伤线芯和导线绝缘。

5）布线顺序一般以接触器为中心，由里向外，由低至高，以不影响后续布线为原则。

6）导线与接线端或接线桩连接时，不得压绝缘层，不得反圈，不得露铜过长。

7）同一种元器件在同一回路的不同节点时，其导线间距应保持一致。

8）一个元器件的接线端连接的导线不得多于两根，每节端子排上一般只允许连接一根导线。

任务实施

1. 明确工作任务

本任务以小组为单位实施，根据班级人数将学生分为若干个小组，每组以 3~4 人为宜，每人明确各自的工作任务和要求。小组长负责组织成员制订安装与调试单元任务 2 工作计划，协调小组实施工作任务，领取、分发材料和汇报成果。

2. 制订工作计划

根据任务要求、工作流程和小组成员的分工，小组讨论安装与调试单元任务 2 内容，制订合理的工作计划。工作计划的内容包括工作环节或工作流程，每个环节内容所用的工具、材料，质量、安全和环境检测等措施，负责人员，计划工时等。工作计划须提交给小组长或指导教师审核，征得同意后方可实施。

3. 绘制安装接线图

根据安装与调试单元任务 2 中的电气控制线路图绘制安装接线图。

4. 领取并检查材料

正确填写安装与调试单元任务 2 工作页中的材料清单，从仓库中领取材料，并认真检查其是否完好。

5. 安装接线

对照安装与调试单元任务 2 的安装接线图和板前明线敷设的工艺要求，在规定时间内完成接线。

6. 检查记录

接线完成后，进行线路检查。检查方法有核对检查和万用表检查两种。如果有故障，应及时处理，并在工作页上填写安装与调试单元任务 2 的接线故障分析及处理单。

（1）核对检查 线路安装完毕后，通常要结合原理图或安装接线图从电源端开始，根据编号逐一检查接线的正确性及接点的安装质量，检查有无漏接、错接之处。

（2）万用表检查 控制线路的检查通常采用万用表电阻挡检查法。将万用表转换开关打到 "$R \times 1k$" 或 "$R \times 100$" 挡，并进行欧姆调零，首先测量同型号未安装使用和接线的接触器线圈，并记录其电阻值，目的是在后面的万用表检查过程中，能根据万用表显示的电阻值结合控制线路图进行正确的分析和判断。

然后用万用表电阻挡测量控制回路熔断器上接线桩（U12、V12）的电阻值（装 FU2 熔断器的熔体），正常情况下电阻值应该为无穷大，再按下起动按钮 SB（按住不放），此时万用表显示的电阻值应该为接触器线圈的电阻值。

独立进行电气控制线路的通电试运行所需的线路板外围电路的连接，如连接电源线、连接负载线及电动机，并注意正确的连接顺序，同时要做好熔断器及熔体的可靠安装（可在通电试运行前用万用表电阻挡测量）。

7. 通电试运行

1）检查无误后，再用绝缘电阻表检查电动机和线路对地的绝缘电阻，其值不得小于 $1M\Omega$，在排除其他一切可能的不安全因素后，方可通电试运行。通电试运行时，要严格执行电工安全操作规程，穿戴好劳动防护用品，一人监护、一人操作。

2）通电试运行分无载（不接电动机）试运行和有载（接电动机）试运行两个环节，先进行无载试运行。通电试运行前，必须征得教师的同意，并由指导教师接通三相电源 L1、L2、L3，同时在现场监护。学生用验电器检查工位的电源插座是否有电，确认有电后再插上电源插头→合上电源开关 QS→检验熔断器下接线端是否带电→按下起动按钮 SB 后，注意观察接触器的工作状况，如出现异常情况，应立即切断电源，并仔细记录故障现象，以作为故障分析的依据，还要及时进行故障排除，待故障排除后再次通电试运行，直到无载试运行成功为止。然后接上电动机进行有载试运行，观察电动机的工作状况。

3）如出现故障，学生应独立进行检修。若需带电检查时，教师必须在现场监护。检修完毕后，如需要再次试运行，教师也应该在现场监护，并做好时间记录。

4）通电校验完毕，切断电源，进行验电，在确保无电的情况下拔下插头或拆除电源连接线。

8. 整理清扫

拆除所装线路及元器件，按照"7S"要求做到工完场清。整理并归还材料。

任务评价

见配套教材《电气控制线路安装与维修工作页》AZ02。

任务拓展

对照结构图（见图1-2-8）或仿真软件拆装 CJT1－20/3 型交流接触器，观察和检测交流接触器，并把观察和检测结果填入表1-2-3。

图 1-2-8　CJT1－20/3 型交流接触器的结构

表 1-2-3　观察和检测交流接触器记录表

工　序	工 作 任 务	工 作 记 录
1	识读交流接触器的型号	型号为＿＿＿＿＿＿＿＿＿＿
2	观察交流接触器的结构	主要结构的名称为＿＿＿＿＿＿＿＿＿＿
3	找到3个主触头的接线端	主触头接线端的编号为＿＿＿、＿＿＿、＿＿＿

（续）

工 序	工 作 任 务	工 作 记 录
4	找到两个常开辅助触头的接线端	常开辅助触头接线端的编号为_____、_____
5	找到两个常闭辅助触头的接线端	常闭辅助触头接线端的编号为_____、_____
6	找到线圈接线端，识读线圈电压	线圈接线端的编号为_____，线圈额定电压为_____
7	检测线圈的电阻值	万用表置于_____挡，电阻值为_____
8	检测常开触头	万用表置于_____挡，电阻值为_____
9	检测常闭触头	万用表置于_____挡，电阻值为_____
10	压下接触器触头架，观察触头	观察到_____触头先断开，_____触头后闭合

任务3　三相笼型异步电动机自锁正转控制线路的安装与调试

任务目标

1. 会正确识别、安装和使用热继电器。
2. 能分析三相笼型异步电动机自锁正转控制线路的工作原理。
3. 明确电动机连续运转的保护形式。
4. 能看懂三相笼型异步电动机自锁正转控制线路的安装布置图和接线图，并会正确安装。
5. 能应用万用表检查线路，验证线路安装的正确性，并进行故障的排除。
6. 能查阅相关资料，提高独立工作的能力和团队协作的能力。
7. 遵守"7S"管理规定，做到安全文明操作。

任务描述

依照图 1-3-1 所示的三相笼型异步电动机自锁正转控制线路在配线板上进行电气线路安装与调试，具体要求如下：

1. 根据三相笼型异步电动机自锁正转控制线路的原理图绘制布置图和接线图。

2. 对照三相笼型异步电动机自锁正转控制线路的布置图和接线图安装接线。

3. 板面导线敷设必须横平竖直，符合板前明线敷设的工艺要求。

4. 正确使用电工工具和仪表，能用仪表测量线路和检测元器件。

5. 按钮、电动机要通过端子排接入配线板，电动机外壳要有保护接地或接零。

图 1-3-1　三相笼型异步电动机自锁正转控制线路

6. 学员进入实训场地要穿戴好劳保用品并进行安全文明操作，通电调试时要有人监护。

7. 安装工时：80min。

任务分析

三相笼型异步电动机自锁正转控制线路又称为电动机单向连续运转控制线路，是生产机械连续运转最常见的控制形式，如车床、砂轮机等生产机械要求拖动的电动机能够长时间运转。由于电动机长时间工作，为防止长期负载过大、起动操作频繁、断相运行等原因导致电动机过载，电动机必须加热继电器以实现过载保护。完成该任务需要学习热继电器这个重要低压电器的知识，识别它的结构特征，记住它的文字符号和图形符号，熟悉其动作原理和常用型号，分析自锁正转控制线路的工作原理，明确电动机连续运转必须具备的自锁、欠电压保护、失电压保护和过载保护的概念，看懂自锁正转控制线路的元器件布置图和安装接线图，明确板前明线敷设的工艺要求，然后对这个线路进行安装与调试。

任务准备

一、认识热继电器

热继电器是利用流过热继电器的电流所产生的热效应而反时限动作的自动保护电器，用作电动机的过载保护、断相保护、电流不平衡运行的保护及其他电气设备发热状态的控制。

1. 热继电器的常见类型及符号（见图1-3-2）

图 1-3-2　热继电器的常见类型及符号

2. 结构原理

JR16 系列热继电器主要由热元件、动作机构、触点系统、电流整定装置、复位机构和温度补偿元件等部分组成，如图1-3-3所示。使用时，将热继电器的三相热元件分别串接在电动机的三相主电路中，常闭触点串接在控制线路的接触器线圈回路中。当电动机过载时，流过热元件的电流超过热继电器的整定电流，热元件发热，主双金属片向左弯曲，推动导板向左移动，通过温度补偿双金属片推动推杆绕轴转动，从而推动触点系统动作，动触点与静触点分开，使接触器线圈断电，接触器主触点断开，将电源切除起到保护作用。电源切除后，主双金属片逐渐冷却恢复原位，于是动触点在失去作用力的情况下，靠弓簧的弹性自动复位。除上述自动复位外，也可采用手动方法，即按一下复位按钮。

热继电器在电路中只能作过载保护，不能作短路保护，因为双金属片从升温到发生弯曲直到断开常闭触点需要一定的时间，不可能在短路瞬间分断电路。

热继电器整定电流的大小可通过旋转电流整定旋钮来调节，旋钮上刻有整定电流值标尺。所谓热继电器的整定电流，是指热继电器连续工作而不动作的最大电流，超过整定电流，热继电器将在负载未达到其允许的过载极限之前动作。

认识常用低压电器——热继电器

图 1-3-3　JR16 系列热继电器的结构

在选用热继电器时应注意：首先，选择热继电器的额定电流时，应根据电动机或其他用电设备的额定电流来确定；其次，热继电器的热元件有两相或三相两种形式，在一般工作机械电路中可选用常见的三相热继电器，但是，当电动机作三角形联结时，则应选用带断相保护装置的三相热继电器。

3. 型号规格

热继电器的型号及其含义如下：

常见的 JR36 系列（JR16 系列替代品）的主要技术参数见表 1-3-1。

表 1-3-1　常见的 JR36 系列的主要技术参数

热继电器型号	热继电器额定电流/A	热元件等级	
		热元件额定电流/A	电流调节范围/A
JR36-20	20	0.35	0.25~0.35
		0.5	0.45~0.5
		0.72	0.45~0.72
		1.1	0.68~1.1

（续）

热继电器型号	热继电器额定电流/A	热元件等级	
		热元件额定电流/A	电流调节范围/A
JR36 - 20	20	1.6	1 ~ 1.6
		2.4	1.5 ~ 2.4
		3.5	2.2 ~ 3.5
		5	3.2 ~ 5
		7.2	4.5 ~ 7.2
		11	6.8 ~ 11
		16	10 ~ 16
		22	14 ~ 22
JR36 - 32	32	16	10 ~ 16
		22	14 ~ 22
		32	20 ~ 32
JR36 - 63	63	22	14 ~ 22
		32	20 ~ 32
		45	28 ~ 45
		63	40 ~ 63

二、识读原理图

1. 工作原理分析

合上 QS，当按下起动按钮 SB1 时，接触器 KM 线圈通电，主触点闭合，电动机 M 起动旋转。当松开按钮时，电动机不会停转，因为这时接触器 KM 线圈可以通过其自身常开辅助触点闭合，继续维持通电，保证主触点 KM 仍处在接通状态，电动机 M 就不会失电停转。这种松开按钮仍然自行保持线圈通电的功能叫作自锁（或自保）。与 SB1 并联的接触器常开触点 KM 称为自锁触点。

三相笼型异步电动机自锁正转控制线路

自锁正转控制线路的工作原理分析（先合上电源开关 QS）：

（1）起动　按下SB1 ─→ KM线圈得电 ─→ KM主触点闭合 ─→ 电动机M全压起动运行

　　　　　　　　　　　　　　　　　　└─→ KM辅助触点闭合 ─┘

（2）停止　按下SB2 ─→ KM线圈失电 ─→ KM主触点分断 ─→ 电动机M断电，惯性旋转至停止

　　　　　　　　　　　　　　　　　　└─→ KM辅助触点分断

2. 本线路的保护形式

本线路除有短路保护外，还具有其他三种保护：

（1）欠电压保护　欠电压是指电路电压低于电动机应加的额定电压。这样的后果是电动机转矩要降低，转速随之下降，会影响电动机的正常运行。欠电压严重时会损坏电动机，发生事故。在具有接触器自锁的控制线路中，电动机运转后，当电源电压降低到一定值时

（一般低到85%额定电压以下），由于接触器线圈磁通减弱，电磁吸力克服不了反作用弹簧的拉力，动铁心因而释放，从而使接触器主触点分开，自动切断主电路，电动机停转，起到欠电压保护的作用。

（2）失电压保护　当生产设备运行时，由于其他设备发生故障，引起瞬时断电，而使生产机械停转。当故障排除后恢复供电时，由于电动机重新起动，很可能引起设备与人身事故的发生。采用具有接触器自锁的控制线路时，即使电源恢复供电，由于自锁触点仍然保持断开，接触器线圈不会通电，所以电动机不会自行起动，从而避免了可能出现的事故。这种保护称为失电压保护或零电压保护。

（3）过载保护　具有自锁的控制线路虽然有短路保护、欠电压保护和失电压保护，但在实际使用中还是不够完善。在电动机运行过程中，若长期负载过大或操作频繁，或在三相电路断掉一相情况下运行等，都可能使电动机的电流超过它的额定值，往往熔断器在这种情况下尚不会熔断，这将会引起电动机绕组过热，损坏电动机绝缘。因此，应对电动机设置过载保护。通常由三相热继电器来完成过载保护。

三、识读布置图
自锁正转控制线路的布置图如图1-3-4所示。

四、识读安装接线图
自锁正转控制线路的安装接线图如图1-3-5所示。

图1-3-4　自锁正转控制线路的布置图

图1-3-5　自锁正转控制线路的安装接线图

五、准备工具、仪表、器材及耗材（见表1-3-2）

表1-3-2　工具、仪表、器材及耗材一览表

分　类	名　　称	型号与规格	单　位	数　量	备　注
工具	电工工具	验电器、螺钉旋具（一字槽和十字槽）、电工刀、尖嘴钳、钢丝钳等	套	1	
仪表	绝缘电阻表	ZC7（500V）或自定	块	1	
	万用表	MF500或自定	块	1	
器材	三相异步电动机	Y112M－4（1.1kW、380V、2.41A）或WDJ26（厂编）	台	1	M
	配线板	木质配线板（600mm×500mm×20mm）	块	1	
	组合开关	HZ10－10/3，10A	把	1	QS
	主电路熔断器	RL1－15/10，15A熔断器配10A熔体	只	3	FU1
	控制线路熔断器	RL1－15/2，15A熔断器配2A熔体	只	2	FU2
	交流接触器	CJT1－10/3，线圈电压380V	只	1	KM1
	热继电器	JR36－20/3，整定电流4.5～7.2A	只	1	FR
	按钮	LA4－3H	只	1	SB
	端子排	JD0－1010	条	1	XT
耗材	主电路导线	BV－1.5mm²	m	若干	
	控制线路导线	BVR－1mm²	m	若干	
	接地线	BVR－1.5mm²（黄绿双色）	m	若干	
	自攻螺钉	自定	颗	若干	

六、明确安装接线工艺要求

1. 热继电器的安装工艺要求

1）热继电器的热元件应串接在主电路中，常闭触点应串接在控制线路中。

2）热继电器的下方不应装其他电器，尤其是发热电器。

3）在一般情况下，热继电器应置于手动复位的位置上。若需要自动复位时，可将复位调节螺钉沿顺时针方向向里旋到底。

4）热继电器因电动机过载而动作后，若需再次起动电动机，必须待热元件冷却后，才能使热继电器复位。一般情况下，自动复位时间不超过5min，手动复位时间不超过2min。

2. 其他电器的安装及接线工艺要求

参见单元1的任务1、任务2。

＞＞＞＞＞ 任务实施

1. 明确工作任务

本任务以小组为单位实施，根据班级人数将学生分为若干个小组，每组以3～4人为宜，每人明确各自的工作任务和要求，小组长负责组织成员制订安装与调试单元任务3工作计划，协调小组实施工作任务，领取、分发材料和汇报成果。

2. 制订工作计划

根据任务要求、工作流程和小组成员的分工，小组讨论安装与调试单元任务 3 内容，制订合理的工作计划。工作计划的内容包括工作环节或工作流程，每个环节内容所用的工具、材料，质量、安全和环境检测等措施，负责人员，计划工时等。工作计划须提交给小组长或指导教师审核，征得同意后方可实施。

3. 绘制安装接线图

根据安装与调试单元任务 3 中的电气控制线路图绘制安装接线图。

4. 领取并检查材料

正确填写安装与调试单元任务 3 工作页中的材料清单，从仓库中领取材料，并认真检查其是否完好。

5. 安装接线

对照安装与调试单元任务 3 的安装接线图、相关电器的安装要求和板前明线敷设的工艺要求，在规定时间内完成接线。

6. 检查记录

接线完成后，进行线路检查。检查方法有核对检查和万用表检查两种。如果有故障，应及时处理，并在工作页上填写安装与调试单元任务 3 的接线故障分析及处理单。

（1）核对检查　线路安装完毕后，通常要结合原理图或安装接线图从电源端开始，根据编号逐一检查接线的正确性及接点的安装质量，检查有无漏接、错接之处。

（2）万用表检查　将万用表转换开关打到电阻"$R \times 1k$"或"$R \times 100$"挡，并进行欧姆调零，首先测量同型号未安装使用和接线的接触器线圈，并记录其电阻值，目的是能根据控制线路图分析和判断读数的正确性。同时，如果测量的阻值与正确值有差异，则应采用核对检查法再进行逐步排查，以确定最后错误点。万用表检测本线路过程对照表参见表 1-3-3。

表 1-3-3　万用表检测本线路过程对照表

测量要求	测量过程				正确阻值	测量结果
	测量任务	总　工　序	工　序	操作方法		
空载	测量主电路	断开 QS，取下熔断器 FU2 的熔体，万用表置于"$R \times 1$"挡，调零后，分别测量 U11、V11、W11 三相之间的阻值	1	未操作任何电器	∞	
			2	压下 KM 触点架	∞	
	测量控制线路	断开 QS，装好熔断器 FU2 的熔体，万用表置于"$R \times 100$"或"$R \times 1k$"挡，调零后，将两支表笔搭在 U12、V12 间测量控制线路的阻值	3	未操作任何电器	∞	
			4	按下 SB1	1.8kΩ	
			5	压下 KM 触点架	1.8kΩ	
			6	先压下 KM 触点架再按下 SB2	1.8kΩ→∞	

注：CJT1-10/3 型交流接触器线圈的参考阻值为 1.8kΩ。

7. 通电试运行

1）检查无误后，再用绝缘电阻表检查电动机和线路的绝缘电阻，其值不得小于 1MΩ。在排除其他一切可能的不安全因素后，方可通电试运行。通电试运行时，要严格执行电工安全操作规程，穿戴好劳动预防用品和安全保护用品，一人监护、一人操作。

2）通电试运行分无载（不接电动机）试运行和有载（接电动机）试运行两个环节。先进行无载试运行。通电试运行前，必须征得教师的同意，并由指导教师接通三相电源 L1、L2、L3，同时在现场监护。学生用验电器检查工位的电源插座是否有电，确认有电后再插上电源插头→合上电源开关 QS→检验熔断器下接线端是否带电→按下起动按钮 SB1 后，注意观察接触器是否吸合，再按下停止按钮，注意观察接触器是否释放（复位），如出现异常情况，应立即切断电源，并仔细记录故障现象，以作为故障分析的依据，还要及时进行故障排除，待故障排除后再次通电试运行，直到无载运行成功为止。然后接上电动机进行有载试运行，观察电动机的工作状况。

3）出现故障后，学生应独立进行检修。若需带电检查时，教师必须在现场监护。检修完毕后，如需要再次试运行，教师也应该在现场监护，并做好时间记录。

4）通电校验完毕，切断电源后，进行验电，在确保无电的情况下拆除电源连接线。

8. 整理清扫

试运行成功后拆除线路与元件，按照"7S"要求清理工位，归还材料。

任务评价

见配套教材《电气控制线路安装与维修工作页》AZ03。

任务拓展

安装与调试三相笼型异步电动机点动与连续控制线路（见图 1-3-6），分析 SB2 是点动操作还是连续运行操作。

图 1-3-6 三相笼型异步电动机点动与连续控制线路

任务 4 三相笼型异步电动机正反转控制线路的安装与调试

任务目标

1. 会正确识别、安装和使用倒顺开关，了解其基本结构、工作原理及型号。

2. 能分析三相笼型异步电动机正反转控制线路，会区分接触器联锁、按钮联锁、双重联锁控制线路的特点。

3. 能看懂三相笼型异步电动机正反转控制线路的元器件布置图和安装接线图，并会正确安装。

4. 能应用万用表检查线路，验证线路安装的正确性，并进行故障的排除。

5. 能查阅相关资料，提高独立工作的能力和团队协作的能力。

6. 遵守"7S"管理规定，做到安全文明操作。

任务描述

依照图 1-4-1 所示的三相笼型异步电动机接触器联锁正反转控制线路图在配线板上进行线路安装与调试，具体要求如下：

1. 根据三相笼型异步电动机接触器联锁正反转控制线路的原理图绘制布置图和接线图。

2. 对照三相笼型异步电动机接触器联锁正反转控制线路的布置图和接线图安装接线。

3. 能用工具和仪表测量调整元器件，正确、熟练地对电路进行调试。

4. 接线符合板前明线敷设的工艺要求。

5. 按钮、电动机等的导线必须通过端子排引出，电动机外壳要有保护接地或接零。

6. 如遇故障能自行排除。

7. 安装工时：120min。

图 1-4-1　三相笼型异步电动机接触器联锁正反转控制线路

任务分析

电动机自锁正转控制线路只能带动生产机械的运动部件朝一个方向旋转，但许多生产机械往往要求运动部件能向正、反两个方向运动，如机床工作台的前进与后退、机床主轴的正转与反转、起重机吊钩的上升与下降等，这些生产机械都要求电动机能实现正反转控制。那么，如何使电动机正、反转运转呢？根据三相异步电动机的原理，只要改变接入电动机定子绕组的三相电源相序，即把接入电动机三相电源进线中的任意两相对调接线时，就可使三相电动机反转。完成该任务需要学习倒顺开关控制线路、按钮联锁控制线路、接触器联锁正反转控制线路和双重联锁正反转控制线路的知识，分清各自线路的特点，看懂三相笼型异步电动机正反转控制线路的元器件布置图和安装接线图，明确板前明线敷设的工艺要求，然后对这个线路进行安装与调试。

任务准备

一、识读倒顺开关控制的正反转线路原理图

倒顺开关是组合开关的一种，也称为可逆转换开关，是专为控制小功率三相异步电动机的正反转而设计的。倒顺开关的手柄能转到"倒"（反转）、"停"、"顺"（正转）三个位置，且只能从"停"位置左转45°或右转45°。

1. 倒顺开关的结构及符号（见图1-4-2）

图 1-4-2　倒顺开关的结构及符号

a）外形　b）结构　c）触头结构　d）符号

2. 倒顺开关控制的正反转线路及其工作原理

图1-4-3所示是倒顺开关控制的正反转线路，其工作原理如下：接通交流电源，QS扳到"顺"位置，动触头与左边的静触头相接触，此时L1与U、L2与V、L3与W接通，电动机即正转起动。若要使电动机反转，则应把QS扳到"停"位置，此时，动、静触头不接触，电动机则断电停转，然后将手柄扳到"倒"位置，动触点与右边的静触头相接触，此时，L1与W、L2与V、L3与U接通，电动机应反转起动。若不能正常工作，则应分析排除故障，使线路能正常工作。

三相笼型异步电动机正反转控制线路——倒顺开关控制

图 1-4-3　倒顺开关控制的正反转线路

二、识读原理图

1. 接触器联锁的正反转控制线路

图 1-4-1 所示线路的特点如下：接触器 KM1 和 KM2 的主触头绝对不允许同时闭合，否则将造成两相电源（L1 和 L3）短路事故。为避免两个接触器 KM1 和 KM2 同时得电动作，就在正、反转控制线路中分别串接了对方接触器的一对常闭辅助触头，这样，当一个接触器得电动作时，通过其常闭辅助触头分断使另一个接触器不能得电动作，接触器间这种相互制约的作用称为接触器联锁（或互锁）。实现联锁作用的常闭辅助触头称为联锁触头（或互锁触头）。线路中采用了两个接触器，即正转用的接触器 KM1 和反转用的接触器 KM2，它们分别由正转按钮 SB1 和反转按钮 SB2 控制。从主电路图中可以看出，这两个接触器的主触头所接通的电源相序不同，KM1 按 L1 - L2 - L3 相序接入电动机 U、V、W，KM2 按 L3 - L2 - L1 相序接入电动机 U、V、W。相应的控制线路有两条：一条是由按钮 SB1 和 KM1 线圈等组成的正转控制线路；另一条是由按钮 SB2 和 KM2 线圈等组成的反转控制线路。接触器联锁正反转控制线路的工作原理分析如下：

三相笼型异步电动机正反转控制线路——接触器联锁

合上 QS。

（1）正转控制

按下SB1 ——→ KM1线圈得电
- KM1联锁触头分断，对KM2联锁
- KM1自锁触头闭合自锁 ——→ 电动机M起动连续正转
- KM1主触头闭合

（2）反转控制

先按下SB3 ——→ KM1线圈失电
- KM1联锁触头恢复闭合，解除对KM2的联锁
- KM1自锁触头分断，解除自锁 ——→ 电动机M失电停转
- KM1主触头分断

再按下SB2 ——→ KM2线圈得电
- KM2联锁触头分断，对KM1联锁
- KM2自锁触头闭合自锁 ——→ 电动机M起动连续反转
- KM2主触头闭合

（3）停止

按下停止按钮 SB3→控制线路失电→KM1（或 KM2）主触头分断→电动机 M 失电停转。

> **想一想**：电动机正在正转时若按下反转按钮会产生什么现象？此电路需要改进什么地方？

2. 按钮联锁的正反转控制线路

按钮联锁控制与接触器联锁控制原理基本一样，区别在于接触器联锁采用接触器自身的常闭辅助触头来联锁，使电动机工作，而按钮联锁则采用复合按钮自身的常闭触头来联锁，使电动机工作。两者的操作步骤和动作过程也基本上是一样的。按钮联锁的正反转控制线路

如图 1-4-4 所示，其工作原理如下：

图 1-4-4 按钮联锁的正反转控制线路

合上 QS。

（1）正转控制

按下SB1 ┬─► SB1常闭触头先分断，对KM2联锁（切断反转控制线路）
        └─► SB1常开触头后闭合 ─► KM1线圈得电 ─►

┬─► KM1自锁触头闭合自锁 ─┐
│   ├─► 电动机M起动连续正转
└─► KM1主触头闭合 ───────┘

（2）反转控制

按下SB2 ┬─► SB2常闭触头先分断 ─► KM1线圈失电 ┬─► KM1自锁触头分断，解除自锁 ─┐
        │   │   ├─► 电动机M失电
        │   └─► KM1主触头分断 ───────────┘
        └─► SB2常开触头后闭合 ─► KM2线圈得电 ┬─► KM2自锁触头闭合自锁 ─┐
                                              │   ├─► 电动机M起动连续反转
                                              └─► KM2主触头闭合 ───────┘

（3）停止

按下 SB3 ─► 整个控制线路失电 ─► 主触头分断 ─► 电动机 M 失电停转。

┌───┐
  想一想：假如某接触器发生触头熔焊（断电时，触头无法复位），这种控制线路会
  发生什么故障现象？如何改进？
└───┘

3. 双重联锁的正反转控制线路

双重联锁的正反转控制线路结合了按钮联锁与接触器联锁的优点，安全可靠，操作方便。图 1-4-5 所示是双重联锁的正反转控制线路，其工作原理如下：

合上 QS。

（1）正转控制

按下SB1 ——→ SB1常闭触头先分断，对KM2联锁（切断反转控制线路）

——→ SB1常开触头后闭合 ——→ KM1线圈得电 ——→

——→ KM1联锁触头分断，对KM2联锁（切断反转控制线路）

——→ KM1自锁触头闭合自锁 ——→ 电动机M起动连续正转

——→ KM1主触头闭合

（2）反转控制

按下SB2 ——→ SB2常闭触头先分断 ——→ KM1线圈失电 ——→ KM1自锁触头分断，解除自锁 ——→ 电动机M失电

——→ KM1主触头分断

——→ KM1联锁触头恢复闭合 ——→ KM2线圈得电 ——→

——→ SB2常开触头后闭合

——→ KM2联锁触头分断，对KM1联锁（切断正转控制线路）

——→ KM2自锁触头闭合自锁 ——→ 电动机M起动连续反转

——→ KM2主触头闭合

（3）停止

按下 SB3→整个控制线路失电→主触头分断→电动机 M 失电停转。

图 1-4-5 双重联锁的正反转控制线路

三相笼型异步电动机正反转控制线路——按钮接触器双重联锁

三、识读布置图

本控制线路的布置图如图 1-4-6 所示。

图 1-4-6　接触器联锁正反转控制线路的布置图

四、识读安装接线图

本控制线路的安装接线图如图 1-4-7 所示。

图 1-4-7　接触器联锁正反转控制线路的安装接线图

五、准备工具、仪表、器材及耗材（见表1-4-1）

表1-4-1　工具、仪表、器材及耗材一览表

分　类	名　称	型号与规格	单　位	数　量	备　注
工具	电工工具	验电器、螺钉旋具（一字槽和十字槽）、电工刀、尖嘴钳、钢丝钳等	套	1	
仪表	绝缘电阻表	ZC7（500V）或自定	块	1	
	万用表	MF500或自定	块	1	
器材	三相异步电动机	1.1kW、380V、2.41A 或 WDJ26（厂编）	台	1	M
	配线板	木质配线板（600mm×500mm×20mm）	块	1	
	组合开关	HZ10-25/3，25A	把	1	QS
	主电路熔断器	RL1-15/15，15A熔断器配15A熔体	只	3	FU1
	控制线路熔断器	RL1-15/2，15A熔断器配2A熔体	只	2	FU2
	交流接触器	CJT1-10/3，线圈电压380V	只	2	KM1、KM2
	热继电器	JR36-20/3，整定电流4.5~7.2A	只	1	FR
	按钮	LA4-3H	只	1	SB1~SB3
	端子排	JD0-1015	条	1	XT
耗材	主电路导线	BV-1.5mm²	m	若干	
	控制线路导线	BVR-1mm²	m	若干	
	接地线	BVR-1.5mm²（黄绿双色）	m	若干	
	自攻螺钉	自定	颗	若干	

六、明确安装接线工艺要求

1）绘制并读懂双重联锁正反转控制线路的电路图，给元器件编号，明确所用的元器件及其作用。

2）按表1-4-1配置所用元器件并检验型号及性能。元器件安装参照前面任务。

3）在配线板上按图1-4-6安装元器件，并标注上醒目的文字符号。

4）按图1-4-7进行板前明线敷设，板前明线敷设的工艺要求参照任务2。

△△ 任务实施

1. 明确工作任务

本任务以小组为单位实施，根据班级人数将学生分为若干个小组，每组以3~4人为宜，每人明确各自的工作任务和要求，小组长负责组织成员制订安装与调试单元任务4工作计划，协调小组实施工作任务，领取、分发材料和汇报成果。

2. 制订工作计划

根据任务要求、工作流程和小组成员的分工，小组讨论安装与调试单元任务4内容，制订合理的工作计划。工作计划的内容包括工作环节或工作流程，每个环节内容所用的工具、材料，质量、安全和环境检测等措施，负责人员，计划工时等。工作计划须提交给小组长或指导教师审核，征得同意后方可实施。

3. 绘制安装接线图

根据安装与调试单元任务 4 中的电气控制线路图绘制安装接线图。

4. 领取并检查材料

正确填写安装与调试单元任务 4 工作页中的材料清单，从仓库中领取材料，并认真检查其是否完好。

5. 安装接线

对照安装与调试单元任务 4 的安装接线图、相关电器的安装要求和板前明线敷设的工艺要求，在规定时间内完成接线。

6. 检查记录

接线完成后，进行线路检查，检查方法有核对检查和万用表检查两种。如果有故障，应及时处理，并在安装与调试单元任务 4 工作页上填写接线故障分析及处理单。

（1）核对检查　按照电路图进行检查，逐步检查是否错线、掉线，接线是否牢固等。

（2）万用表检查　将万用表转换开关拨到"$R×1k$"或"$R×100$"挡，并进行欧姆调零，首先测量同型号未安装使用和接线的接触器线圈，并记录其电阻值，目的是能根据控制线路图分析和判断读数的正确性。同时，如果测量的阻值与正确值有差异，则应采用核对检查法再进行逐步排查，以确定最后错误点。万用表检测线路过程对照表参见表 1-4-2。

表 1-4-2　万用表检测线路过程对照表

测量要求	测量过程				正确阻值	测量结果
	测量任务	总　工　序	工　序	操　作　方　法		
空载	测量主电路	断开 QS，取下熔断器 FU2 的熔体，万用表置于"$R×1$"挡，调零后，分别测量 U11、V11、W11 三相之间的阻值	1	未操作任何电器	∞	
			2	压下 KM1 触头架	∞	
			3	压下 KM2 触头架	∞	
	测量控制线路	断开 QS，装好熔断器 FU2 的熔体，万用表置于"$R×100$"或"$R×1k$"挡，调零后，将两支表笔搭在 U12、V12 间测量控制线路的阻值	4	未操作任何电器	∞	
			5	按下 SB1	1.8kΩ	
			6	按下 SB2	1.8kΩ	
			7	压下 KM1 触头架	1.8kΩ	
			8	压下 KM2 触头架	1.8kΩ	
			9	同时压下 KM1 和 KM2 的触头架	∞	
			10	先压下 KM1 触头架再按下 SB3	1.8kΩ→∞	
			11	先压下 KM2 触头架再按下 SB3	1.8kΩ→∞	

注：1. 有载时，应考虑电动机绕组的电阻值。

2. CJT1-10/3 型交流接触器线圈的参考阻值为 1.8kΩ。

7. 通电试运行

1）检查无误后，再用绝缘电阻表检查线路的绝缘电阻，其值不得小于 1MΩ，在排除其他一切可能的不安全因素后，方可通电试运行。通电试运行时，要严格执行电工安全操作规程，穿戴好劳动预防用品和安全保护用品，一人监护、一人操作。

2）通电试运行分无载（不接电动机）试运行和有载（接电动机）试运行两个环节，先进行无载试运行。通电试运行前，必须征得教师同意，并由指导教师接通三相电源 L1、L2、L3，同时在现场监护。学生用验电器检查工位的电源插座是否有电，确认有电后再插上电源插头→合上电源开关 QS→检验熔断器下接线端是否带电→按下起动按钮 SB1（或 SB2）后，注意观察 KM1（或 KM2）是否吸合，再按下停止按钮 SB3，观察接触器是否复位，如出现异常错误，应立即切断电源，并仔细记录故障现象，以作为故障分析的依据，还要及时回到工位进行故障检查与排除，待故障排除后再次通电试运行，直到无载试运行成功为止。

3）出现故障后，学生应独立进行检修。若需带电检查时，教师必须在现场监护。检修完毕后，如需要再次试运行，教师也应该在现场监护，并做好时间记录。

4）通电校验完毕，切断电源后，进行验电，在确保无电的情况下拆除电源连接线。

8. 整理清扫

试运行成功后拆除线路与元件，按照"7S"要求清理工位，归还材料。

任务评价

见配套教材《电气控制线路安装与维修工作页》AZ04。

任务拓展

安装与调试双重联锁正反转控制线路（见图 1-4-5），要求按图接线，接线符合板前明线敷设的工艺要求，按钮、电动机等的导线必须通过端子排引出，电动机外壳要有保护接地或接零。分析该线路中按钮引到端子排需要几根线，能否改动接线以减少按钮到端子排所需引线的数量，如果可以，请画出电气线路图。

任务 5　三相笼型异步电动机位置控制线路的安装与调试

任务目标

1. 会正确识别、安装和使用低压断路器、行程开关。
2. 能分析三相笼型异步电动机位置控制线路的工作原理。
3. 能看懂三相笼型异步电动机位置控制线路的元器件布置图，学会根据原理图按槽板配线。
4. 能应用万用表检查线路，验证线路安装的正确性，并进行故障的排除。
5. 能查阅相关资料，提高独立工作的能力和团队协作的能力。
6. 遵守"7S"管理规定，做到安全文明操作。

任务描述

依照图 1-5-1 所示的三相笼型异步电动机位置控制线路图在配线板上进行电气线路安装与调试，具体要求如下：

1. 根据三相笼型异步电动机位置控制线路的原理图进行安装接线。
2. 能用工具和仪表测量调整元器件，正确、熟练地对电路进行调试。
3. 按槽板配线的工艺要求接线。
4. 按钮、行程开关、电动机等的导线必须通过接线端子排引出，电动机外壳要有保护接地或接零。

图 1-5-1　三相笼型异步电动机位置控制线路

a）电路图　b）行车运动示意图

5. 装接完毕后，指导教师到位方可通电试运行，穿戴好劳动防护用品，文明操作。

6. 如遇故障能自行排除。

7. 安装工时：120min。

任务分析

在生产过程中，一些生产机械运动部件的行程或位置需要加以限制，如在摇臂钻床、万能铣床、镗床、桥式起重机及各种自动、半自动控制的机床中就有这种控制要求。位置控制又称为行程控制或限位控制，是利用生产机械运动部件上的挡铁与行程开关碰撞，使其触头动作，以接通或断开电路。实现这种控制功能的主要电器是行程开关。要完成该任务需要学习低压断路器、行程开关这两个重要低压电器的知识，识别它们的结构特征、记住它们的文字符号和图形符号，熟悉其动作原理和常用型号，分析位置控制线路的原理图，在明确板前槽板配线的工艺要求的基础上，对线路进行安装与调试。

任务准备

一、认识低压断路器

低压断路器又叫自动空气开关，简称断路器。它集控制和多种保护功能于一体，当电路中发生短路、过载和失电压等故障时，它能自动跳闸切断故障电路。低压断路器具有操作安全、安装使用方便、工作可靠、动作值可调、分断能力较强、动作后不需要更换元件等优点，因此得到了广泛应用。

1. 常用低压断路器的类型及符号（见图 1-5-2）

2. 结构原理

常用的低压断路器是 DZ 系列塑壳式断路器，如 DZ5 系列、DZ10 系列、DZ47 系列。图 1-5-3a 所示是 DZ5 系列低压断路器的结构，它有三对主触头、一对常开辅助触头和一对常闭辅助触头。

认识常用低压电器——低压断路器

图 1-5-2　常用低压断路器的类型及符号

a）类型　b）符号

图 1-5-3　低压断路器的结构及工作原理

a）结构　b）工作原理

按下绿色"合"按钮时接通电路；按下红色"分"按钮时切断电路；当电路出现短路、过载等故障时，断路器会自动跳闸切断电路。

当线路发生过载时，过载脱扣器的热元件产生足够的热量，使双金属片受热向上弯曲，通过杠杆推动搭钩与锁扣脱开，在反作用弹簧的作用下，动、静触头分开，从而切断电路，保护电气设备。

当线路发生短路故障时，短路电流使电磁脱扣器产生强大的吸力将衔铁吸合，通过杠杆推动搭钩与锁扣脱开，从而切断电路，实现短路保护。低压断路器出厂时，电磁脱扣器的瞬时整定电流一般为 10 倍的额定电流。

欠电压脱扣器的动作过程与电磁脱扣器的动作过程相反，具有欠电压脱扣器的断路器电压过低时，不能接通电路。

3. 型号及规格

常用的低压断路器有 DZ 系列，其型号及含义如下：

DZ5-20 型低压断路器的技术数据见表 1-5-1。

表 1-5-1　DZ5－20 型低压断路器的技术数据

型　　号	额定电压/V	主触头额定电流/A	极　　数	脱扣器形式	热脱扣器额定电流（括号内为整定电流调节范围)/A	电磁脱扣器的瞬时动作整定值
DZ5－20/330	AC 380	20	3	复式脱扣器	0.15（0.10～0.15）	
DZ5－20/230	DC 220		2		0.20（0.15～0.20）	
DZ5－20/320	AC 380	20	3	电磁脱扣器	0.30（0.20～0.30）	
DZ5－20/220	DC 220		2		0.45（0.30～0.45）	
					0.65（0.45～0.65）	
DZ5－20/310	AC 380	20	3	热脱扣器	1（0.65～1） 1.5（1～1.5） 2（1.5～2） 3（2～3） 4.5（3～4.5） 6.5（4.5～6.5） 10（6.5～10） 15（10～15） 20（15～20）	为电磁脱扣器额定电流的 8～12 倍（出厂时整定于 10 倍）
DZ5－20/210	DC 220		2			
DZ5－20/300	AC 380	20	3	无脱扣器		
DZ5－20/200	DC 220		2			

二、认识行程开关

　　行程开关是一种将机械信号转换为电信号，以控制运动部件的位置和行程的自动控制电器。行程开关的种类很多，根据运动形式可分为直动式和转动式。

　　1. 行程开关的常见类型及符号（见图 1-5-4）

认识常用低压电器——行程开关

图 1-5-4　行程开关的常见类型及符号
a）类型　b）符号

2. 结构原理

JLXK1 型行程开关的结构如图 1-5-5a 所示。各种行程开关的基本结构大体相同，都是由触头系统、操作机构和外壳组成。

图 1-5-5　JLXK1 型行程开关的结构及动作原理
a）结构　b）动作原理

JLXK1－111 型行程开关的动作原理如图 1-5-5b 所示。当运动部件的挡铁碰压行程开关的滚轮时，杠杆连同转轴一起转动，使凸轮推动撞块，当撞块被压到一定位置时，推动微动开关快速动作，使其常闭触头断开、常开触头闭合。

行程开关按其触头动作方式可分为蠕动型和瞬动型，两种类型的触头动作速度不同。

JLXK1－111 型行程开关是蠕动型，分合速度取决于生产机械挡块触动操作头的移动速度，其缺点是：当移动速度低于 0.4m/s 时，触头分合太慢易受电弧烧灼，从而降低触头使用寿命。

为了使行程开关的触头在生产机械缓慢运动时仍能快速分合，将触头动作设计成跳跃式瞬动结构，如 LX19 型行程开关，这样不但可以保证动作的可靠性及行程控制的位置精度，同时还可减少电弧对触头的灼伤。

3. 型号及规格

常用的行程开关有 LX19 系列和 JLXK1 系列，其型号及含义如下：

```
        J  L  X  K  1—□ □ □
```

- 机床电器
- 主令电器
- 行程开关
- 快速
- 设计序号

- 常闭触头数
- 常开触头数
- 传动装置形式代号：1—单轮转动式；
  2—双轮转动式；3—直动不带轮；
  4—直动带轮

三、识读位置控制线路的工作原理

图 1-5-1a 所示是工厂车间里的行车常采用的位置控制线路，图 1-5-1b 所示是行车运动示意图，在行车线路的两端终点处各安装一个行程开关 SQ1 和 SQ2，它们的常闭触头分别串接在正转控制线路和反转控制线路中。当安装在行车前后的挡铁 1 或挡铁 2 撞击行程开关的滚轮时，行程开关的常闭触头分断，切断控制线路，使行车自动停止。

[三相笼型异步电动机位置控制线路]

1. 行车向前运行

先合上电源开关 QS。

按下SB1 → KM1线圈得电 →
- KM1联锁触头分断，对KM2联锁
- KM1自锁触头闭合自锁
- KM1主触头闭合

→ 电动机M起动连续正转 →

→ 行车前移 → 移至限定位置，挡铁1碰撞位置开关SQ1 → SQ1常闭触头分断 →

→ KM1线圈失电 →
- KM1自锁触头分断，解除自锁
- KM1主触头分断
- KM1联锁触头恢复闭合，解除联锁

→ 电动机M失电停转 →

→ 行车停止前移

此时，即使再按下 SB1，由于 SQ1 常闭触头分断，接触器 KM 线圈也不会得电，保证了小车不会超过 SQ1 所在位置。

　　　　　　　　　　　　　　→ KM2联锁触头分断，对KM1联锁

按下SB2 ──→ KM2线圈得电 ──→ KM2自锁触头闭合自锁 ──┐
　　　　　　　　　　　　　　　　　　　　　　　　　　　├─→ 电动机M起动连续反转 →
　　　　　　　　　　　　　　→ KM2主触头闭合 ───────┘

──→ 行车后移 ──→ 移至限定位置，挡铁2碰撞位置开关SQ2 ──→ SQ2常闭触头分断 ──→

　　　　　　　　　　　　　　→ KM2自锁触头分断，解除自锁

──→ KM2线圈失电 ──→ KM2主触头分断 ──┐
　　　　　　　　　　　　　　　　　　　├─→ 电动机M失电停转 →
　　　　　　　　　　　　　　→ KM2联锁触头恢复闭合，解除联锁

──→ 行车停止前移

2. 行车向后运动

停车时只需按下 SB3 即可。

四、识读元器件布置图

图 1-5-6 所示是本线路槽板配线的元器件布置图，虚线部分是行线槽。由于元器件装在金属轨道上，所以在布置设计时尽可能将相同的元器件排列在一起，一般最上面是电源开关及熔断器保护，中间是接触器，下面是继电器。考虑到元器件大都是封闭式的，在槽板配线训练中，电源开关都采用低压断路器，放在槽板的左上方。SQ1、SQ2 行程开关固定在配线板上，但接线时和按钮一样要经过端子排。

图 1-5-6　元器件布置图

五、准备工具、仪表、器材及辅助材料（见表 1-5-2）

表 1-5-2　工具、仪表、器材及辅助材料一览表

分　类	名　称	型号与规格	单　位	数　量
工具	电工工具	验电器、螺钉旋具（一字槽和十字槽）、电工刀、尖嘴钳、钢丝钳、压线钳等	套	1
仪表	绝缘电阻表	ZC7（500V）或自定	块	1
	钳形电流表	DT-9700 或自定	块	1
	万用表	MF500 或自定	块	1
器材	三相异步电动机	1.1kW、380V、2.41A、Y联结	台	1
	配线板	金属网孔板或木质配线板（600mm×500mm×20mm）	块	1
	三相断路器	DZ47-63/3P，D25A①	只	1
	三相熔断器	RT18-32X/3P-10A	只	1
	单极熔断器	RT18-32X-4A	只	2

（续）

分 类	名 称	型号与规格	单 位	数 量
器材	交流接触器	LC1－D2510（CJX2－2510），线圈电压 380V，配有 4 个辅助触头	只	2
	热继电器	JRS10－25，带独立安装座	只	2
	控制按钮	LAY16－11，红色 1 只，绿色 1 只	只	2
	端子排	JD－2520	条	1
	行程开关	LX19	只	2
辅助材料	线槽	20mm×40mm	m	若干
	安装轨道	铝合金	m	若干
	自攻螺钉	M4×12，M3×12，大头螺杆 12mm	颗	若干
	主电路导线	BVR－1.5mm²	m	若干
	控制线路导线	BVR－1mm²	m	若干
	接地线	BVR－1.5mm²（黄绿双色）	m	若干
	编码套管		个	若干
	别径压线端子		个	若干

① D25A 表示 D 型、25A。

元器件领取检查事项：认真检查电器的外观是否缺损，在教师指导下检查线圈和触头。

六、明确安装接线工艺要求

1. 低压断路器的安装工艺要求

1）低压断路器应垂直于配线板安装，电源引线接到上端，负载引线接到下端。

2）低压断路器用作电源总开关或电动机的控制开关时，在电源进线侧必须加装刀开关或熔断器等，以形成明显的断开点。

3）低压断路器在使用前应将脱扣器工作面的防锈油脂擦干净，各脱扣器动作值一经调整好，不允许随意变动，以免影响其动作值。

2. 行程开关的安装工艺要求

1）行程开关安装时，安装位置要准确，安装要牢固；滚轮的方向不能装反，挡铁与其碰撞的位置应符合控制线路的要求，并确保能与挡铁可靠碰撞。

2）行程开关在使用中，要定期检查和保养，除去油垢及粉尘，清理触头，经常检查其动作是否灵活、可靠。有故障时要及时排除故障，防止由此产生误动作而导致设备和人身安全事故。

3. 槽板配线的工艺要求

在配线板上安装走线槽和所有元器件，按照原理图或接线图进行板前槽板配线，板前线槽布线的工艺要求如下：

1）线槽内的导线要尽可能避免交叉，槽内装线不要超过其容量的 70%，并能方便盖上线槽盖，以便装配和维修。线槽外的导线也应做到横平竖直、整齐、走线合理。

2）各元器件与走线槽之间的外露导线要尽量做到横平竖直，变换走向要垂直。从同种

槽板安装——
工艺要求

元器件位置一致的端子和相同型号元器件位置一致的端子上引入、引出的导线，要敷设在同一平面上，并应做到高低一致、前后一致，不得交叉。

3）在元器件接线端上，除间距很小或元器件机械强度较差的引出或引入导线，允许直接架空敷设外，其他导线必须经过走线槽进行连接。

4）元器件接线端引出导线的走向，以元器件的水平中心线为界限，水平中心线以上接线端引出的导线，必须进入元器件上面的线槽；水平中心线以下接线端引出的导线，必须进入元件下面的线槽。任何导线都不允许从水平方向进入线槽内。

5）导线与接线端的连接必须牢靠，不得松动。在任何情况下，接线端必须与导线截面积和材料性质相适应，并且所有连接在接线端上的导线，其端头套管上的编码要与原理图上节点的线号相一致。

6）所有导线必须要采用多芯软线，其截面积要大于 $0.75\mathrm{mm}^2$。电子逻辑及类似低电平的电路，可采用 $0.2\mathrm{mm}^2$ 的硬线。

7）当接线端不适合连接软线或较小截面积的软线时，可以在导线端头穿上针形或叉形轧头并压紧后再进行连接。

8）一般一个接线端只能连接一根导线，如果采用专门设计的接线端，可以连接两根或多根导线，但导线的连接方式必须采用工艺上成熟的连接方式，如夹紧、压接、焊接和绕接等，并且连接工艺应严格按照工序要求进行。

9）布线时，严禁损伤线芯和导线绝缘部分。

📐 任务实施

1. 明确工作任务

本任务以小组为单位实施，根据班级人数将学生分为若干个小组，每组以 3~4 人为宜，每人明确各自的工作任务和要求，小组长负责组织成员制订安装与调试单元任务 5 工作计划，协调小组实施工作任务，领取、分发材料和汇报成果。

2. 制订工作计划

根据任务要求、工作流程和小组成员的分工，小组讨论安装与调试单元任务 5 的要求，制订合理的工作计划。工作计划的内容包括工作环节或工作流程，每个环节内容所用的工具、材料，质量、安全和环境检测等措施，负责人员，计划工时等。工作计划须提交给小组长或指导教师审核，征得同意后方可实施。

3. 绘制安装接线图

根据安装与调试单元任务 5 中的电气控制线路图绘制安装接线图。

4. 领取并检查材料

正确填写安装与调试单元任务 5 工作页中的材料清单，从仓库中领取材料，并认真检查其是否完好。

5. 安装接线

对照安装与调试单元任务 5 的安装接线图、相关电器的安装工艺要求及槽板配线的工艺要求，在规定时间内完成接线。

6. 检查记录

接线完成后，进行线路检查。检查方法有核对检查和万用表检查两种。如果有故障，应及时处理，并在工作页上填写安装与调试单元任务 5 的接线故障分析及处理单。

（1）核对检查　线路安装完毕后，通常要结合原理图或安装接线图从电源端开始，根据编号逐一检查接线的正确性及接点的安装质量，检查有无漏接、错接之处。

（2）万用表检查　将万用表转换开关拨到电阻"$R \times 1k$"或"$R \times 100$"挡，并进行欧姆调零，首先测量同型号未安装使用和接线的接触器线圈，并记录其电阻值，目的是能根据控制线路图分析和判断读数的正确性。同时，如果测量的阻值与正确的有差异，则应采用核对检查法再进行逐步排查，以确定最后错误点。万用表检测线路过程对照表参见表 1-5-3。

表 1-5-3　万用表检测线路过程对照表

测量要求	测量过程				正确阻值	测量结果
	测量任务	总　工　序	工　序	操作方法		
空载	测量主电路	断开 QS，取下熔断器 FU2 的熔体，万用表置于"$R \times 1$"挡，调零后，分别测量 U11、V11、W11 三相之间的阻值	1	未操作任何电器	∞	
			2	压下 KM1 触头架	∞	
			3	压下 KM2 触头架	∞	
	测量控制线路	断开 QS，装好熔断器 FU2 的熔体，万用表置于"$R \times 100$"或"$R \times 1k$"挡，调零后，将两支表笔搭在 U12、V12 间测量控制线路的阻值	4	未操作任何电器	∞	
			5	按下 SB1	$1.8k\Omega$	
			6	按下 SB2	$1.8k\Omega$	
			7	压下 KM1 触头架	$1.8k\Omega$	
			8	压下 KM2 触头架	$1.8k\Omega$	
			9	同时压下 KM1 和 KM2 的触头架	∞	
			10	先压下 KM1 触头架再按下 SB3	$1.8k\Omega \rightarrow \infty$	
			11	先压下 KM2 触头架再按下 SB3	$1.8k\Omega \rightarrow \infty$	
			12	先压下 KM1 触头架再按下 SQ1	$1.8k\Omega \rightarrow \infty$	
			13	先压下 KM2 触头架再按下 SQ2	$1.8k\Omega \rightarrow \infty$	

注：1. 有载时，应考虑电动机绕组的电阻值。
　　2. CJX2-2510 型交流接触器线圈的参考阻值为 1.8kΩ。

7. 通电试运行

1）检查无误后，用绝缘电阻表检查线路的绝缘电阻，其值不得小于 1MΩ。在排除其他一切可能的不安全因素后，方可通电试运行。通电试运行时，要严格执行电工安全操作规程，穿戴好劳动防护用品，一人监护、一人操作。

2）通电试运行分无载（不接电动机）试运行和有载（接电动机）试运行两个环节。先进行无载试运行。通电试运行前，必须征得教师的同意，并由指导教师接通三相电源 L1、L2、L3，同时在现场监护。学生用验电器检查工位的电源插座是否有电，确认有电后再插上电源插头。合上电源开关 QF，检验熔断器下接线端是否带电。按下 SB1，观察 KM1 应该吸合，电动机正转（工作台向前运行），用手代替挡块按压 SQ1 并使 KM1 自动复位，电动机停转；按下 SB2，观察 KM2 应该吸合，电动机反转（工作台向后运行），用手代替挡块按压 SQ2 并使 KM2 自动复位，电动机停转；按下 SB3，则原先吸合的接触器均复位。无载试运行正常情况下，再接上电动机进行有载试运行。

3）如出现故障，学生应独立进行检修。若需带电检查时，教师必须在现场监护。检修完毕后，如需要再次试运行，教师也应该在现场监护，并做好时间记录。

4）通电校验完毕，切断电源，进行验电，在确保无电的情况下拔下插头或拆除电源连接线。

8. 整理清扫

拆除所装线路及元器件，按照"7S"要求做到工完场清。整理并归还材料。

✏️ **任务评价**

见配套教材《电气控制线路安装与维修工作页》AZ05。

◢ **任务拓展**

安装与调试三相笼型异步电动机自动往返控制线路，参照图 1-5-7 分析其工作原理，了解图中的 SQ1、SQ2、SQ3、SQ4 各起什么作用。

图 1-5-7　三相笼型异步电动机自动往返控制线路

任务 6　三相笼型异步电动机顺序控制线路的安装与调试

🖋️ **任务目标**

1. 能分析两台三相笼型异步电动机顺序起动控制线路的工作原理。
2. 能分析三相笼型异步电动机多地控制线路的工作原理。
3. 能根据三相笼型异步电动机顺序起动、逆序停止控制线路的原理图进行安装与调试。

4. 能应用仪表检查线路，验证线路安装的正确性，并进行故障的排除。

5. 能查阅相关资料，提高独立工作的能力和团队协作的能力。

6. 遵守"7S"管理规定，做到安全文明操作。

任务描述

依照图 1-6-1 所示的两台三相笼型异步电动机顺序起动、逆序停止控制线路图在配线板上进行电气线路安装与调试，具体要求如下：

图 1-6-1　两台三相笼型异步电动机顺序起动、逆序停止控制线路

1. 根据电动机顺序起动、逆序停止控制线路图进行安装接线。

2. 能用工具和仪表测量调整元器件，正确、熟练地对电路进行调试。

3. 按槽板配线的工艺要求接线。

4. 按钮、电动机等的导线必须通过接线柱引出，电动机外壳要有保护接地或接零。

5. 装接完毕后，指导教师到位方可通电试运行，穿戴好劳保品并进行安全文明操作。

6. 如遇故障能自行排除。

7. 安装工时：150min。

任务分析

在装有多台电动机的生产机械上，各电动机所起的作用是不同的，有时需按一定的顺序起动或停止，如车床主轴转动时，要求油泵先给润滑油，主轴停止后，油泵方可停止润滑，即要求油泵电动机先起动，主轴电动机后起动，主轴电动机停止后，才允许油泵电动机停止，实现这种控制功能的线路就是顺序控制线路。两台三相笼型异步电动机顺序起动控制线路是生产机械上常用的电气控制线路。要完成该任务需要会分析两台三相笼型异步电动机顺序起动、逆序停止控制线路的工作原理，明确板前槽板配线的工艺要求，然后对这个线路进行安装与调试。

任务准备

一、识读顺序控制线路

1. 主电路实现顺序控制

如图 1-6-2 所示，主电路中电动机 M2 的交流接触器 KM2 接在接触器 KM1 之后，只有

KM1 的主触头闭合后，若 KM2 主触头闭合 M2 才能起动，这样就实现了 M1 起动后 M2 才能起动的顺序控制。该线路的工作过程如下：

合上电源开关 QS。

按下 SB1→KM1 线圈得电→KM1 主触头闭合→电动机 M1 起动连续运转→按下 SB2→KM2 线圈得电→KM2 主触头闭合→电动机 M2 起动连续运转。

按下 SB3→KM1 和 KM2 主触头分断→电动机 M2 和 M1 同时停转。

图 1-6-2　主电路实现顺序起动的控制线路

2. 控制线路实现顺序控制

下面几种是在控制线路实现电动机的顺序控制。

1）如图 1-6-3 所示，电动机 M2 的控制线路先与接触器 KM1 的线圈并接后再与 KM1 的自锁触头串接，这样就实现了 M1 起动后 M2 才能起动的顺序控制。

图 1-6-3　控制线路实现顺序起动的控制线路（一）

2）如图 1-6-4a 所示，在电动机 M2 的控制线路中串接了接触器 KM1 的常开辅助触头。显然，只要 M1 不起动，即使按下 SB21，由于 KM1 的常开辅助触头未闭合，KM2 的线圈也不能得电，从而实现了 M1 起动后 M2 才能起动的顺序控制。控制线路中停止按钮 SB12 可控制两台电动机同时停止，SB22 可控制 M2 单独停止。

图 1-6-4　控制线路实现顺序起动的控制线路（二）

3）1-6-4b 所示是控制两台电动机顺序起动、逆序停止的控制线路，它是在电动机 M2 的控制线路中串接了接触器 KM1 的常开辅助触头。显然，只要 M1 不起动，即使按下 SB21，由于 KM1 的常开辅助触头未闭合，KM2 线圈也不能得电，从而实现了 M1 起动后 M2 才能起动的顺序控制。在 SB12 的两端并接了接触器 KM2 的常开辅助触头，从而实现了 M2 停止后 M1 才能停止的顺序控制，即 M1、M2 是顺序起动、逆序停止。

二、识读多地控制线路

有些生产设备为了操作方便，需要在两地或多地控制一台电动机，例如普通铣床的控制线路，就是一种多地控制线路。这种能在两地或多地控制一台电动机的控制方式，称为电动机的多地控制。在实际应用中，大多为两地控制。

图 1-6-5 所示为两地控制的具有过载保护的接触器自锁正转控制线路。其中，SB12、SB11 为安装在甲地的起动按钮和停止按钮，SB22、SB21 为安装在乙地的起动按钮和停止按

图 1-6-5　电动机两地控制线路

钮。该线路中，两地的起动按钮 SB12、SB22 要并接在一起，停止按钮 SB11、SB21 要串接在一起，这样就可以分别在甲、乙两地起动和停止同一台电动机，达到操作方便的目的。对于三地或多地控制，只要把各地的起动按钮并接、停止按钮串接就可以实现。

三、识读元器件布置图

两台三相笼型异步电动机顺序起动、逆序停止控制线路的元器件布置图如图 1-6-6 所示，它分为三个区域，最上面区域是电源开关及熔断器，中间区域是接触器，下面区域是热继电器。在槽板配线训练中，电源开关采用低压断路器，放在左上方，按钮经端子排与电器连接。

图 1-6-6　两台三相笼型异步电动机顺序起动、逆序停止控制线路的元器件布置图

四、准备工具、仪表、器材及辅助材料（见表 1-6-1）

表 1-6-1　工具、仪表、器材及辅助材料一览表

分　类	名　称	型号与规格	单　位	数　量
工具	电工工具	验电器、螺钉旋具（一字槽和十字槽）、电工刀、尖嘴钳、钢丝钳、压线钳等	套	1
仪表	绝缘电阻表	ZC7（500V）或自定	块	1
	万用表	MF500 或自定	块	1
器材	三相异步电动机	1.1kW、380V、2.41A、Y联结	台	1
	配线板	金属网孔板或木质配线板（600mm × 500mm × 20mm）	块	1
	三相断路器	DZ47－63/3P，D25A	只	1
	三相熔断器	RT18－32X/3P－10A	只	1
	单极熔断器	RT18－32X－4A	只	2
	交流接触器	LC1－D2510（CJX2－2510），线圈电压380V，配有 4 个辅助触头	只	2
	热继电器	JRS10－25，带独立安装座	只	2
	控制按钮	LAY16－11，红色 2 只，绿色 2 只	只	4
	端子排	JD－2520	条	1
辅助材料	线槽	20mm × 40mm	m	若干
	安装轨道	铝合金	m	若干
	自攻螺钉	M4×12，M3×12，大头螺杆12mm	颗	若干
	主电路导线	BVR－1.5mm²	m	若干
	控制线路导线	BVR－1mm²	m	若干
	接地线	BVR－1.5mm²（黄绿双色）	m	若干
	编码套管		个	若干
	别径压线端子		个	若干

元器件领取检查事项：认真检查元器件的外观是否缺损，在教师指导下检查线圈和触头。

五、明确安装接线工艺要求

1. 接线要点

1）若要求控制线路中的接触器 KM1 动作后接触器 KM2 才能动作，则应将接触器 KM1 的常开辅助触头串接在接触器 KM2 的线圈电路中。

2）若要求接触器 KM2 停止后接触器 KM1 才能停止，则应将接触器 KM2 的常开辅助触头并接在 M1 停止按钮的两端。

2. 槽板配线的工艺要求

参见单元 1 的任务 5。

任务实施

1. 明确工作任务

本任务以小组为单位实施，根据班级人数将学生分为若干个小组，每组以 3 ~ 4 人为宜，每人明确各自的工作任务和要求，小组长负责组织成员制订安装与调试单元任务 6 工作计划，协调小组实施工作任务，领取、分发材料和汇报成果。

2. 制订工作计划

根据任务要求、工作流程和小组成员的分工，小组讨论安装与调试单元任务 6 的要求，制订合理的工作计划。工作计划的内容包括工作环节或工作流程，每个环节内容所用的工具、材料，质量、安全和环境检测等措施，负责人员，计划工时等。工作计划须提交给小组长或指导教师审核，征得同意后方可实施。

3. 绘制安装接线图

根据安装与调试单元任务 6 中的电气控制线路图绘制安装接线图。

4. 领取并检查材料

正确填写安装与调试单元任务 6 工作页中的材料清单，从仓库中领取材料，并认真检查其是否完好。

5. 安装接线

对照安装与调试单元任务 6 的安装接线图、相关电器的安装工艺要求及槽板配线的工艺要求，在规定时间内完成接线。

6. 检查记录

接线完成后，进行线路检查。检查方法有核对检查和万用表检查两种。如果有故障，应及时处理，并在工作页上填写安装与调试单元任务 6 的接线故障分析及处理单。

（1）核对检查　线路安装完毕后，通常要结合原理图或安装接线图从电源端开始，根据编号逐一检查接线的正确性及接点的安装质量，检查有无漏接、错接之处。

（2）万用表检查　将万用表转换开关拨到电阻 "$R \times 1k$" 或 "$R \times 100$" 挡，并进行欧姆调零，首先测量同型号未安装使用和接线的接触器线圈，并记录其电阻值，目的是能根据控制线路图分析和判断读数的正确性。同时，如果测量的阻值与正确值有差异，则应采用核对检查法再进行逐步排查，以确定最后错误点。万用表检测线路过程对照表参见表 1-6-2。

表 1-6-2 万用表检测线路过程对照表

测量要求	测量过程				正确阻值	测量结果
	测量任务	总 工 序	工 序	操作方法		
空载	测量主电路	断开 QS，取下熔断器 FU2 的熔体，万用表置于 "R×1" 挡，调零后，分别测量 U11、V11、W11 三相之间的阻值	1	未操作任何电器	∞	
			2	压下 KM1 触头架	∞	
			3	压下 KM2 触头架	∞	
	测量控制线路	断开 QS，装好熔断器 FU2 的熔体，万用表置于 "R×100" 或 "R×1k" 挡，调零后，将两支表笔搭在 U12、V12 间测量控制线路的阻值	4	未操作任何电器	∞	
			5	按下 SB11	1.8kΩ	
			6	按下 SB21	∞	
			7	压下 KM1 触头架	1.8kΩ	
			8	压下 KM2 触头架	∞	
			9	先压下 KM1 触头架再按下 SB21	1.8kΩ→0.9kΩ	
			10	先压下 KM1 触头架再压下 KM2 触头架	1.8kΩ→0.9kΩ	
			11	先压下 KM1 触头架再按下 SB12	1.8kΩ→∞	
			12	同时按下 KM1、KM2 的触头架再按下 SB12	0.9kΩ→1.8kΩ	
			13	同时按下 KM1、KM2 的触头架再按下 SB22	0.9kΩ→1.8kΩ	

注：1. 有载时，应分析电动机绕组的电阻值是否串入其中。

2. CJX2－2510 型交流接触器线圈的参考阻值为 1.8kΩ。

7. 通电试运行

1）检查无误后，再用绝缘电阻表检查线路的绝缘电阻，其值不得小于 1MΩ，在排除其他一切可能的不安全因素后，方可通电试运行。通电试运行时，要严格执行电工安全操作规程，穿戴好劳动防护用品，一人监护、一人操作。

2）通电试运行分无载（不接电动机）试运行和有载（接电动机）试运行两个环节，先进行无载试运行。通电试运行前，必须征得教师的同意，并由指导教师接通三相电源 L1、L2、L3，同时在现场监护。学生用验电器检查工位的电源插座是否有电，确认有电后再插上电源插头，合上电源开关 QS，检验熔断器下接线端是否带电，操作按钮，观察接触器吸合情况，记录现象，并填写表 1-6-3。

表 1-6-3 现象记录表

起动	先按下 SB11	再按下 SB21	
	先按下 SB21	再按下 SB11	
停止	先按下 SB12	再按下 SB22	
	先按下 SB22	再按下 SB12	

若接触器的动作情况符合要求，则接上电动机进行有载试运行。

3）如出现故障，学生应独立进行检修。若需带电检查时，教师必须在现场监护。检修完毕后，如需要再次试运行，教师也应该在现场监护，并做好时间记录。

4）通电校验完毕，切断电源，进行验电，在确保无电的情况下拔下插头或拆除电源连接线。

8. 整理清扫

拆除所装线路及元器件，按照"7S"要求做到工完场清。整理并归还材料。

任务评价

见配套教材《电气控制线路安装与维修工作页》AZ06。

任务拓展

安装与调试两地控制的顺序起动、逆序停止控制线路见图1-6-7，要求如下：

三相笼型异步电动机顺序起动、逆序停止控制线路——通电前检查

图 1-6-7   两地控制的顺序起动、逆序停止控制线路

1）根据电动机顺序起动、逆序停止控制线路图进行安装接线。

2）能用工具和仪表测量调整元器件，正确、熟练地对电路进行调试。

3）按槽板配线的工艺要求接线。

任务7   三相笼型异步电动机减压起动控制线路的安装与调试

任务目标

1. 会正确识别、安装和使用时间继电器等常用低压电器。

2. 能分析三相笼型异步电动机减压起动控制线路的工作原理。

3. 能看懂三相笼型异步电动机减压起动控制线路的元器件布置图和安装接线图，并正确安装。

4. 能应用仪表检查线路，验证线路安装的正确性，并进行故障的排除。

5. 能查阅相关资料，提高独立工作的能力和团队协作的能力。

6. 遵守"7S"管理规定，做到安全文明操作。

📖 **任务描述**

依照图 1-7-1 所示的三相异步电动机Y-△减压起动控制线路图在配线板上进行电气线路安装与调试，具体要求如下：

图 1-7-1 三相异步电动机Y-△减压起动控制线路

1. 根据三相异步电动机Y-△减压起动控制线路图进行安装接线。

2. 能用工具和仪表测量调整元器件，正确、熟练地对电路进行调试。

3. 按槽板配线的工艺要求接线。

4. 按钮、电动机等的导线必须通过接线柱引出，电动机外壳要有保护接地或接零。

5. 装接完毕后，指导教师到位方可通电试运行，穿戴好劳保用品并进行安全文明操作。

6. 如遇故障能自行排除。

7. 安装工时：180min。

✏️ **任务分析**

三相异步电动机起动时，加在电动机定子绕组上的电压为电动机的额定电压，属于全压起动，也称为直接起动。直接起动的优点是电气设备少，线路简单，维修量较小。异步电动机直接起动时，起动电流一般为额定电流的 4～7 倍。在电源变压器容量不够大而电动机功率较大的情况下，直接起动将导致电源变压器输出电压下降，不仅减小电动机本身的起动转矩，而且会影响同一供电线路中其他电气设备的正常工作。因此，较大功率的电动机需要采用减压起动。本任务主要介绍三相笼型异步电动机减压起动控制线路。完成该任务需要学习时间继电器这个重要低压电器的知识，识别它的结构特征，记住它的文字符号和图形符号，熟悉其动作原理和常用型号，分析Y-△减压起动控制线路的工作原理，看懂Y-△减压起动控制线路的元器件布置图和安装接线图，明确槽板敷设的工艺要求，然后对这个线路进行安装与调试。

任务准备

一、了解减压起动

减压起动是指利用起动设备将电压适当降低后加到电动机定子绕组上进行起动，待电动机起动运转后，再使其电压恢复到额定值正常运转。由于电流随电压的降低而减小，所以减压起动达到了减小起动电流的目的，又由于起动转矩与电压的二次方成正比，在降低电压和电流的同时，起动转矩大幅度下降，所以减压起动需要在空载或轻载下进行。

通常规定电源容量在 180kV·A 以上、电动机功率在 7.5kW 以下的三相异步电动机可采用直接起动。凡不满足直接起动条件的，均需采用减压起动。减压起动分为硬起动和软起动两大类。常见的硬起动方法有四种：定子绕组串接电阻减压起动、自耦变压器（补偿器）减压起动、Y-△减压起动和延边三角形减压起动等。

二、认识时间继电器

时间继电器是一种利用电磁原理或机械动作原理等来实现触头延时闭合或分断的自动控制电器。常用的时间继电器主要有电磁式、电动式、空气阻尼式和晶体管式等。目前，电气控制线路中应用较多的是空气阻尼式时间继电器。随着电子技术的发展，近年来晶体管式时间继电器的应用研究也日益广泛。

1. 时间继电器的常见类型及符号（见图 1-7-2）

| KT 线圈一般符号 | KT 通电延时线圈 | KT 断电延时线圈 | KT 常开触头 | KT 常闭触头 | KT 延时断开瞬时闭合常闭触头（瞬时动作） |

KT 瞬时断开延时闭合常闭触头　　KT 瞬时断开延时闭合常开触头　　KT 瞬时闭合延时断开常开触头

图 1-7-2　时间继电器的常见类型及符号

2. ST3P 系列晶体管式时间继电器

（1）种类及接线图

1）种类。晶体管式时间继电器也称为半导体时间继电器或电子式时间继电器，具有结构简单、延时范围广、精度高、消耗功率小、调整方便及寿命长等优点，所以发展很迅速，其应用范围越来越广。

ST3P 系列晶体管式时间继电器具有体积小、重量轻、结构紧凑、延时精度高、可靠性好、寿命长等特点。它适合在各种高精度、高可靠性自动控制场合作为延时控制元件。ST3P 系列晶体管式时间继电器按延时方式可分为通电延时型、断电延时型等多种形式，按电源和电压种类可分为交流（50Hz）36V、110V、127V、220V、380V，直流 24V、12V 等。

2）ST3P 系列晶体管式时间继电器的接线图如图 1-7-3 所示，这是通电延时型的时间继电器，2 脚与 7 脚接电源（相当于电磁式继电器的线圈），两对延时断开常闭触头分别是 1 脚与 4 脚、8 脚与 5 脚，两对延时闭合常开触头分别是 1 脚与 3 脚、8 脚与 6 脚。

（2）使用说明 ST3P 系列晶体管式时间继电器（多挡式规格）具有四种不同的延时挡，可以由时间继电器前部的转换开关很方便地转换。当需要变换延时挡时，首先取下设定旋钮，接着卸下刻度板，然后参照铭牌上的延时范围示意图拨动转换开关，再按原样装上刻度板与设定旋钮即可。注意：转换开关的位置应与刻度板上的开关位置标记一致。

图 1-7-3 ST3P 系列晶体管式时间继电器的接线图

ST 3 P □—□

延时范围(适用于多挡式)
型式特点：
A— 基型(通电延时,多挡式)
C— 瞬动型(通电延时,多挡式)
F— 断电延时
K— 断开延时
Y— 星三角起动延时(通电延时)
R— 往复循环定时(通电延时)
安装尺寸:P— 插针式
设计序号
时间继电器

认识常用低压电器——时间继电器

（3）ST3P 系列晶体管式时间继电器的规格 延时范围如下：

A：0.05s ~ 0.5s/5s/30s/3min。

B：0.01s ~ 1s/10s/60s/6min。

C：0.5s ~ 5s/50s/5min/30min。

D：1s ~ 10s/100s/10min/60min。

E：5s ~ 60min/10min/60min/6h。

F：0.25min ~ 2min/20min/2h/12h。

G：0.5min ~ 4min/40min/4h/24h。

3. JS7－A 系列空气阻尼式时间继电器的结构

空气阻尼式时间继电器又称为气囊式时间继电器，主要由电磁系统、延时机构和触头系统三部分组成，其中电磁系统为直动式双 E 形电磁铁，延时机构采用气囊式阻尼器，触头系统借用 LX5 型微动开关。其结构如图 1-7-4 所示。

图 1-7-4　JS7－A 系列空气阻尼式时间继电器的结构

1—线圈　2—反力弹簧　3—衔铁　4—铁心　5—弹簧片　6—瞬时触头　7—杠杆　8—延时触头
9—调节螺钉　10—推杆　11—活塞杆　12—宝塔形弹簧

4. JS7－A 系列时间继电器的型号及规格

JS7－A 系列时间继电器的规格见表 1-7-1。

表 1-7-1　JS7－A 系列时间继电器的规格

型　号	瞬时动作触头对数		有延时的触头对数				触头额定电压/V	触头额定电流/A	线圈电压/V	延时范围/s	额定操作频率/(次/h)
			通电延时		断电延时						
	常开	常闭	常开	常闭	常开	常闭					
JS7－1A	—	—	1	1	—	—	380	5	24、36、110、127、220、380	0.4～60 及 0.4～180	600
JS7－2A	1	1	1	1	—	—					
JS7－3A	—	—	—	—	1	1					
JS7－4A	1	1	—	—	1	1					

三、识读三相笼型异步电动机减压起动控制线路的原理图

1. Y-△减压起动控制线路

Y-△减压起动是指电动机起动时，把定子绕组接成Y，以降低起动电压，限制起动电流，待电动机起动后，再把定子绕组改接成△，使电动机全压运行。凡是在正常运行时定子绕组作△联结的异步电动机，均可采用这种减压起动方法。

起动时接成Y，加在每相定子绕组上的起动电压只有△联结的 $1/\sqrt{3}$，起动电流为△联结的 1/3，起动转矩也只有△联结的 1/3。所以，这种减压起动方法只适用于轻载或空载下起动。

时间继电器自动控制的Y-△减压起动控制线路如图 1-7-1 所示，该线路由三个交流接触器、一个热继电器、一个时间继电器和两个按钮组成，其工作原理如下：

先合上电源开关 QF。

三相笼型异步电动机减压起动控制线路——Y-△减压起动

```
按下SB1 ┬─ KM3线圈得电 ┬─ KM3联锁触头分断对KM2联锁
        │               ├─ KM3常开触头闭合 ─→ KM1线圈得电 ┬─ KM1自锁触头闭合自锁
        │               │                                  └─ KM1主触头闭合
        │               └─ KM3主触头闭合 ─→ 电动机M接成Y减压起动
        │
        └─ KT线圈得电  当电动机M的转速上升到一定值时，KT延时结束 ─→ KT常闭触头分断 ─→

─→ KM3线圈失电 ┬─ KM3常开触头分断
                ├─ KM3主触头分断，解除Y联结
                └─ KM3联锁触头闭合 ─→ KM2线圈得电 ─→

┬─ KM2联锁触头分断 ┬─ 对KM3联锁
│                  └─ KT线圈失电 ─→ KT常闭触头瞬时闭合
└─ KM2主触头闭合 ─→ 电动机M接成△全压运行
```

停止时，按下 SB2 即可。

> **想一想**：该线路中，KM3 主触头闭合是否带电？这样设计有何好处？

2. 自耦变压器减压起动控制线路

自耦变压器减压起动是指在电动机起动时利用自耦变压器来降低加在电动机定子绕组上的起动电压，待电动机起动后，再使电动机与自耦变压器脱离，从而在全压下正常运行。

图 1-7-5 所示是 XJ01 型自动控制自耦变压器减压起动控制线路，广泛应用于交流 50Hz、电压 380V、功率 14～75kW 的三相笼型异步电动机的减压起动。

图 1-7-5　XJ01 型自动控制自耦变压器减压起动控制线路

XJ01 型自动控制自耦变压器由自耦变压器、交流接触器、中间继电器、热继电器、时间继电器和按钮等元器件组成。

自耦变压器有额定电压 60% 及 80% 两挡抽头。自耦变压器具有过载和失电压保护功能，最大起动时间为 2min（包括一次或连续数次起动时间的总和）。XJ01 型自动控制自耦变压器减压起动控制线路分为主电路、控制线路和指示电路，点画线框内的按钮是异地控制按钮。

中间继电器是将一个输入信号变成一个或多个输出信号的继电器，它的输入信号为线圈的通电和断电，它的输出信号是触头的动作。图 1-7-6 所示为中间继电器的外形和符号。

图 1-7-6　中间继电器的外形和符号
a）外形　b）符号

中间继电器的基本结构及工作原理与接触器基本相同，所不同的是中间继电器的触头较多，并且没有主、辅之分，各对触头允许通过的电流大小相同，其额定电流为 5A 及以下。

中间继电器型号的含义如下：

```
          J  Z  □—□  □
继电器 ┘  │  │ │  └── 常闭触头数
中间 ──────┘  │ └──── 常开触头数
              └────── 设计序号
```

XJ01 型自动控制自耦变压器减压起动控制线路的工作原理分析如下：

【减压起动】

```
                              ┌→ KM1(1—3)闭合自锁 ──┐
                              │                      ├→ 电动机M接入TM减压起动
              ┌→ KM1线圈得电 ─┼→ KM1主触头闭合 ─────┘
              │               │
              │               ├→ KM1（9—11）分断，对KM2联锁
按下SB11 ─────┤               │
              │               ├→ KM1（15—17）分断 ──→ 指示灯HL1熄灭
              │               │
              │               └→ KM1（15—19）闭合 ──→ 指示灯HL2亮
              │
              └→ KT线圈得电，为电动机M的正常运转做准备
```

【全压运转】

当电动机M的转速上升到一定值时，KT延时结束 ──→ KT（1—7）闭合 ──→ KA线圈得电 ──→

```
      ┌→ KA（3—5）分断 ──→ KM1线圈失电 ─┬→ KM1辅助触头全部复位
      │                                  │
      │                                  └→ KM1主触头分断 ──→ TM切除
      │
      ├→ KA（1—7）闭合自锁
      │                                  ┌→ KM2两对常闭辅助触头分断，解除TM的D联结
      │                                  │
      ├→ KA（1—9）闭合 ──→ KM2线圈得电 ─┼→ KM2主触头闭合 ──→ 电动机M全压运转
      │                                  │
      │                                  └→ KM2（13—21）闭合 ──→ 指示灯HL3亮
      │
      └→ KA（13—15）分断 ──→ 指示灯HL1、HL2熄灭
```

3. 软起动控制

软起动是采用软起动控制器控制电动机起/停的一项新技术。SINOCO－SS2 系列软起动控制器的外观如图 1-7-7 所示，它采用微机控制技术，可以实现交流异步电动机的软起动、软停机和轻载节能，同时还具有过载、断相、过电压、欠电压等多种保护功能。

软起动控制器的主要部分是一组串接于电源与被控电动机之间的三相反并联晶闸管及其电子控制线路，其控制原理是通过控制软件（程序）控制三相反并联晶闸管的导通角，使被控电动机的输入电压按设定的某种函数关系变化，从而实现电动机的软起动或软停机。软起动控制器的引脚接线示意图如图 1-7-8 所示。

图 1-7-9 所示的软起动控制器电路的工作原理分析如下：

【软起动】按下 SB2→KA 得电并自锁→KA 常开触头闭合，通过起动器起/停信号输入端子 S1－S2 给控制器送"1"→电动机按设定过程起动，起动完成→起动器输出旁路信号使

图 1-7-7　SINOCO – SS2 系列软起动控制器的外观

图 1-7-8　软起动控制器的引脚接线示意图

S3 – S4 闭合→KM 得电并自锁→KM 主触头旁路起动器，电动机在全压下运行。

图 1-7-9　软起动控制器电路

【软停止】　按下 SB1→KA 失电→KA 常开触头断开，通过 S1 – S2 给控制器送"0"→起动器使 S3 – S4 断开→KM 失电→KM 主触头断开，使起动器接入→电动机按设定过程停机。

查一查：软件起动器接线时要注意什么？

四、识读元器件布置图

图 1-7-10 所示是本线路槽板配线的元器件布置图，虚线部分是行线槽，电动机和按钮要经过端子排接入，不需要固定在配线板上。

图 1-7-10　时间继电器自动控制的
丫-△减压起动线路槽板配线的元器件布置图

五、识读安装接线图

图 1-7-11 所示是按国家标准用中断线表示的时间继电器自动控制的丫-△减压起动控制线路的安装接线图，图中各元器件的端子号及用中断线所画的接线图虽然比用连续线画的接线图画起来复杂，但接线很直观（可以直观看到

图 1-7-11　时间继电器自动控制的丫-△减压起动控制线路的安装接线图

注：图中的 KM 就是原理图中的 KM1。

每个端子应接一根还是两根线，每根线应接在哪个元器件的哪个端子上），查线也简单（从上到下、从左到右用万用表分别检查端子①及端子②，直至全部端子都查一遍）。因此，电工技术人员要学会看懂这种接线图，并会根据它安装接线。

图中，元器件各端子的编号方法有两种：①用元器件的实际编号，如 KM 的 1、3、5、

A1，FR 的 95 等；②用元器件端子的人为编号，如 FU1 的 1、3、5 等。一般元器件的端子已有实际编号应优先采用，因为编号本身就表示了元器件的结构，如 KM1 的 1 与 2、3 与 4 代表常开主触头（或者用 L1 与 T2、L3 与 T4 来表示）。

六、准备工具、仪表、器材及辅助材料（见表1-7-2）

表1-7-2 工具、仪表、器材及辅助材料一览表

分　类	名　　称	型号与规格	单　位	数　量
工具	电工工具	验电器、螺钉旋具（一字槽和十字槽）、电工刀、尖嘴钳、钢丝钳、压线钳等	套	1
仪表	绝缘电阻表	ZC7（500V）或自定	块	1
	万用表	MF500 或自定	块	1
器材	三相异步电动机	1.1kW、380V、2.41A、Y联结	台	1
	配线板	金属网孔板或木质配线板（600mm×500mm×20mm）	块	1
	三相断路器	DZ47-63/3P，D25A	只	1
	三相熔断器	RT18-32X/3P-10A	只	1
	单极熔断器	RT18-32X-4A	只	2
	交流接触器	LC1-D2510（CJX2-2510），线圈电压380V，配有4个辅助触头	只	3
	热继电器	JRS10-25，带独立安装座	只	1
	时间继电器	ST3PA-1S/10S，线圈电压380V，带独立安装座	只	1
	控制按钮	LAY16-11，红色1只，绿色1只	只	2
	端子排	JD-2510	条	1
辅助材料	线槽	20mm×40mm	m	若干
	安装轨道	铝合金	m	若干
	自攻螺钉	M3×12，M4×12，大头螺杆12mm	颗	若干
	主电路导线	BVR-1.5mm^2	m	若干
	控制线路导线	BVR-1mm^2	m	若干
	接地线	BVR-1.5mm^2（黄绿双色）	m	若干
	编码套管		个	若干
	别径压线端子		个	若干

元器件领取检查事项：认真检查元器件的外观是否缺损，在教师指导下检查线圈和触头。

七、明确安装调试工艺要求

1. 时间继电器的安装调试工艺要求

1）时间继电器应按说明书规定的方向安装。

2）时间继电器的整定值应预先在不通电时整定好。

3）时间继电器金属底板上的接地螺钉必须与接地线可靠连接。

4）对于空气阻尼式时间继电器，通电延时型和断电延时型可在整定时间内自行调换，只要将电磁机构部分转动 180°安装调整即可。

5）使用时，应经常清除灰尘及油污，否则延时误差将增大。

6）时间继电器整定时间旋钮的刻度应正对安装人员，以便安装人员看清、容易调整。对于空气阻尼式时间继电器，在断电释放时衔铁确保垂直向下，倾斜度不超过5°。

7）时间继电器的整定时间与电动机功率及带载情况有关，一般按照电动机功率二次方根的两倍加4s的经验公式计算。

2. 接线注意要点

1）丫-△减压起动的电动机，必须使正常运行时为△联结的电动机（如标有380V、△联结）有六个出线端子，即接线时要将接线盒中的连接片打开。

2）接线时要保证电动机△联结的正确性，即KM2（△联结接触器）主触头闭合时，应保证定子绕组U1与W2、V1与U2、W1与V2相连。

3）接触器KM3（丫联结接触器）的进线必须从三相定子绕组的末端引入，否则会造成三相电源短路。

3. 槽板配线的工艺要求

参见单元1的任务5。

任务实施

1. 明确工作任务

本任务以小组为单位实施，根据班级人数将学生分为若干个小组，每组以3~4人为宜，每人明确各自的工作任务和要求，小组长负责组织成员制订安装与调试单元任务7工作计划，协调小组实施工作任务，领取、分发材料和汇报成果。

2. 制订工作计划

根据任务要求、工作流程和小组成员的分工，小组讨论安装与调试单元任务7的要求，制订合理的工作计划。工作计划的内容包括工作环节或工作流程，每个环节内容所用的工具、材料，质量、安全和环境检测等措施，负责人员，计划工时等。工作计划须提交给小组长或指导教师审核，征得同意后方可实施。

3. 绘制安装接线图

根据安装与调试单元任务7中的电气控制线路图绘制安装接线图。

4. 领取并检查材料

正确填写安装与调试单元任务7工作页中的材料清单，从仓库中领取材料，并认真检查其是否完好。

5. 安装接线

对照安装与调试单元任务7的安装接线图、相关电器的安装工艺要求及槽板配线的工艺要求，在规定时间内完成接线。

6. 检查记录

接线完成后，进行线路检查。检查方法有核对检查和万用表检查两种。如果有故障，应及时处理，并在工作页上填写安装与调试单元任务7的接线故障分析及处理单。

（1）核对检查 线路安装完毕后，通常要结合原理图或安装接线图从电源端开始，根据编号逐一检查接线的正确性及接点的安装质量，检查有无漏接、错接之处。

（2）万用表检查 将万用表转换开关拨到电阻"$R \times 1k$"或"$R \times 100$"挡，并进行欧姆调零，首先测量同型号未安装使用和接线的接触器线圈，并记录其电阻值，目的是能根据控制线路图分析和判断读数的正确性。同时，如果测量的阻值与正确值有差异，则应使用核对检查法再进行逐步排查，以确定最后错误点。万用表检测本线路过程对照表参见表1-7-3。

7. 通电试运行

1）检查无误后，再用绝缘电阻表检查线路的绝缘电阻，其值不得小于1MΩ。在排除其他一切可能的不安全因素后，方可通电试运行。通电试运行时，要严格执行电工安全操作规程，穿戴好劳动防护用品，一人监护、一人操作。

表1-7-3　万用表检测本线路过程对照表

测量要求	测量过程					正确阻值	测量结果
	测量任务	总　工　序	工　序		操作方法		
空载	测量主电路	断开 QS，取下熔断器 FU2 熔体，万用表置于 "$R \times 1$" 挡，调零后，分别测量 U11、V11、W11 三相之间的阻值	1		未操作任何电器	∞	
			2		同时压下 KM1、KM2 的触头架	∞	
			3		同时压下 KM1、KM3 的触头架	∞	
	测量控制线路	断开 QS，装好熔断器 FU2 的熔体，万用表置于 "$R \times 100$" 或 "$R \times 1k$" 挡，调零后，将两支表笔搭在 U12、V12 间测量控制线路的阻值	4		未操作任何电器	∞	
			5		按下 SB1	1.8kΩ	
			6		压下 KM1 触头架	0.9kΩ	
			7		压下 KM1 触头架再压下 KM3 触头架	0.9kΩ→1.8kΩ →0.9kΩ	
			8		先压下 KM1 触头架再按下 SB2	0.9kΩ→∞	
			9		先压下 KM1 触头架再压下 KM2 触头架	0.9kΩ→0.9kΩ	

注：1. 有载时，应分析电动机绕组的电阻值是否串入其中。
　　2. CJX2-2510 型交流接触器线圈的参考阻值为1.8kΩ，ST3P 系列时间继电器线圈的参考阻值为∞。

2）通电试运行分无载（不接电动机）试运行和有载（接电动机）试运行两个环节，先进行无载试运行。通电试运行前，必须征得教师的同意，并由指导教师接通三相电源 L1、L2、L3，同时在现场监护。学生用验电器检查工位的电源插座是否有电，确认有电后再插上电源插头→合上电源开关 QS→检验熔断器下接线端是否带电→按下起动按钮 SB1 后，注意观察接触器的工作状况。正确情况下，KT、KM3、KM1 先得电动作，过一段时间，KM3、KT 断电复位，而 KM2、KM1 保持通电吸合状态，直到按下 SB2 为止。如出现异常情况，应立即切断电源，并仔细记录故障现象，以作为故障分析的依据，还要及时进行故障排除，待故障排除后再次通电试运行，直到无载试运行成功为止。然后接上电动机进行有载试运行，观察电动机的工作状况。

3）如出现故障，学生应独立进行检修。若需带电检查时，教师必须在现场监护。检修完毕后，如需要再次试运行，教师也应该在现场监护，并做好时间记录。

4）通电校验完毕，切断电源，进行验电，在确保无电的情况下拔下插头或拆除电源连接线。

8. 整理清扫

拆除所装线路及元器件，按照 "7S" 要求做到工完场清。整理并归还材料。

任务评价

见配套教材《电气控制线路安装与维修工作页》AZ07。

任务拓展

安装与调试三相笼型异步电动机自动控制丫-△减压起动控制线路（见图1-7-12），分析其工作原理，判断本线路的时间继电器是断电延时型还是通电延时型，并说明KA的作用。

图1-7-12 三相笼型异步电动机自动控制丫-△减压起动控制线路

任务8 三相笼型异步电动机制动控制线路的安装与调试

任务目标

1. 能区分三相笼型异步电动机电磁制动器制动、反接制动、能耗制动的制动原理，熟悉速度继电器、电磁制动器的结构、符号等。

2. 能分析三相笼型异步电动机电磁制动器制动线路、反接制动线路、能耗制动线路的工作原理。

3. 能根据原理图安装单向反接制动控制线路、半波能耗制动控制线路、正反转全波能耗制动控制线路等控制线路。

4. 能应用仪表检查线路，验证线路安装的正确性，排除故障。

5. 能查阅相关资料，提高独立工作的能力和团队协作的能力。

6. 遵守"7S"管理规定，做到安全文明操作。

任务描述

安装与调试三相笼型异步电动机的半波整流能耗制动控制线路（见图1-8-1），具体要求如下：

图 1-8-1　三相笼型异步电动机的半波整流能耗制动控制线路

1. 根据原理图进行主电路及控制线路接线。
2. 能用工具和仪表测量调整元器件，正确、熟练地对电路进行调试。
3. 按槽板配线的工艺要求接线。
4. 按钮、电动机等的导线必须通过接线柱引出，并有保护接地或接零。
5. 装接完毕后，指导教师到位方可通电试运行。
6. 如遇故障能自行排除。
7. 安装工时：180min。

任务分析

当三相笼型异步电动机切断电源后，由于电动机及生产机械的转动部分有转动惯性，需要经过较长时间才能停转，这对某些生产机械来说是允许的，例如常用的砂轮机、风机等。这种停电后不加强制的停转称为自由停机。但有的生产机械要求迅速停车或准确停车，如起重机运送物品时，必须将货物准确停放在空中某一位置，机床更换加工零件时需要迅速停机，以节省工作时间。实现这些操作功能都要用到制动控制技术。所谓制动就是当电动机切断电源后给电动机一个与转动方向相反的转矩，使它迅速停转的技术措施。三相异步电动机的制动有机械制动和电气制动两大类，电磁制动器制动属于机械制动，能耗制动和反接制动属于电气制动。不论是哪种制动，电动机制动转矩的方向总是与转动方向相反。三相笼型异步电动机的半波整流能耗制动控制线路是典型的能耗制动控制线路。完成该任务需要学习制动的种类及工作原理相关知识，分析制动控制线路的工作原理，明确槽板敷设的工艺要求，然后对这个线路进行安装与调试。

任务准备

一、了解电磁制动器制动

1. 电磁制动器

电磁制动器分为断电制动型和通电制动型两种。电磁制动器的结构与符号如图 1-8-2 所

图 1-8-2　电磁制动器的结构与符号

a）结构　b）符号

示。电磁制动器主要由电磁铁和闸瓦制动器组成，电磁铁由线圈、铁心、衔铁组成，闸瓦制动器则由轴、闸轮、闸瓦、杠杆和弹簧组成。电磁铁的线圈在断电的情况下（即自然状态下），如果闸瓦与闸轮紧紧抱住，称为断电制动型电磁制动器；电磁铁的线圈通电后，如果闸瓦与闸轮紧紧抱住，则称为通电制动型电磁制动器。

2. 识读电磁制动器制动控制线路图

图 1-8-3 所示为断电制动型电磁制动器制动控制线路，其工作原理如下：

按下起动按钮 SB2，接触器 KM 的线圈通电，其自锁触头和主触头闭合，电动机 M 得电。同时，电磁制动器的线圈通电，电磁铁产生磁力吸合衔铁，带动杠杆动作，推动闸瓦松开闸轮，电动机起动运转。

三相笼型异步电动机制动控制线路——电磁抱闸制动

图 1-8-3　断电制动型电磁制动器制动控制线路

停机时，按下停止按钮 SB1，KM 线圈断电，电动机绕组和电磁制动器的线圈同时断电，电磁铁的衔铁释放，弹簧的弹力使闸瓦紧紧抱住闸轮，电动机立即停止转动。

　　该线路的特点如下：断电时制动闸处于"抱住"状态，适用于升降机械等场合，可在电路断电或发生电气故障时防止重物自行下落。

想一想：电磁制动器产生制动力矩的力是什么力？

二、认识反接制动

1. 反接制动原理

　　如图 1-8-4 所示，如需电动机停机时，可将接到电源的三根端线中的任意两根对调，旋转磁场立即反向旋转，转子中的感应电动势和电流也都反向，从而产生制动转矩，使电动机迅速停转。当电动机转速接近于零时，应立即切断电源，以免电动机反转。切断电源的任务通常由速度继电器来完成。

2. 速度继电器

　　速度继电器是在电路中用于反映电动机转速和转向的继电器，它的输入信号为电动机的转速，它与电动机的转轴同轴安装。如图 1-8-5 所示，一般情况下，速度继电器有两对常开触头和两对常闭触头，分别叫作正转常开触头、正转常闭触头和反转常开触头、反转常闭触头。当电动机正转起动运行，转速达到 120r/min 以上时，正转常闭触头断开，正转常开触头闭合；当电动机正转停止，转速下降至 100r/min 时，正转常开触头在弹簧力的作用下复位断开，正转常闭触头复位闭合。同理，当电动机起动反转，其转速达到 120r/min 时，反转常闭触头断开，反转常开触头闭合；当电动机反转停止，其转速下降至 100r/min 时，反转常开触头复位断开，反转常闭触头复位闭合。

图 1-8-4　反接制动原理示意图

认识常用低压电器——速度继电器

图 1-8-5　速度继电器的外观、结构原理及符号

a）外观　b）结构原理　c）符号

3. 反接制动控制线路图的识读

三相笼型异步电动机的单向起动反接制动控制线路如图 1-8-6 所示，其工作原理如下：

图 1-8-6　单向起动反接制动控制线路

电动机正常运转时，KM1 通电吸合，KS 的常开触头闭合，为反接制动作准备。按下停止按钮 SB2，KM1 断电，电动机定子绕组脱离三相电源，电动机因惯性仍以很高的转速旋转，KS 的常开触头仍保持闭合。将 SB2 按到底，使 SB2 的常开触头闭合，KM2 线圈通电并自锁，KM2 主触头闭合，电动机定子串接电阻后再接反相序电源，进入反接制动状态。电动机转速迅速下降，当电动机转速接近 100r/min 时，KS 的常开触头复位，KM2 断电，电动机断电，反接制动结束。

该线路的特点如下：设备简单，制动转矩较大，冲击强烈，准确度不高。

适用场合：适用于要求制动迅速和制动不频繁（如各种机床的主轴制动）的场合。功率较大（4.5kW 以上）的电动机采用反接制动时，需在主回路中串联限流电阻。但是，由于反接制动时，振动和冲击力较大，影响机床的精度，所以使用时受到一定限制。

反接制动的关键是电动机电源相序的改变，且当转速下降至接近于零时，能自动将反向电源切除，防止反向再起动。

> **想一想**：电阻 R 的大小与哪些因素有关？查询资料，写出限流电阻的计算公式。

三、认识能耗制动

1. 能耗制动原理

当电动机脱离三相电源时，立即在两相定子绕组之间接入一个直流电源，如图 1-8-7 所示。直流电在定子绕组中产生一个固定的磁场，使旋转着的转子中感应出电动势和电流，从而获得制动转矩，强制转子迅速停转。由于这种制动方法是通过在定子绕组中通入直流电以消耗转子惯性运转的动能来进行制动的，所以称为能耗制动。

2. 能耗制动控制线路图的识读

按提供直流电源的方式不同，能耗制动控制线路分为无变压器单相半波整流能耗制动控制线路（见图 1-8-1）和有变压器全波整流能耗制动控制线路（见图 1-8-8）。前者所用设备少、线路简单、成本低，常用于使用 10kW 以下小功率电动机，且对制动要求不高的场合。

图 1-8-7　能耗制动原理示意图

a）接线图　b）直流电流方向　c）产生固定磁场　d）转子受制动转矩作用

但二者的控制线路是一样的，下面以有变压器全波整流能耗制动控制线路为例，分析其工作过程。

图 1-8-8　有变压器全波整流能耗制动控制线路

先合上电源开关 QS。

【起动过程】

【制动停机过程】

【**特点**】与反接制动相比，优点是能耗小，制动电流小，制动准确度较高，制动转矩平滑；缺点是需直流电源整流装置，设备费用高，制动力较弱，制动转矩与转速成比例减小。

【**适用场合**】适用于电动机功率较大，制动频繁，且要求制动平稳、停位准确的场合。能耗制动是一种应用很广泛的一种电气制动方法，常用于铣床、龙门刨床及组合机床的主轴定位等。

【**说明**】主电路中的 R 用于调节制动电流的大小；能耗制动结束，应及时切除直流电源。

> **想一想**：KM2 常开触头上方为什么要串接 KT 瞬动常开触头？

四、准备工具、仪表、器材及辅助材料（见表1-8-1）

表1-8-1　工具、仪表、器材及辅助材料一览表

分　类	名　称	型号与规格	单　位	数　量	备　注
工具	电工工具	验电器、螺钉旋具（一字槽和十字槽）、电工刀、尖嘴钳、钢丝钳、压线钳等	套	1	
仪表	绝缘电阻表	ZC7（500V）或自定	块	1	
	万用表	MF500 或自定	块	1	
器材	三相异步电动机	1.1kW、380V、2.41A、丫联结	台	1	
	配线板	金属网孔板或木质配线板（600mm×500mm×20mm）	块	1	
	三相断路器	DZ47-63/3P，D25A	只	1	
	三相熔断器	RT18-32X/3P-10A	只	1	
	单极熔断器	RT18-32X-4A	只	2	
	交流接触器	LC1-D2510（CJX2-2510），线圈电压38V，配有4个辅助触头	只	2	
	热继电器	JRS10-25，带独立安装座	只	1	
	时间继电器	ST3PA-1S/10S，线圈电压380V，带独立安装座	只	1	
	控制按钮	LAY16-11，红色1只，绿色1只	只	2	
	端子排	JD-2520	条	1	
	整流二极管	2CZ30，30A，600V	只	1	
	制动电阻	0.5Ω，50W	只	1	
辅助材料	线槽	20mm×40mm	m	若干	
	安装轨道	铝合金	m	若干	
	自攻螺钉	M4×12，M3×12，大头螺杆12mm	颗	若干	
	主电路导线	BVR-1.5mm²	m	若干	
	控制线路导线	BVR-1mm²	m	若干	
	接地线	BVR-1.5mm²（黄绿双色）	m	若干	
	编码套管		个	若干	
	别径压线端子		个	若干	

五、元器件领取与检查

认真检查电器的外观是否缺损，在教师指导下检查线圈和触头，测量二极管的极性、电阻的阻值。

任务实施

1. 明确工作任务

本任务以小组为单位实施，根据班级人数将学生分为若干个小组，每组以 3 ~ 4 人为宜，每人明确各自的工作任务和要求，小组长负责组织成员制订安装与调试单元任务 8 工作计划，协调小组实施工作任务，领取、分发材料和汇报成果。

2. 制订工作计划

根据任务要求、工作流程和小组成员的分工，小组讨论安装与调试单元任务 8 内容，制订合理的工作计划。工作计划的内容包括工作环节或工作流程，每个环节内容所用的工具、材料，质量、安全和环境检测等措施，负责人员，计划工时等。工作计划须提交给小组长或指导教师审核，征得同意后方可实施。

3. 绘制安装接线图

根据安装与调试单元任务 8 中的电气控制线路图绘制安装接线图。可参考图 1-7-11 绘制。

4. 领取并检查材料

正确填写安装与调试单元任务 8 工作页中的材料清单，从仓库中领取材料，并认真检查其外观是否有缺损，在教师指导下检查线圈和触头，测量二极管的极性和电阻的阻值。

5. 安装接线

（1）采取槽板配线　槽板配线的工艺要求见单元 1 的任务 5。

（2）调试时应注意的问题

1）时间继电器的整定时间不要调得太长，以免制动时间过长引起定子绕组发热。

2）整流二极管和制动电阻要安装在配线板外面，为防二极管烧坏，要求配装散热器。

3）进行制动时，停止按钮 SB2 要按到底。

6. 检查记录

接线完成后，进行线路检查。检查方法有核对检查和万用表检查两种。如果有故障，应及时处理，并在工作页上填写安装与调试单元任务 8 的接线故障分析及处理单。

（1）核对检查　按照电路图逐步检查是否有错线、漏线以及接线是否牢固等。

（2）万用表检查　将万用表转换开关拨到电阻 "$R \times 1k$" 或 "$R \times 100$" 挡，并进行欧姆调零，首先测量同型号未安装使用和接线的接触器线圈，并记录其电阻值，目的是能根据控制线路图分析和判断读数的正确性。同时，如果测量的阻值与正确值有差异，则应使用核对检查法再进行逐步排查，以确定最后错误点。万用表检测线路过程对照表参见表 1-8-2。

三相笼型异步电动机的半波整流能耗制动控制线路——通电前检查

7. 通电试运行

1）检查无误后，再用绝缘电阻表检查线路的绝缘电阻，其值不得小于 1MΩ。在排除其他一切可能的不安全因素后，方可通电试运行。通电试运行时，要严格执行电工安全操作规程，穿戴好劳动防护用品，一人监护、一人操作。

表 1-8-2　万用表检测线路过程对照表

测量要求	测量过程				正确阻值	测量结果
	测量任务	总 工 序	工序	操 作 方 法		
空载	测量主电路	断开 QS，取下熔断器 FU2 的熔体，万用表置于"$R \times 1$"挡，调零后，分别测量 U11、V11、W11 三相之间的阻值	1	未操作任何电器	∞	
			2	压下 KM1 触头架	∞	
			3	压下 KM2 触头架	∞	
	测量控制线路	断开 QS，装好熔断器 FU2 的熔体，万用表置于"$R \times 100$"或"$R \times 1k$"挡，调零后，将两支表笔搭在 U12、V12 间测量控制线路的阻值	4	未操作任何电器	∞	
			5	按下 SB2	1.8kΩ	
			6	压下 KM1 触头架	1.8kΩ	
			7	按下 SB1	1.8kΩ	
			8	先压下 KM1 触头架再按下 SB1（按到底）	1.8kΩ→∞→1.8kΩ	
			9	先压下 KM1 触头架再按下 KM2	1.8kΩ→∞	

注：1. 有载时，应考虑电动机绕组的电阻值。
　　2. CJX2 – 2510 型交流接触器线圈的参考阻值为 1.8kΩ，ST3P 系列时间继电器线圈的参考阻值为∞。

2）通电试运行分无载（不接电动机）试运行和有载（接电动机）试运行两个环节，先无载试运行。通电试运行前，必须征得教师的同意，并由指导教师接通三相电源 L1、L2、L3，同时在现场监护。学生用验电器检查工位的电源插座是否有电，确认有电后再插上电源插头→合上电源开关 QS→检验熔断器下桩是否带电→按下起动按钮 SB1，待 KM1 触头吸合后，再按下停止按钮 SB2，KM1 失电复位，KM2、KT 得电吸合，过一段时间，KM2、KT 断电复位。如出现异常情况，应立即切断电源，并仔细记录故障现象，以作为故障分析的依据，还要及时进行故障排除，待故障排除后再次通电试运行，直到无载试运行成功为止。再接上电动机进行有载试运行，观察电动机的工作状况。

3）如出现故障，学生应独立进行检修。若需带电检查时，教师必须在现场监护。检修完毕后，如需要再次试运行，教师也应该在现场监护，并做好时间记录。

4）通电校验完毕，切断电源，进行验电，在确保无电的情况下拔下插头或拆除电源连接线。

8. 整理清扫

拆除所装线路及元器件，按照"7S"要求做到工完场清。整理并归还材料。

任务评价

见配套教材《电气控制线路安装与维修工作页》AZ08。

任务拓展

安装与调试通电延时带直流能耗制动丫-△减压起动控制线路（见图 1-8-9），并回答如下问题：

图 1-8-9　通电延时带直流能耗制动丫-△减压起动控制线路

1）如果电动机只能星形起动，不能三角形运转，试分析接线时可能发生的故障。

2）时间继电器 KT（5－6）触头断开后，对电路的工作有何影响？

3）进行制动时，为何要将停止按钮 SB1 按到底？

任务 9　三相笼型异步电动机变极调速控制线路的安装与调试

任务目标

1. 能看懂三相交流双速异步电动机变极调速的原理。
2. 能分析三相交流双速异步电动机变极调速控制线路的工作原理。
3. 能安装三相交流双速异步电动机控制线路。
4. 能运用仪表检查线路，验证线路安装的正确性，排除故障。
5. 能查阅相关资料，提高独立工作的能力和团队协作的能力。
6. 遵守"7S"管理规定，做到安全文明操作。

任务描述

安装与调试三相交流双速异步电动机自动变速控制线路（见图 1-9-1），具体要求如下：

1. 根据原理图进行主电路及控制线路接线。
2. 能用工具和仪表测量调整元器件，正确、熟练地对电路进行调试。
3. 按槽板配线的工艺要求接线。
4. 按钮、电动机等的导线必须通过接线柱引出，电动机外壳要有保护接地或接零。
5. 装接完毕后，指导教师到位方可通电试运行。
6. 如遇故障能自行排除。
7. 安装工时：180min。

图 1-9-1　三相交流双速异步电动机自动变速控制线路

任务分析

在电动机负载不变的前提下改变电动机的转速称为调速。由三相异步电动机的转速公式 $n = (1-s)\dfrac{60f_1}{p}$ 可知，改变异步电动机的转速可通过三种方法来实现：一是改变电源频率 f_1；二是改变转差率 s；三是改变磁极对数 p。改变异步电动机磁极对数的调速称为变极调速。变极调速是通过改变定子绕组的连接方式，从而改变磁极对数 p 的调速方法，它是有级调速，且只适用于笼型异步电动机。完成该任务需要知道双速电动机的变速原理，分析双速电动机控制线路的工作原理，明确槽板敷设的工艺要求，然后对这个线路进行安装与调试。

任务准备

一、分析电动机变极调速原理

1. 双速电动机

双速电动机的定子绕组有六个出线端，其中 U1、V1、W1 为绕组的三个头，U2、V2、W2 为三个绕组的中心抽头（注意：不是绕组的尾端），可得到两种不同的绕组接法，如图 1-9-2 所示。U1、V1、W1 接电源，U2、V2、W2 悬空，就是△联结，此时为 4 极电动机，磁极对数为 2，电动机低速运行；U1、V1、W1 接在一起，U2、V2、W2 接电源，就是丫丫联结，此时为 2 极电动机，磁极对数为 1，电动机高速运行。

值得注意的是，由于磁极对数的变化，不仅转速发生了变化，而且使旋转磁场的方向也改变了，为了维持电动机原来的转向不变，就必须在变极的同时改变三相定子绕组接电源时的相序。

2. 三速电动机

三速电动机有两套绕组，分两层安放在定子槽内，第一套绕组是可变极对数，有 7 个出线端，分别是 U1、V1、W1、U3、U2、V2、W2，可作△联结和丫丫联结，△联结时为 8 极

图 1-9-2　双速电动机定子绕组△/丫丫接线图及磁场形成原理图

a）低速△联结　b）高速丫丫联结　c）4 极低速磁极的形成　d）2 极高速磁极的形成

电动机，丫丫联结时为 4 极电动机，另一套绕组是不可变极对数，为 6 极丫联结，如图 1-9-3 所示。

图 1-9-3　三速异步电动机定子绕组的接线图

a）两套定子绕组　b）低速△联结　c）中速丫联结　d）高速丫丫联结

二、识读双速电动机控制线路图

1. 按钮控制的双速异步电动机控制线路

图 1-9-4 所示是按钮控制的双速异步电动机控制线路，其工作原理如下：

合上电源开关 QF。

【△低速起动运转】

按下SB1 ──→ SB1常闭触头先分断

          └──→ SB1常开触头后闭合 ──→ KM1线圈得电 ──→

  ┌──→ KM1常闭触头分断，对KM2、KM3联锁

  ├──→ KM1自锁触头闭合自锁 ──→ 电动机M接成△低速起动运转

  └──→ KM1主触头闭合

【丫丫高速运转】

                                       ┌──→ KM1常开辅助触头均分断

按下SB2 ──→ SB2常闭触头先分断 ──→ KM1线圈失电 ──├──→ KM1主触头分断

                                         └──→ KM1常闭触头恢复闭合 ──→

            └──→ SB2常开触头后闭合

                     ┌──→ KM2、KM3联锁触头分断，对KM1联锁

──→ KM2、KM3线圈得电 ──├──→ KM2、KM3主触头闭合 ──→ 电动机M接成丫丫高速运转

                      └──→ KM2自锁触头闭合自锁

停止时按下 SB3。

图1-9-4 按钮控制的双速异步电动机控制线路

2. 时间继电器控制的双速异步电动机自动变速控制线路

图1-9-1所示为用转换开关和时间继电器控制的双速电动机控制线路，其工作原理如下：

按下SB1 ⟶ KT线圈得电

⟶ KT触头(10—11)断开 ⟶ 切断KM2线圈的支路 ⟶ 实现联锁

⟶ KT触头(5—7)闭合 ⟶ KM1线圈得电

⟶ KM1触头(9—10)断开，实现联锁

⟶ KM1主触头闭合 ⟶ 电动机M接成△低速起动运行

⟶ KM1触头(4—5)闭合
⟶ KM1触头(5—9)闭合 ⟶ KA线圈得电

⟶ KA触头(5—6)断开
⟶ KA触头(4—9)实现自锁

⟶ KT线圈失电 经过KT整定时间

⟶ KT触头(5—7)延时断开 ⟶ KM1线圈失电

⟶ KM1主触头断开 ⟶ △低速运行结束
⟶ KM1触头(4—5)断开
⟶ KM1触头(5—9)断开
⟶ KM1触头(9—10)恢复闭合

⟶ KT触头(10—11)恢复闭合

⟶ KM2线圈得电

⟶ KM2触头(7—8)断开 ⟶ 实现联锁
⟶ KM2主触头闭合 ⟶ 电动机M接成丫丫高速运转

停止时，按下 SB2 即可。

三相交流双速异步电动机自动变速控制线路

三、准备工具、仪表、器材及辅助材料（见表1-9-1）

表 1-9-1　工具、仪表、器材及辅助材料一览表

分　类	名　　称	型号与规格	单　位	数　量
工具	电工工具	验电器、螺钉旋具（一字槽和十字槽）、电工刀、尖嘴钳、钢丝钳、压线钳等	套	1
仪表	绝缘电阻表	ZC7（500V）或自定	块	1
	钳形电流表	DT-9700 或自定	块	1
	万用表	MF500 或自定	块	1
器材	三相异步电动机	YD112M-4/2、3.3kW/4kW、380V、7.4A/8.6A、△/丫丫、1440r/min 或 2890r/min，或自定	台	1
	配线板	金属网孔板或木质配线板（600mm×500mm×20mm）	块	1
	三相断路器	DZ47-63/3P，D25A	只	1
	三相熔断器	RT18-32X/3P-10A	只	1
	单极熔断器	RT18-32X-4A	只	2
	交流接触器	LC1-D2510（CJX2-2510），线圈电压380V，配有4个辅助触头	只	2
	热继电器	JRS10-25，带独立安装座	只	1
	时间继电器	ST3PF-1S/10S，线圈电压380V，带独立安装座	只	1

（续）

分　类	名　称	型号与规格	单　位	数　量
器材	控制按钮	LAY16-11，红色1只，绿色1只	只	2
	中间继电器	JZ7-44，线圈电压380V	只	1
	端子排	JD-2520	条	1
辅助材料	线槽	20mm×40mm	m	若干
	安装轨道	铝合金	m	若干
	自攻螺钉	M3×12，M4×12，大头螺杆12mm	颗	若干
	主电路导线	BVR-1.5mm²	m	若干
	控制线路导线	BVR-1mm²	m	若干
	接地线	BVR-1.5mm²（黄绿双色）	m	若干
	编码套管		个	若干
	别径压线端子		个	若干

任务实施

1. 明确工作任务

本任务以小组为单位实施，根据班级人数将学生分为若干个小组，每组以3~4人为宜，每人明确各自的工作任务和要求，小组长负责组织成员制订安装与调试单元任务9工作计划，协调小组实施工作任务，领取、分发材料和汇报成果。

2. 制订工作计划

根据任务要求、工作流程和小组成员的分工，小组讨论安装与调试单元任务9内容，制订合理的工作计划。工作计划的内容包括工作环节或工作流程，每个环节内容所用的工具、材料，质量、安全和环境检测等措施，负责人员，计划工时等。工作计划须提交给小组长或指导教师审核，征得同意后方可实施。

3. 绘制安装接线图

根据安装与调试单元任务9中的电气控制线路图绘制安装接线图。可参考图1-7-11绘制。

4. 领取并检查器材

正确填写安装与调试单元任务9工作页中的材料清单，从仓库中领取材料，并认真检查其外观是否有缺损，在教师指导下检查线圈和触头。

5. 安装接线

（1）在配线板上安装走线槽和所有元器件　槽板配线的工艺要求见单元1的任务5。

（2）接线时应注意的问题

1）接线时，注意主电路中接触器KM1、KM2在两种转速下电源相序的改变，不能接错，否则，两种转速下电动机的转向相反，换向时将产生很大的冲击电流。

2）控制双速电动机△联结的接触器KM1和丫丫联结的接触器KM2的主触头不能对换接线，否则，不但无法实现双速控制，还会在丫丫运转时造成电源短路事故。

3）热继电器 FR1、FR2 的整定电流及其在主电路中的接线不能接错。

6. 检查记录

接线完成后，进行线路检查。检查方法有核对检查和万用表检查两种。如果有故障，应及时处理，并在工作页上填写安装与调试单元任务 9 的接线故障分析及处理单。

（1）核对检查　线路安装完毕后，通常要结合原理图或接线图从电源端开始，根据编号逐一检查接线的正确性及接点的安装质量，检查有无漏接、错接之处。

（2）万用表检查　将万用表转换开关拨到电阻 "$R \times 1\text{k}$" 或 "$R \times 100$" 挡，并进行欧姆调零，首先测量同型号未安装使用和接线的接触器线圈，并记录其电阻值，目的是能根据控制线路图分析和判断读数的正确性。同时，如果测量的阻值与正确值有差异，则应进行逐步排查，以确定最后错误点。万用表检测线路过程对照表参见表 1-9-2。

表 1-9-2　万用表检测线路过程对照表

测量要求	测量过程				正确阻值	测量结果
	测量任务	总　工　序	工　序	操作方法		
空载	测量主电路	断开 QS，取下熔断器 FU2 的熔体，万用表置于 "$R \times 1$" 挡，调零后，分别测量 U11、V11、W11 三相之间的阻值	1	未操作任何电器	∞	
			2	压下 KM1 触头架	∞	
			3	压下 KM2 触头架	∞	
	测量控制线路	断开 QS，装好熔断器 FU2 的熔体，万用表置于 "$R \times 100$" 或 "$R \times 1\text{k}$" 挡，调零后，将两支表笔搭在 U12、V12 间测量控制线路的阻值	4	未操作任何电器	∞	
			5	按下 SB1	∞	
			6	压下 KM1 触头架	$0.7\text{k}\Omega$	
			7	压下 KA 触头架	$0.7\text{k}\Omega$	
			8	先压下 KM1 触头架再按下 SB2	$0.7\text{k}\Omega \rightarrow \infty$	
			9	先压下 KA 触头架再按下 SB2	$0.7\text{k}\Omega \rightarrow \infty$	

注：1. 有载时，应考虑电动机绕组的电阻值。

　　2. CJX2-2510 型交流接触器线圈的参考阻值为 1.8kΩ，ST3P 系列时间继电器线圈的参考阻值为 ∞，JZ7-44 型中间继电器线圈的参考阻值为 1.2kΩ。

7. 通电试运行

检查三相电源，在指导教师的监护下通电试运行。

（1）无载试运行　合上 QF，按下 SB1，应观察到的现象是：KT 线圈得电→KM1 线圈得电→KA 线圈得电→KT 线圈失电→过一段时间（约 5s 后）→KM1 线圈失电→KM2 线圈得电。按下 SB2，则所有电器失电。反复操作几次，检查线路的可靠性。调节 KT 的针阀，使其延时更准确，应能立即得电动作并自锁。

三相交流双速异步电动机自动变速控制线路——通电前检查

（2）有载试运行

1）断开 QS，接好电动机接线，注意电源相序的改变，检查各熔断器的接触情况和各端子排的接线情况，做好立即停机的准备。

2）合上 QS，按下 SB1，应观察到电动机立即得电，△联结低速起动，此时应注意电动机运转的声音，约 5s 后转换，电动机换成丫丫联结高速运行。

（3）用钳形电流表测量电动机的电流　观察电流的变化。

8. 整理清扫

拆除所装线路及元器件，按照"7S"要求做到工完场清。整理并归还材料。

任务评价

见配套教材《电气控制线路安装与维修工作页》AZ09。

任务拓展

安装与调试图1-9-5所示的时间继电器及中间继电器控制的双速电动机控制线路，并回答如下问题：

图1-9-5　时间继电器及中间继电器控制的双速电动机控制线路

1）接触器KM1的常闭触头串联在接触器KM3线圈所在的回路中，同时接触器KM3的另一常闭触头串联在接触器KM1线圈所在的回路中，这种接法有何作用？

2）如果电路出现只有△运转没有丫丫运转的控制，试分析接线时可能发生的故障。

3）按下SB1，电动机直接进入低速运行；按下SB2，电动机直接进入高速运行。这句话对吗？

4）分析图中6#、11#线如果断开会出现的现象。

任务10　三相绕线转子异步电动机起动与调速控制线路的安装与调试

任务目标

1. 熟悉三相绕线转子异步电动机的结构、起动与调速特点。

2. 能分析时间继电器自动控制的三相绕线转子电动机转子串电阻控制线路。

3. 能识读电流继电器和凸轮控制器控制的三相绕线转子异步电动机控制线路的控制原理。

4. 能安装时间继电器自动控制的三相绕线转子电动机转子串电阻控制线路。

5. 能运用仪表检查线路，验证线路安装的正确性，排除故障。

6. 能查阅相关资料，提高独立工作的能力和团队协作的能力。

7. 遵守"7S"管理规定，做到安全文明操作。

📖 **任务描述**

安装与调试时间继电器自动控制的三相绕线转子电动机转子串电阻控制线路（见图 1-10-1），具体要求如下：

图 1-10-1　时间继电器自动控制的三相绕线转子电动机转子串电阻控制线路

1. 根据原理图进行主电路及控制线路接线。

2. 能用工具和仪表测量调整元器件，正确、熟练地对电路进行调试。

3. 按槽板配线的工艺要求接线。

4. 按钮、电动机等的导线必须通过接线柱引出，电动机外壳要有保护接地或接零。

5. 装接完毕后，指导教师到位方可通电试运行。

6. 如遇故障能自行排除。

7. 安装工时：180min。

✏️ **任务分析**

三相绕线转子异步电动机的优点是可以通过集电环（俗称滑环）在转子绕组中串接电阻来改善电动机的机械特性，从而达到减小起动电流、增大起动转矩以及平滑调速的目的。三相绕线转子异步电动机常用于要求起动转矩较大且能平滑调速的场合，在起重机械上得到了广泛应用。完成该任务需要知道三相绕线转子异步电动机的结构特点和起动、变速原理，分析三相绕线转子异步电动机转子串电阻起动控制线路，明确槽板敷设的工艺要求，对这个线路进行安装与调试。

任务准备

一、分析三相绕线转子异步电动机的起动、调速原理

1. 三相绕线转子异步电动机的结构及符号

转子绕组是用绝缘导线做成线圈，嵌入转子槽中，再联成三相绕组，一般都接成丫联结，然后通过集电环和电刷与外面电阻相连。绕线转子电动机的转子接线和符号如图1-10-2所示。

图1-10-2 绕线转子电动机的转子接线及符号

2. 转子绕组串接电阻起动与调速

三相绕线转子异步电动机起动时，在转子回路中接入作丫联结、分级切换的三相起动电阻，并把可变电阻的阻值调到最大，以减小起动电流，获得较大的起动转矩。随着电动机转速的升高，可变电阻逐级减小。起动完毕后，可变电阻减小到零，转子绕组被直接短接，电动机便在额定状态下运行。电动机转子绕组中串接的外加电阻在每段切除前和切除后，三相电阻始终是对称的，称为三相对称电阻，起动过程中依次切除 R_1、R_2、R_3，最后全部电阻被切除。若起动时串入的全部三相电阻是不对称的，而每段切除后三相仍不对称的，称为三相不对称电阻，如图1-10-3所示，起动过程中依次切除 R_1、R_2、R_3、R_4，最后全部电阻被切除。

如果电动机要调速，则将可变电阻调到相应的位置即可，这时可变电阻便成为调速电阻。图1-10-4所示为转子绕组串接电阻的机械特性曲线，在相同的负载转矩下，$R_3 > R_2 > R_1$，而 $n_3 < n_2 < n_1$。

图1-10-3 转子绕组串接三相电阻

图1-10-4 转子绕组串接电阻的机械特性曲线

二、识读时间继电器自动控制的三相绕线转子异步电动机控制线路

控制线路如图 1-10-1 所示，由三个时间继电器 KT1、KT2、KT3 和三个接触器 KM1、KM2、KM3 相互配合来依次自动切除转子绕组中的三级电阻，其工作原理如下：

合上 QF。

按下 SB1 → KM 线圈得电
- → KM 主触头闭合 → 转子串接所有电阻起动
- → KM 常开辅助触头（3—7）闭合 → 自锁
- → KM 常开辅助触头（2—8）闭合 → KT1 线圈得电 →

经 KT1 整定时间 → KT1 常开触头闭合 → KM1 线圈得电
- → KM1 常闭辅助触头（4—5）分断
- → KM1 主触头闭合，切除第一组电阻 R_1，电动机 M 串接两组电阻继续起动
- → KM1 常开辅助触头（8—11）闭合 → KT2 线圈得电

经 KT2 整定时间 → KT2 常开触头闭合 → KM2 线圈得电
- → KM2 常闭辅助触头（5—6）分断
- → KM2 主触头闭合，切除第二组电阻 R_2，电动机 M 串接一组电阻继续起动
- → KM2 常开辅助触头（8—13）闭合 →

→ KT3 线圈得电 经 KT3 整定时间 → KT3 常开触头闭合 → KM3 线圈得电 →
- → KM3 常闭辅助触头分断（6—7）
- → KM3 自锁触头闭合自锁
- → KM3 主触头闭合，切除第三组电阻 R_3，电动机 M 起动结束，正常运转
- → KM3 常闭辅助触头分断（8—9）→ 使 KT1、KM1、KT2、KM2、KT3 依次断电释放，触头复位

与起动按钮 SB1 串接的接触器 KM1、KM2 和 KM3 常闭辅助触头的作用是保证电动机在转子绕组中接入全部外加电阻的条件下才能起动。当接触器 KM1、KM2 和 KM3 中任何一个触头因熔焊或机械故障而无法释放时，起动电阻就无法被全部接入转子绕组中，从而使起动电流超过规定值。若把 KM1、KM2 和 KM3 的常闭辅助触头与 SB1 串接在一起，就可避免这种现象的发生，因为三个接触器中只要有一个触头没有恢复闭合，电动机就不可能接通电源直接起动。

停止时，按下 SB2 即可。

> **想一想：**
> 1. 接触器 KM3 的主触头熔焊损坏后，电动机能否正常运行？为什么？
> 2. 时间继电器 KT1 的线圈损坏后，对电路的运行有何影响？

三、识读电流继电器控制的三相绕线转子异步电动机控制线路

1. 电流继电器

输入量为电流，当电流达到规定值时做出动作的继电器称为电流继电器。使用时，电流继电器的线圈串联在被测电路中，根据通过线圈电流的大小而动作。为了不影响电路的正常

工作，电流继电器的线圈匝数要少，导线要粗，阻抗要小。电流继电器分为过电流继电器和欠电流继电器两种。

过电流继电器是指当流过继电器线圈的电流高于整定值时就动作的继电器，主要用于频繁、重载起动的场合，作为电动机或主电路的过载保护。欠电流继电器是指当流过继电器线圈的电流低于整定值时就释放的继电器，主要用于直流电动机励磁电路和电磁吸盘的失磁保护。

常用的过电流继电器有 JT4 系列交流通用继电器和 JL14 系列交直流通用继电器，它们都是瞬动型过电流继电器，用于电动机的短路保护。其型号及含义如下：

JT4 系列为交流通用继电器，在这种继电器的电磁系统上装设不同的线圈便可制成过电流、欠电流、过电压、欠电压等继电器。

JT4 系列交流通用继电器的外形、结构及符号如图 1-10-5 所示。它主要由线圈、圆柱形静铁心、衔铁、触头系统和反作用弹簧等组成。

图 1-10-5　JT4 系列交流通用继电器的外形、结构及符号
a）外形、结构　b）符号

当通过线圈的电流为额定值时，它所产生的电磁吸力不足以克服反作用弹簧的反作用力，此时衔铁不动作。当通过线圈的电流超过整定值时，电磁吸力大于弹簧的反作用力，铁心吸引衔铁动作，带动常闭触头断开、常开触头闭合。调整反作用弹簧的作用力，可整定继电器的动作电流值。该系列中有的过电流继电器带有手动复位机构，这类继电器在过电流动作后，当电流再减小甚至到零时，衔铁也不能自动复位，只有当操作人员检查并排除故障后手动松掉锁扣机构，衔铁才能在复位弹簧作用下返回，从而避免重复过电流事故的发生。

JL14 系列是一种交、直流通用的新系列电流继电器，其结构及工作原理与 JT4 系列相似。其主要结构部分交、直流通用，区别仅在于交流继电器的铁心上开有槽，以减少涡流损耗。

电流继电器的额定电流一般可按电动机长期工作的额定电流来选择。对于频繁起动的电动机，考虑到起动电流在继电器中的热效应，额定电流可选大一个等级。电流继电器的整定

电流一般为电动机额定电流的 1.7～2 倍。电流继电器的触头种类、数量、额定电流及复位方式应满足控制线路的要求。

2. 分析电流继电器控制的三相绕线转子异步电动机控制线路的工作原理

电流继电器控制的三相绕线转子异步电动机控制线路如图 1-10-6 所示，其工作原理如下：

按下起动按钮 SB1，KM 线圈得电，电动机 M 起动。由于起动电流较大，电流继电器 KA1、KA2、KA3 全部吸合，使 KA1、KA2、KA3 常闭触头分断，保证了转子串接电阻 R_1、R_2、R_3 起动。在 KM 主触头闭合的同时，两个 KM 常开辅助触头闭合（一个自锁，一个使中间继电器 KA 的线圈得电），为短接电阻做准备。过电流继电器 KA1 的释放电流最大，KA2 的次之，KA3 的最小。转子电流降到 KA1 的释放电流时，电流继电器 KA1 释放，KA1 常闭触头重新闭合，KM1 线圈得电，KM1 主触头闭合，R_1 被短路。转子电流降到 KA2 的释放电流时，电流继电器 KA2 释放，KA2 常闭触头重新闭合，KM2 线圈得电，KM2 主触头闭合，R_2 被短路。同理，当电流降到电流继电器 KA3 的释放电流时，R_3 被短路，最终使电动机在额定状态下运行。

图 1-10-6　电流继电器控制的三相绕线转子异步电动机控制线路

【停机】按下停止按钮 SB2，KM、KA、KM1、KM2、KM3 线圈依次断电释放，电动机停机。

四、识读凸轮控制器控制的三相绕线转子异步电动机控制线路

1. 凸轮控制器

凸轮控制器是利用凸轮来操作动触头动作的控制器，主要用于控制功率不大于 30kW 的中小型绕线转子异步电动机的起动、调速和换向。KTJ1－50 型凸轮控制器的外形与结构如图 1-10-7 所示。它主要由手柄（或手轮）、触头系统、转轴、凸轮和外壳等部分组成。其触头系统共有 12 对触头，9 对常开，3 对常闭。其中，4 对常开触头接在主电路中，用于控制电动机的正反转，配有石棉水泥制成的灭弧罩，其余 8 对触头用于控制线路中，不带灭弧罩。

三相绕线转子异步电动机起动与调速控制线路——凸轮控制器控制

图 1-10-7　KTJ1－50 型凸轮控制器的外形与结构

1—手轮　2、11—转轴　3—灭弧罩　4、7—动触头　5、6—静触头　8—触头弹簧　9—弹簧　10—滚轮　12—凸轮

2. 凸轮控制器的工作原理

凸轮控制器控制的三相绕线转子异步电动机控制线路如图 1-10-8a 所示。凸轮控制器的工作原理如下：动触头与凸轮固定在转轴上，每个凸轮控制一个动触头。当转动手柄时，凸轮随转轴转动，当凸轮的凸起部分顶住滚轮时，动、静触头分开；当凸轮的凹处与滚轮相碰时，动触头受到触头弹簧的作用压在静触头上，动、静触头闭合。在转轴上叠装形状不同的凸轮片，可使各个触头按预期的顺序闭合和断开，从而实现不同的控制目的。凸轮控制器的触头分合情况通常用触头分合表来表示，如图 1-10-8b 所示。图中，12 对触头的分合状态是

a)

b)

图 1-10-8　凸轮控制器控制的三相绕线转子异步电动机控制线路

a）电路图　b）触头分合表

处于零位时的情况。当手轮处于正转的 1～5 挡或反转的 1～5 挡时，触头分合状态如图 1-10-8b 所示，用"×"表示触头闭合，无此标记表示触头断开。AC 最上面的 4 对配有灭弧罩的常开触头 AC1～AC4 接在主电路中用以控制电动机正反转；中间的 5 对常开触头 AC5～AC9 与转子电阻相接，用以逐级切换电阻以控制电动机的起动和调速；最下面的 3 对常闭辅助触头 AC10～AC12 都用作零位保护。

五、准备工具、仪表、器材及辅助材料（见表 1-10-1）

表 1-10-1　工具、仪表、器材及辅助材料一览表

分　类	名　称	型号与规格	单　位	数　量
工具	电工工具	验电器、螺钉旋具（一字槽和十字槽）、电工刀、尖嘴钳、钢丝钳、压线钳等	套	1
仪表	绝缘电阻表	ZC7（500V）或自定	块	1
	钳形电流表	DT-9700 或自定	块	1
	万用表	MF500 或自定	块	1
器材	三相异步电动机	YZR-132MA-6，2.2kW、6A/11.2A	台	1
	配线板	金属网孔板或木质配线板（600mm×500mm×20mm）	块	1
	三相断路器	DZ47-63/3P，D25A	只	1
	三相熔断器	RT18-32X/3P-10A	只	1
	单极熔断器	RT18-32X-4A	只	2
	交流接触器	LC1-D2510（CJX2-2510），线圈电压 380V，配有 4 个辅助触头	只	4
	热继电器	JRS10-25，带独立安装座	只	1
	时间继电器	ST3PA-1S/10S，线圈电压 380V，带独立安装座	只	3
	控制按钮	LAY16-11，红色 1 只，绿色 1 只	只	2
	端子排	JD-2520	条	1
辅助材料	线槽	20mm×40mm	m	若干
	安装轨道	铝合金	m	若干
	自攻螺钉	M6×12，M5×12，大头螺杆 12mm	颗	若干
	主电路导线	BVR-1.5mm²	m	若干
	控制线路导线	BVR-1mm²	m	若干
	接地线	BVR-1.5mm²（黄绿双色）	m	若干
	编码套管		个	若干
	别径压线端子		个	若干

任务实施

1. 明确工作任务

本任务以小组为单位实施，根据班级人数将学生分为若干个小组，每组以 3～4 人为宜，每人明确各自的工作任务和要求，小组长负责组织成员制订安装与调试单元任务 10 工作计划，协调小组实施工作任务，领取、分发材料和汇报成果。

2. 制订工作计划

根据任务要求、工作流程和小组成员的分工，小组讨论安装与调试单元任务 10 内容，制订合理的工作计划。工作计划的内容包括工作环节或工作流程，每个环节内容所用的工具、材料，质量、安全和环境检测等措施，负责人员，计划工时等。工作计划须提交给小组长或指导教师审核，征得同意后方可实施。

3. 绘制安装接线图

根据安装与调试单元任务 10 中的电气控制线路图绘制安装接线图。可参考图 1-7-11 绘制。

4. 领取并检查材料

正确填写安装与调试单元任务 10 工作页中的材料清单，从仓库中领取材料，并认真检查其外观是否有缺损，在教师指导下检查线圈和触头，测量二极管的极性和电阻的阻值。

5. 安装接线

在配线板上安装走线槽和所有元器件，槽板配线的工艺要求见单元 1 的任务 5。

6. 检查记录

接线完成后，进行线路检查。检查方法有核对检查和万用表检查两种，如果有故障，应及时处理，并在工作页上填写安装与调试单元任务 10 的接线故障分析及处理单。

（1）核对检查　线路安装完毕后，通常要结合原理图或安装接线图从电源端开始，根据编号逐一检查接线的正确性及接点的安装质量，检查有无漏接、错接之处。

（2）万用表检查　结合前面任务自行分析。

7. 通电试运行

检查三相电源，在指导教师的监护下通电试运行。

（1）无载试运行　合上 QF，按下 SB1，应观察到的现象是 KM 线圈得电→KT1 线圈得电→过一段时间（约 5s 后）→KM1 线圈得电→KT2 线圈得电→过一段时间（约 5s 后）→KM2 线圈得电→KT3 线圈得电→过一段时间（约 5s 后）→KM3 线圈得电→KT1 线圈失电→KM1 线圈失电→KT2 线圈失电→KM2 线圈失电→KT3 线圈失电。按下 SB2，则所有电器失电。反复操作几次，检查线路的可靠性。调节 KT 的针阀，使其延时更准确，应能立即得电动作并自锁。

（2）有载试运行

1）断开 QF，接好电动机接线，注意定子和转子绕组接线的区分，检查各熔断器的接触情况和各端子排的接线情况，做好立即停机的准备。

2）合上 QF，按下 SB1，应观察到电动机立即得电，注意电动机运转的声音变化，隔 5s 后转速变化，直到电动机高速运行。

（3）用钳形电流表测量电动机的电流　观察电流的变化。

8. 整理清扫

拆除所装线路及元器件，按照"7S"要求清扫现场。整理并归还材料。

✎ **任务评价**

见配套教材《电气控制线路安装与维修工作页》AZ10。

◢ **任务拓展**

安装与调试图 1-10-6 所示的电流继电器控制的三相绕线转子异步电动机控制线路。安装调试时应注意调节选择电流继电器的动作电流，保证起动时 KA1、KA2、KA3 常开触头全部分断，电流减小时，电流继电器 KA1、KA2、KA3 依次释放。电流继电器线圈及串接电阻的接线要仔细，不能接错，接线要牢固，不能松动，以防止接触电阻过大，但也不要过紧。

单元2 低压电器的选用与电气控制线路的设计

2

单元目标

方法能力目标

1. 独立自主学习的能力。
2. 搜集、整理、处理信息的能力。
3. 制订、实施工作计划的能力。
4. 理论知识应用及实践操作的能力。
5. 设计电气控制线路的能力。

专业能力目标

1. 常用低压电器功能的分析能力。
2. 识读常用低压电器品牌和技术参数的能力。
3. 常用低压电器选用的能力。
4. 了解电气控制线路设计的一般要求。
5. 较复杂继电控制线路的设计能力。

社会能力目标

1. 沟通协调能力。
2. 语言表达能力。
3. 团队组织能力。
4. 自我评价能力。
5. 责任心与职业道德。
6. 安全与自我保护能力。

单元任务

随着企业产品的转型升级和电气设备的不断更新，一台先进的机械设备往往要配备先进合理的电气控制系统，电气控制线路的设计与改装显得越来越重要，因此，作为一名电工高技能人才或电气技术工程人员，除了掌握电气控制线路进行分析、安装、调试和检修外，还应掌握对机械设备进行电气控制线路的设计和改装的技能。所以本单元首先介绍常用低压电器的选择和使用，然后介绍电气控制线路的设计方法、设计步骤，要求能做到举一反三。

任务1 低压电器的选用

任务目标

1. 明确正常工作条件下选用低压电器的原则。
2. 明确短路工作条件下选用低压电器的原则。
3. 明确特殊使用环境条件下选用低压电器的原则。
4. 会根据所控制电动机的额定功率估算电动机的额定电流。
5. 能根据电动机的技术参数和控制线路图正确选择元器件的型号及规格。
6. 会查阅《低压配电设计规范》等相关国家标准、设计手册、低压电器产品的技术数据等资料。

任务描述

某公司新设计一台机床，其电气控制线路如图2-1-1所示，已知电动机M是主轴电动机，（Yl32M-6，380V，3kW，丫联结），公司制造部要申购元器件准备安装，请技术员列出元器件申购清单。

图2-1-1 某机床电气控制线路

具体要求如下：
1. 估算电动机的额定电流。
2. 根据提供的电动机参数选择电气控制线路图上元器件的型号和规格。
3. 所需工时：60min。

任务分析

在低压配电设计中，首先必须充分考虑保障人身和财产安全，在保证功能完善、运行可靠的前提下，再要求技术先进、节约能源、经济高效、安装方便等。低压电器是用于交流（50Hz）额定电压 1200V 及以下、直流额定电压 1500V 及以下的电路中起保护、控制、转换和通断的电器。设计所选用的低压电器应符合 GB 50054—2011《低压配电设计规范》等现行的相关国家标准。完成本任务需要明确选用低压电器的原则，熟悉常用低压电器的型号和规格，学会查阅相关国家标准、设计手册、低压电器产品的技术数据等资料，结合工作实践经验，综合考虑各方面的影响因素。

🔺 任务准备

一、明确正常工作条件下选用低压电器的原则

1. 低压电器的额定电压应与所在回路的标称电压相适应。

2. 低压电器的额定频率应与所在回路的频率相适应。

3. 低压电器的额定电流不应小于所在回路的负荷计算电流。

4. 低压电器应适应所在场所及环境的条件。

二、明确短路工作条件下选用低压电器的原则

1. 可能通过短路电流的电器（如各种低压开关设备、接触器、保护继电器、熔断器等）应满足在短路条件下短时耐受电流的要求，即满足在短路条件下的动稳定性和热稳定性要求。

2. 断开短路电流的保护电器（如低压熔断器、低压断路器等）应具备在短路条件下分断电路的能力。

三、明确特殊使用环境条件下选用低压电器的原则

1. 爆炸和火灾环境

电气设备正常运行或事故状态下可能出现火花、电弧和热辐射，容易成为可燃物的点火源，引起爆炸和火灾，所以在生产、加工、处理、转运或贮存过程中出现或可能出现爆炸和火灾危险的场所，低压电器的选用应依据 GB 50058—2014《爆炸危险环境电力装置设计规范》及相关现行标准。选用的防爆电气设备必须与爆炸性混合物的传爆级别、组别、危险区域的级别相适应，且防爆电气设备应在明显处有"Ex"防爆标志。

电气防火和防爆

2. 多尘环境

多尘作业场所空间含尘浓度的高低与作业的性质、破碎程度、空气湿度和风向等有很大关系。多尘环境中灰尘的量值（月平均沉降量）一般在 $300\text{mg}/(\text{m}^2 \cdot \text{d})$ 及以上，宜采用防尘型（IP5X 级）电器，如果是导电性灰尘则采用尘密型（IP6X 级）电器。

3. 腐蚀环境

腐蚀环境类别的划分应根据化学腐蚀性物质的释放严酷度、地区最湿月平均最高相对湿度等条件而定。腐蚀环境分为轻腐蚀环境（0 类）、中等腐蚀环境（1 类）、强腐蚀环境（2 类）。腐蚀环境电气设备的选择分为户内、户外两种，对应户内环境的分别是保护或封装型、F1 级防腐型、F2 级防腐型，对应户外环境的分别是 W 级户外型、WF1 级户外防腐型、WF2 级户外防腐型。

4. 高原地区

海拔超过 2000m 的地区划为高原地区，高原地区应采用相应的高原型电器。高原条件会对低压电器的特性产生影响，海拔升高，则气温降低，空气密度降低，使电器的温升增高，绝缘强度下降。相应的，电器的整定电流要作适当调整，电器的寿命会有所下降。

5. 热带地区

热带地区根据常年空气的干湿程度分为湿热带和干热带。

湿热带是指一天内有 12h 以上气温不低于 20℃、相对湿度不低于 80%，这样的天数全年累计在两个月以上的地区。其气候特征是高温伴随高湿。湿热带地区宜选用湿热带型电器（在型号后面加 TH）。

干热带是指年最高气温在 40℃ 以上而长期处于低湿度的地区。其气候特征是高温伴随低湿，气温日变化大，日照强烈且有较多的沙尘。干热带地区宜选用干热带型电器（在型号后面加 TA）。

四、估算负荷计算电流

负荷计算电流（简称计算电流）是选择低压电器的重要依据。所谓计算电流是指计算负荷在额定电压下的工作电流。计算负荷是一个假想的持续性负荷，其热效应与同一时间内实际变动负荷所产生的最大热效应相等。计算负荷不是设备额定功率简单相加，当在确定某配电系统的计算负荷时，对于不同工作制的用电设备或者电器，要把它们的额定功率折算统一到长期工作制下，包括连续工作制下的用电设备，还有断续或者短时工作制下的用电设备。对于单台连续工作制用电设备，其计算负荷等于额定功率，计算电流等于额定电流；对于多台用电设备，则要通过需要系数法、利用系数法等方法来确定计算负荷，详见《工业与民用供配电设计手册》。下面是单台设备负荷计算电流的估算方法。

1. 用公式计算电流

三相用电设备和单相用电设备计算电流的公式是不同的。

（1）三相用电设备的电流计算公式为

$$P = 1.732 UI\eta\cos\varphi$$
$$I = P/(1.732 U\eta\cos\varphi)$$

式中，P 是功率，单位为 kW；U 是电压，380V；$\cos\varphi$ 是功率因数，一般取值 $0.6\sim0.8$；η 是效率，一般取值 0.9。

（2）单相用电设备的电流计算公式

1）如果应用于电阻性或者电热性负载，则

$$P = UI$$

2）如果应用于电动机类负载，则

$$I = P/U$$
$$P = UI\eta\cos\varphi$$
$$I = P/(U\eta\cos\varphi)$$

式中，P 是功率，单位为 kW；U 是电压，220V；$\cos\varphi$ 是功率因数，一般取值 $0.6\sim0.8$；η 是效率，一般取值 0.9。

2. 常用的电流估算方法

（1）三相（380V）电动机的电流估算方法

1）功率大于 3kW 的电动机的估算电流 = $P(\text{kW})\times 2\text{A/kW}$。

2）功率小于或等于 3kW 的电动机的估算电流 = $P(\text{kW})\times 2.5\text{A/kW}$。

（2）三相（380V）电热设备的电流估算方法　估算电流 $= P(\text{kW}) \times 1.5\text{A/kW}$。

（3）单相（220V）用电设备的电流估算方法　估算电流 $= P(\text{kW}) \times 4.5\text{A/kW}$。

（4）两根相线（380V）用电设备（例如电焊机）的电流估算方法　估算电流 $= P(\text{kW}) \times 2.5\text{A/kW}$。

电气控制线路设计的一般要求

五、明确常用低压电器选用的一般要求

常用低压电器选用的一般要求见表2-1-1。

表2-1-1　常用低压电器选用的一般要求

低压电器名称	选用的一般要求
刀开关	1）刀开关（开启式负荷开关）的额定电压不小于线路工作电压 2）用于照明、电热负荷的控制时，额定电流不小于全部负载额定电流之和 3）用于直接控制电动机时，额定电流不小于电动机额定电流的3倍 4）用于隔离开关时，额定电流不小于回路的计算电流，一般取1.3倍 5）根据控制电源相数选择三相或单相
组合开关	1）组合开关的额定电压不小于线路工作电压 2）用于照明、电热负荷的控制时，额定电流不小于全部负载额定电流之和 3）用于直接控制电动机时，额定电流不小于电动机额定电流的 $1.5 \sim 2.5$ 倍 4）用于隔离开关时，额定电流不小于回路的计算电流，一般取1.3倍 5）根据控制电源相数选择三相或单相
断路器	1）断路器的工作电压不小于线路或电动机的额定电压 2）额定电流不小于线路的负荷计算电流，一般取1.3倍 3）热脱扣器的整定电流等于所控制电动机或其他负载的额定电流 4）电磁脱扣器的瞬时动作整定电流大于负载线路正常工作时可能出现的峰值电流。用作电动机短路保护时，电磁脱扣器的瞬时动作整定电流与热脱扣器的整定电流之比宜为14倍左右或 $10 \sim 20$ 倍可调 5）断路器欠电压脱扣器的额定电压等于线路额定电压 6）根据安装条件选择极数和结构类型
熔断器	1）熔断器的额定电压不小于线路的额定电压 2）额定电流不小于所装熔体的额定电流 3）分断能力应大于电路中最大的短路电流 4）熔体额定电流的选择：①用于照明、电热负荷的控制时，熔体额定电流不小于全部负载额定电流之和；②用作单台电动机的短路保护时，熔体额定电流为电动机额定电流的 $1.5 \sim 2.5$ 倍；③用作多台电动机的总短路保护时，熔体额定电流为最大功率电动机额定电流的 $1.5 \sim 2.5$ 倍加上其余电动机额定电流之和
接触器	1）交（直）流负载选交（直）流接触器。如果控制系统中主要是交流电动机，而直流电动机或直流负载的功率比较小时，也可以全选用交流接触器进行控制，但是触头的额定电流应适当大一些 2）接触器主触头的额定电压不小于负载线路的额定电压 3）控制电阻性负载时，主触头的额定电流等于负载的工作电流；控制电动机时，主触头的额定电流不小于电动机的额定电流 4）接触器线圈的额定电压等于所控制线路的额定电压 5）接触器触头的数量、种类应满足控制线路的要求 6）接触器使用在频繁起动、制动或频繁可逆的场合时，一般可选用大一个等级的交流接触器

（续）

低压电器名称	选用的一般要求
热继电器	1）热继电器的额定电压不小于电动机的额定电压，额定电流不小于电动机的额定电流 2）在结构形式上，一般都选三相结构；对于△联结的电动机，可选用带断相保护装置的热继电器，安装保护位置不同，其整定电流也不同 3）热继电器的整定电流为电动机额定电流的 0.95~1.05 倍，如果电动机频繁起动、制动和反转时，其整定电流适当加大
按钮	1）根据使用场合选择按钮的种类，如开启式、保护式等 2）根据用途选用合适的形式，如直接式、旋钮式等 3）根据控制回路需要，确定不同的按钮数，如单联按钮、双联按钮等 4）按工作状态指示和工作情况要求，选择按钮和指示灯的颜色
位置开关	1）根据使用场合选择位置开关的种类和形式 2）根据控制回路需要，确定不同开关的数量
时间继电器	1）根据系统的延时范围和精度选择时间继电器的类型和系列 2）根据控制线路的要求选择时间继电器的延时方式（通电延时型或断电延时型），考虑线路对瞬时触头的要求 3）根据控制线路的电压选择时间继电器吸引线圈的电压
中间继电器	1）中间继电器的额定电流应满足被控线路的要求 2）中间继电器触头的品种和数量必须满足控制线路的要求 3）中间继电器线圈的额定电压等于控制线路的工作电压
制动电磁铁	1）制动电磁铁取电应遵循就近、容易、方便的原则。当制动装置的动作频率超过 300 次/h，应选用直流电磁铁 2）制动电磁铁行程的长短，主要根据机械制动装置制动力矩的大小、动作时间的长短及安装位置来确定 3）串励电动机的制动装置都是采用串励制动电磁铁，并励电动机的制动装置则采用并励制动电磁铁。有时为了安全起见，在一台电动机的制动中，既用串励制动电磁铁，又用并励制动电磁铁 4）制动电磁铁的形式确定以后，要进一步确定容量、吸力、行程和回转角等参数
控制变压器	1）控制变压器一次电压与输入的交流电压相等，二次电压满足控制线路和辅助线路电压的要求，控制变压器的容量大于电路中元器件功率的总和 2）保证接在变压器二次侧的交流电磁器件起动时可靠地吸合 3）线路正常运行时，变压器的温升不应超过允许值
整流变压器	1）整流变压器一次电压应与交流电源的电压相等，二次电压应满足直流电压的要求，控制变压器的容量大于电路中元器件功率的总和 2）整流变压器的容量要根据直流电压、直流电流来确定，二次侧的交流电压、交流电流与整流方式有关
机床的工作灯和信号灯	1）根据机床机构、电源电压、灯泡功率、灯头形式和灯架长度，确定所用的工作灯 2）信号灯的选用主要是确定其额定电压、功率、灯壳、灯头型号、灯罩颜色及附加电阻的功率和阻值等参数 3）目前有各种型号发光二极管可替代信号灯，它具有工作电流小、能耗小、寿命长、性能稳定等优点
接线板	根据连接线路的额定电压、额定电流和接线形式，选择接线板的形式与数量
导线	根据负载的额定电流选用铜芯多股软线，考虑到其强度，不能采用 0.75mm^2 以下的导线（弱电线路除外）；应采用不同颜色的导线表示不同的电压及主、辅线路

六、查询低压电器的型号和技术参数

低压电器型号的命名详见 JB/T 2930—2007《低压电器产品型号编制方法》。为保证电器设备安全可靠地工作，国家对低压电器的设计、制造规定了严格的标准，合格的电器产品应符合国家有关标准规定的技术要求。在选用低压电器时，必须按照产品说明书中规定的技术参数。

⚠ 任务实施

1. 明确工作任务

根据公司提供的电气控制线路图，识读图中低压电器的名称、作用、数量及线路的工作原理，进一步了解各设备的用途，所选择低压电器的安装场所，对工作环境是否有特殊要求，明确交货时间、地点等。

2. 制订工作计划

根据完成该任务所用时间做出合理安排，如事先准备如何与公司沟通，选用低压电器需准备哪些手册、资料等。

3. 电动机额定电流的估算

已知所给控制线路图中电动机的额定电压是 380V，由电动机的额定电流估算方法可知，功率大于 3kW 的电动机的估算电流 $= P(kW) \times 2A/kW$，功率小于或等于 3kW 的电动机的估算电流 $= P(kW) \times 2.5A/kW$ 原则。（因是单台电动机，其计算电流即额定电流。）

因此，电动机的额定电流估算为 $2.5A/kW \times 3kW = 7.5A$。

4. 选择元器件的型号和规格

（1）电源开关的选择　QF 为低压断路器，本任务中只作电源开关使用。根据低压断路器的选择原则，其额定电流应大于或等于计算电流，这里取 1.3 倍计算电流，故额定电流 $= 1.3 \times 7.5A = 9.75A$。查询 DZ5 - 20 型低压断路器的技术数据，可选型号为 DZ5 - 20/300，规格如下：主触头额定电流 20A，交流 380V，无脱扣式。

（2）热继电器的选择　过载保护电动机的额定电流为 7.5A，因此热继电器的整定电流值为 7.5A，其调节范围为 6.8 ~ 11A。由于电动机采用丫联结，应选择一般保护的热继电器。查询 JR36 系列热继电器的主要技术参数，可选型号为 JR36 - 20/3，整定电流设为 11A。

（3）交流接触器的选择　由于电动机 M1 的功率为 3kW，控制线路电压为 110V，查询 CJT1 系列交流接触器的常见规格，KM1、KM2 可选择 CJT1 - 10 型交流接触器，主触头额定电流为 10A，线圈电压为 110V。

（4）中间继电器的选择　图 2-1-1 中，中间继电器 KA 只用到一个常开触头，控制线路电压为 110V，查阅相关低压电器手册，决定选用 JZ7 - 44 型号中间继电器，其线圈电压也为 110V。

（5）熔断器的选择　图 2-1-1 中，熔断器 FU1 对电动机作短路保护，其熔体的额定电流应大于或等于 $7.5A \times 2.5 = 18.75A$（系数取 2.5）。查询常见 RL 系列熔断器的主要技术参数，FU1 选用 RL1 - 60/20 型熔断器，配用额定电流为 20A 的熔体。FU2、FU3 对控制线路作短路保护，选用 RL1 - 15/4 型熔断器，配用额定电流为 4A 的熔体。

（6）按钮的选择　图 2-1-1 中，SB3 是停止按钮，用常闭触头，选用红色按钮；SB1、

SB2是起动按钮，用复合触头，选用绿色或黑色按钮。结合安装场所的特点，选用三联按钮，型号为LA4-3H。

（7）时间继电器的选择　图2-1-1中，KT是通电延时型时间继电器，控制线路电压为110V，延时要求为5s，故选用通电延时型的ST3PA-A型晶体管式时间继电器，线圈电压为110V。

（8）位置开关的选择　图2-1-1中，SQ1、SQ2是位置开关，各带1组常开触头、1组常闭触头，可实现工作台到左右终端后延时往返运动的状态切换。根据安装条件，选用直动式、自动复位的位置开关，型号为JLXK1-311。

（9）控制变压器的选择　控制线路中的主要功率电器是接触器，在吸合状态，功耗只有几瓦，在吸合过程中的起动功率大约有50W，考虑到共有4个线圈，但不是同时吸合与释放，故选用容量为100V·A的控制变压器即可，所选用变压器的一次电压为380V，二次电压为110V，型号为BKC-100VA。

（10）导线截面积的选择　经估算，主电路的计算电流为7.5A，又采用槽板走线，因此主电路的导线可选用BVR-1.5mm² 导线，控制线路电流较小，可选用BVR-1mm² 导线。

5. 列出元器件选择明细表

元器件选择明细表见表2-1-2。

表2-1-2　元器件选择明细表

序号	代号	名称	型号	规格	数量	作用
1	M	电动机	Y13M-6	3kW、380V、丫接法	1	驱动
2	QF	低压断路器	DZ5-20/300	20A、380V	1	电源总开关
3	FU1	熔断器	RL1-60/20	60A、熔体20A	3	主电路的短路保护
4	FU2、FU3	熔断器	RL1-15/4	15A、熔体4A	3	控制线路的短路保护
5	KM1、KM2	交流接触器	CJT1-10	10A、线圈电压110V	1	控制M正反转
6	FR	热继电器	JR36-20/3	20A、整定电流11A	1	M的过载保护
7	KT	时间继电器	ST3PA-A	5s、线圈电压110V	1	控制时间
8	KA	中间继电器	JZ7-44	线圈电压110V	1	增加触头
9	SB1～SB3	按钮	LA4-3H	三联按钮	1	控制M的正反转起动和停止
10	SQ1、SQ2	位置开关	JLXK1-311	直动式、自动复位	2	终端状态切换
11	TC	控制变压器	BKC-100VA	380V/110V、100V·A	1	隔离、降低控制线路的电压
12	主电路的导线可选用BVR-1.5mm² 导线，控制线路电流较小，可选用BVR-1mm² 导线						

任务评价

见配套教材《电气控制线路安装与维修工作页》SJ01。

任务拓展

图2-1-2所示为某化工厂一台设备的电气控制线路，电动机型号为Yl32M-6，规格为380V，11kW，△联结。该设备的使用场合为户内强腐蚀环境。请分析该线路的工作原理及各元器件的作用，并列出元器件选择清单。

图 2-1-2　某化工厂一台设备的电气控制线路

任务 2　电气控制线路的设计

任务目标

1. 归纳电动机的控制方式和保护形式。
2. 明确设计电气控制线路的原则、方法和注意事项。
3. 能根据技术要求设计较简单的电气控制线路。
4. 能查阅设计手册等相关资料。
5. 学会独立思考和团队协作。

任务描述

某机床需要两台电动机拖动，其中，一台主控电动机（M1）来拖动主轴正反转，而另一台辅助电动机（M2）拖动工作台自动进给，并且还要求主控电动机（M1）起动 5s 后，辅助电动机（M2）才能起动，停车时逆序停止；两台电动机都具有短路保护、过载保护、失电压保护和欠电压保护。电动机 M1 的型号为 Y132M-6，规格为 380V、7.5kW、△联结；M2 的型号为 Y112M-4，规格为 380V、3kW、丫联结。

具体要求：
1. 设计出符合要求的电气控制线路。
2. 根据电动机的功率选择电气控制线路中各元器件的型号和规格。
3. 所需工时：120min。

任务分析

设计电气控制线路时，首先要掌握常用控制线路的基本方案，分析所设计机械设备的电气控制要求和保护要求，然后要明确电气控制线路设计的步骤和一般要求，再通过技术分析，选择合理和最佳的控制方案，力求简单合理、工作可靠、维修方便，符合使用的安全性。可以先绘制草图，不断进行修改完善，然后绘制出符合国家标准的电气控制线路图，再根据电动机的功率选择元器件的型号和规格，最后进行安装与调试，验证设计线路是否满足客户的要求，当验证无误后才能将设计方案交付给客户。

任务准备

一、明确电动机的控制方式

上一单元介绍了电动机的各种基本电气控制线路，而生产机械的电气控制线路都是在这些控制线路的基础上，根据生产工艺过程的控制要求设计的，而生产工艺过程必然伴随着一些物理量的变化，需要根据这些量的变化对电动机进行自动控制。电动机的控制方式归纳起来，有以下几种：行程控制方式、时间控制方式、速度控制方式和电流控制方式。现分别叙述如下：

1. 行程控制方式

根据生产机械运动部件的行程或位置，利用位置开关来控制电动机的工作状态称为行程控制方式。行程控制方式是机械电气自动化中应用最多和工作原理最简单的一种方式，如位置控制线路和自动循环控制线路都是按行程控制方式来控制的。

2. 时间控制方式

利用时间继电器按一定时间间隔来控制电动机的工作状态称为时间控制方式，如在电动机的减压起动、制动以及变速过程中，利用时间继电器按一定的时间间隔改变线路的接线方式，来自动完成电动机的各种控制要求。使用时间控制方式时，换接时间的控制信号由时间继电器发出，换接时间的长短则根据生产工艺要求或者电动机起动、制动和变速过程的持续时间来整定时间继电器的动作时间。如Y-△减压起动控制线路就是按时间控制方式来控制的。

3. 速度控制方式

根据电动机的速度变化，利用速度继电器等电器来控制电动机的工作状态称为速度控制方式。反映电动机速度变化的电器有多种，直接测量电动机速度的电器有速度继电器和小型测速发电机。间接测量电动机的速度举例：对于直流电动机，用其感生电动势来反映速度的变化，再通过电压继电器来控制。如反接制动控制线路中制动结束的控制就是利用速度控制方式来实现的。

4. 电流控制方式

根据电动机主回路电流的大小，利用电流继电器来控制电动机的工作状态称为电流控制方式，如机床横梁夹紧机构的自动控制线路就是按行程控制方式和电流控制方式来控制的。

在确定控制方式时，究竟采用何种控制方式，则需要根据设计要求来选择。如在控制过程中，由于工作条件不允许放置行程开关，那么只能将位置控制的物理量转换成时间的物理量，从而采用时间控制方式。又如某些压力、切削力、转矩等物理量，通过转换可变成电流物理量，就可采用电流控制方式来控制这些物理量。因此，尽管实际情况有所不同，只要通过物理量的相互转换，便可灵活地使用各种控制方式。

在实际生产中，反接制动控制中不允许采用时间控制方式，而在能耗制动控制中采用时间控制方式；对于组合机床和自动生产线等的自动工作循环，为了保证加工精度而常采用行程控制方式；在反接制动和速度反馈环节采用速度控制方式；对于丫-△减压起动或多速电动机的变速控制则采用时间控制方式；在过载保护、电流保护等环节则采用电流控制方式。

二、知道电动机的保护形式

在电动机运行过程中，除按生产机械的工艺要求完成各种正常运转外，还必须在线路出现短路、过载、过电流、欠电压、失电压及失磁等现象时，能自动切断电源使电动机停转，以防止和避免电气设备和机械设备损坏，保证操作人员的人身安全。为此，在生产机械的电气控制线路中，采取了对电动机的各种保护措施。常用的电动机保护形式有短路保护、过载保护、欠电压保护、失电压保护、过电流保护及失磁保护等。

1. 短路保护

当电动机绕组和导线的绝缘损坏、控制电器及线路损坏发生故障时，线路将出现短路现象（产生很大的短路电流），使电动机、电器、导线等电气设备严重损坏。因此，在发生短路故障时，保护电器必须立即动作，迅速将电源切断。

常用的短路保护电器是熔断器和断路器。熔断器的熔体与被保护的电路串联，当电路正常工作时，熔断器的熔体不起作用，相当于一根导线，其上面的电压降很小，可忽略不计。当电路短路时，很大的短路电流流过熔体，使熔体立即熔断，切断电动机电源，电动机停转。同样，若电路中接入断路器，当出现短路时，断路器会立即动作，切断电源使电动机停转。

2. 过载保护

当电动机负载过大、起动操作频繁或断相运行时，会使电动机的工作电流长时间超过其额定电流，电动机绕组过热，温升超过其允许值，导致电动机的绝缘材料变脆，寿命缩短，严重时会使电动机损坏。因此，当电动机过载时，保护电器应动作，切断电源使电动机停转，避免电动机在过载下运行。

常用的过载保护电器是热继电器。当电动机的工作电流等于额定电流时，热继电器不动作，电动机正常工作；当电动机短时过载或过载电流较小时，热继电器不动作，或经过较长时间才动作；当电动机的过载电流较大时，串接在主电路中的热元件会在较短时间内发热弯曲，使串接在控制线路中的常闭触点断开，先后切断控制线路和主电路的电源，使电动机停转。

3. 欠电压保护

当电网电压降低时，电动机便在欠电压下运行。由于电动机载荷没有改变，所以欠电压下电动机转速下降，定子绕组中的电流增加。因为电流增加的幅度尚不足以使熔断器和热继电器动作，所以这两种电器起不到欠电压保护作用。如不采取保护措施，时间一长将会使电动机过热损坏。另外，还将引起一些电器释放，使电路不能正常工作，也可能导致人身伤害和设备损坏事故。因此，应避免电动机在欠电压下运行。

实现欠电压保护的电器是接触器和电磁式电压继电器。在机床的电气控制线路中，只有少数线路专门装设了电磁式电压继电器起欠电压保护作用；而在大多数控制线路中，由于接触器已兼有欠电压保护功能，所以不必再加设欠电压保护电器。一般当电网电压降低到额定电压的85%以下时，接触器（或电压继电器）线圈产生的电磁吸力减小到小于复位弹簧的拉力，动铁心被迫释放，其主触点和自锁触点同时断开，切断主电路和控制线路电源，使电动机停转。

4. 失电压保护（零电压保护）

生产机械在工作时，由于某种原因而发生电网突然停电，这时电源电压下降为零，电动机停转，生产机械的运动部件也随之停止运转。一般情况下，操作人员不可能及时拉开电源开关，如不采取措施，当电源电压恢复正常时，电动机便会自行起动运转，可能造成人身伤害和设备损坏事故，并引起电网过电流和瞬间网络电压下降。因此，必须采取失电压保护措施。

在电气控制线路中，起失电压保护作用的电器是接触器和中间继电器。当电网停电时，接触器和中间继电器线圈中的电流消失，电磁吸力减小为零，动铁心释放，触点复位，切断了主电路和控制线路电源。当电网恢复供电时，若不重新按下起动按钮，电动机就不会自行起动，实现了失电压保护。

5. 过电流保护

为了限制电动机的起动或制动电流，在直流电动机的电枢绕组或交流绕线转子异步电动机的转子绕组中需要串入附加的限流电阻。如果在起动或制动时，附加电阻被短接，将会造成很大的起动或制动电流，使电动机或机械设备损坏。因此，对直流电动机或绕线转子异步电动机常常采用过电流保护。

过电流保护常用电磁式过电流继电器来实现。当电动机的过电流值达到电流继电器的动作值时，过电流继电器动作，使串接在控制线路中的常闭触点断开，切断控制线路，电动机随之脱离电源停转，达到了过电流保护的目的。

6. 失磁保护

直流电动机必须在磁场有一定强度下才能起动正常运转。若在起动时，电动机的励磁电流太小，产生的磁场太弱，将会使电动机的起动电流很大；若电动机在正常运转过程中，磁场突然减弱或消失，电动机的转速将会迅速升高，甚至发生"飞车"。因此，在直流电动机的电气控制线路中要采取失磁保护。失磁保护是通过在电动机励磁回路中串入失磁继电器（即欠电流继电器）来实现的。在电动机起动运行过程中，当励磁电流值达到失磁继电器的动作值时，欠电流继电器就吸合，使串接在控制线路中的常开触点闭合，允许电动机起动或维持正常运转；当励磁电流减小或消失时，失磁继电器就释放，其常开触点断开，切断控制线路，接触器线圈失电，电动机断电停转。

三、明确电气控制线路的设计原则及方法

1. 设计原则

1）电气设备应最大限度地满足机械设备对电气控制线路的控制要求和保护要求。

2）在满足生产工艺要求的前提下，应力求使控制线路简单、经济、合理。

3）保证控制的可靠性和安全性。

4）操作和维修方便。

2. 设计步骤

1）分析设计要求。

2）确定拖动方案和控制原则。

3）设计主电路。

4）设计控制线路。

5）将主电路与控制线路合并成一个整体。

6）检查与完善。

3. 设计方法

设计电气控制线路是在拖动方案和控制方式确定后进行的。电气控制线路的设计方法通常有两种：一种是经验设计法，另一种是逻辑设计法。

经验设计法是根据生产工艺要求与工艺过程，将典型的基本控制线路组合起来，并加以补充修改，成为所需的控制线路。这种设计方法比较简单，但是要求设计者必须熟悉大量的基本控制线路，同时又要掌握一定的设计方法和技巧。在设计过程中往往还要经过多次反复修改，才能使线路符合设计要求。这种设计方法灵活性比较大，初步设计时，设计出来的功能不一定完善，此时要加以比较分析，根据生产工艺要求逐步完善，并加上适当的联锁和保护环节。经验设计法的设计顺序为：主电路→控制线路→信号及照明电路→联锁与保护电路→总体检查与完善，最后再根据实际需要选择所用电器的型号与规格。

逻辑设计法是根据生产工艺要求，利用逻辑代数来分析、设计线路。虽然这种设计方法设计出来的线路比较合理，但是掌握这种方法的难度比较大，一般情况下不用，只是在完成有较复杂生产工艺要求的控制线路时才使用。

四、电气控制线路设计的一般要求

1. 合理选择控制电源

当控制电器较少，控制线路较简单时，控制线路可直接使用主电路电源，如 380V 或 220V 电源。当控制电器较多，控制线路较复杂时，通常采用控制变压器，将控制电压降低到 220V 或 110V 及以下。对于要求吸力稳定又操作频繁的直流电磁器件，如液压阀中的电磁铁，必须采用相应的直流控制电源。

2. 尽量缩减电器的种类和数量

应采用标准件和尽可能选用相同型号的电器来设计线路，还要减少不必要的触头来简化线路，以提高线路的可靠性。若把图 2-2-1a 所示线路改接成图 2-2-1b 所示线路，就可以减少一个触头。

图 2-2-1   简化线路

a）简化前   b）简化后

3. 尽量缩减连接导线的数量和长度

设计线路时，应考虑到各元器件之间的实际接线，特别要注意电气柜、操作台和行程开关之间的连接线。例如，图 2-2-2a 所示的接线就不合理，因为按钮通常安装在操作台上，而接触器安装在电气柜内，按此线路安装时，由电气柜内引出的连接线势必要两次引接到操作台上的按钮处。合理的接法应当是把起动按钮和停止按钮直接连接，不经过接触器线圈，如图 2-2-2b 所示，这样就减少了一次引出线。

4. 正确连接电器的线圈

在交流控制线路的一条支路中不能串联两个电器的线圈，如图 2-2-3a 所示，即使外加电压是两个线圈额定电压之和，也是不允许的。因为每个线圈上所分配到的电压与线圈阻抗成正比，两个电器需要同时动作时，其线圈应该并接，如图 2-2-3b 所示。

图 2-2-2　减少各元器件间的实际接线
a）不合理　b）合理

图 2-2-3　电器线圈的连接
a）不正确　b）正确

5. 正确连接电器的触头

同一个电器的常开和常闭辅助触头靠得很近，如果连接不当，将会造成线路工作不正常。如按图 2-2-4a 所示接线，行程开关 SQ 的常开触头和常闭触头由于不是等电位，当触头断开产生电弧时，很可能在两对触头间形成飞弧而造成电源短路。因此，在一般情况下，将共用同一电源的所有接触器、继电器以及执行电器线圈的一端，均接在电源的一侧，而将这些电器的控制触头接在电源的另一侧，如图 2-2-4b 所示。

图 2-2-4　连接电器的触头
a）不合理　b）合理

6. 在满足控制要求的情况下尽量减少电器通电的数量

图 2-2-5a、b 均是电动机定子绕组串电阻减压起动控制线路。电动机起动，图 2-2-5a 中的 KM1 和 KT 失去作用后仍需长期通电，而图 2-2-5b 中，电动机起动，KM1 和 KT 失去作用后即断电，减少了电器通电的数量。

图 2-2-5　减少工作时电器通电的数量
a）不合理　b）合理

7. 应尽量避免采用许多电器依次动作后才能接通另一个电器的控制线路

图 2-2-6a、b 所示线路中，中间继电器 KA1 得电动作后，KA2 才动作，而后 KA3 才能得电动作，即 KA3 的得电动作需要 KA1 和 KA2 两个电器动作。若换接成图 2-2-6c 所示线路，KA3 的动作只需 KA1 动作，故工作可靠。

图 2-2-6　触头的使用
a）不合理　b）不合理　c）合理

8. 在控制线路中应避免出现寄生回路

在控制线路的动作过程中，非正常接通的线路叫作寄生回路。在设计线路时要避免出现寄生回路，因为它会破坏元器件和控制线路的动作顺序。图 2-2-7 所示线路是一个具有指示灯和过载保护的正反转控制线路，在正常工作时，能完成正反转起动、停止和信号指示。但当热继电器 FR 动作时，该线路就出现了寄生回路。这时虽然 FR 的常闭触头已断开，由于存在寄生回路，仍有电流沿图 2-2-7 中虚线所示的路径流过 KM1 线圈，使正转接触器 KM1 不能可靠释放，起不到过载保护作用。

9. 保证控制线路工作可靠

要保证控制线路工作可靠，最主要的是选用可靠的元器件，如选用电器时，尽量选用机械和电气寿命长、结构合理、动作可靠、抗干扰性能好的电器。在线路中采用小容量继电器的触头断开和接通大容量接触器的线圈时，要计算继电器触头的断开和接通容量是否足够，若不够，必须加大继电器容量或增加中间继电器，否则工作不可靠。

图 2-2-7　寄生回路

10. 控制线路应具有必要的保护环节

控制线路应保证即使在误操作情况下也不致造成事故。一般应根据线路的需要选用过载、短路、过电流、过电压、失电压、弱磁等保护环节，必要时还应考虑设置合闸、断开、事故、安全等指示信号。

任务实施

1. 明确工作任务

组建设计小组，与厂家深入沟通，必要时实地勘察，全面了解该设备的用途、工艺和技术要求、安装场所，对工作环境是否有特殊要求，明确交货时间、地点等。经过调研和分析设计要求，明确所设计的控制线路对安装环境没有特殊要求，只有主电动机要求有正反转控制，属于顺序起动、逆序停止基本控制线路，再加上时间控制方式，具有短路保护、过载保护、失电压保护和欠电压保护，无调速控制要求和制动控制要求。

2. 制订工作计划

分析该任务，讨论设计该电气控制线路所需时间，设计控制线路分几步完成，需要准备哪些手册、资料及文具用品。

3. 设计主电路

根据本设备的设计要求，主电动机 M1 需要正反转控制，故选择接触器控制的正反转控制线路，顺序起动、逆序停止的控制要求放在控制线路中实现，主电路中 M1、M2 的短路保护由 FU1 实现，M1、M2 的过载保护分别由 FR1、FR2 实现，欠电压和失电压保护由接触器 KM1、KM2 和 KM3 来分别实现。本任务要求一台电动机起动 5s 后另一台电动机才能起动，所以采用时间继电器来实现时间控制。设计的主电路如图 2-2-8 所示。

4. 设计控制线路

对主电动机采用双重联锁正反转控制；对顺序起动采用通电延时型时间继电器进行控制；对逆序停止采用将 KM3 的常开辅助触头与停止按钮 SB1 并联的形式来实施；由于需要 KM3 的三个辅助触头，可采用加装中间继电器来解决。具体的控制线路如图 2-2-9 所示。

图 2-2-8　主电路

图 2-2-9　控制线路

5. 合并主电路与控制线路

将主电路与控制线路合并为一个整体，如图 2-2-10 所示。

图 2-2-10　电路图

6. 检查与完善

控制线路初步设计完成后，可能还有不合理、不可靠、不安全的地方，应当根据经验和控制要求对线路进行认真仔细的校核，以保证线路的正确性和实用性。

7. 选择元器件

本线路的元器件选择见表 2-2-1，对选择依据作如下说明：

（1）电源开关的选择　本线路中，电源开关 QS 选择三极转换开关（组合开关）。电动机 M1 的额定电流为 $7.5\text{A} \times 2 = 15\text{A}$，电动机 M2 的额定电流为 $3\text{A} \times 2 = 6\text{A}$，根据组合开关的选择原则，其额定电流应大于或等于 $15\text{A} \times 2 + 6\text{A} = 36\text{A}$（系数取 2），查询常见 HZ10、HZ5 系列组合开关的主要技术参数，可选 HZ10 - 60/3 型，额定电流为 60A。

注：电动机额定电流（A）的估算方法：额定电流值为额定功率（kW）值的 2 倍。

（2）热继电器的选择　根据电动机 M1 和 M2 的额定电流，电动机 M1 选择额定电流为 20A 的热继电器。因其整定电流为 M1 的额定电流，故选择 15A 为整定电流（其调节范围为 10 ~ 16A）。由于电动机采用△联结，应选择带断相保护的热继电器。因此，查询 JR36 系列的主要技术参数，可选用型号为 JR16 - 20/3D。电动机 M2 选择额定电流为 20A 的热继电器。因其整定电流为 M2 的额定电流，故选择 6A 为整定电流（其调节范围为 4.5 ~ 7.2A）。由于电动机采用Y联结，应选择普通的热继电器。因此，可选用型号为 JR16 - 20/3。

（3）交流接触器的选择　由于电动机 M1 的功率为 7.5kW，查询 CJT1 系列交流接触器的常见规格，KM1、KM2 可选择 CJT1 - 20 型交流接触器，主触点的额定电流为 20A，线圈电压为 380V；电动机 M2 的功率为 3kW，则 KM3 选择 CJT1 - 10 型交流接触器，主触点的额定电流为 10A，线圈电压为 380V。

（4）中间继电器的选择　中间继电器 KA 选用 JZ7 - 44 型中间继电器，其线圈电压也为 380V。

（5）熔断器的选择　根据设计要求，熔断器 FU1 对 M1 和 M2 进行总短路保护，根据 M1 和 M2 的额定电流，其熔体的额定电流应大于或等于 15A × 2 + 6A = 36A（系数取2），常见 RL 系列熔断器的主要技术参数，选用 RL1 - 60/40 型熔断器，配用额定电流为 40A 的熔体。FU2 分别对控制线路进行短路保护，选用 RL1 - 15/4 型熔断器，配用额定电流为 4A 的熔体。

（6）按钮的选择　SB2、SB3、SB5 为三个起动按钮，用复合触头，选用绿色或黑色，SB1、SB4 两个停止按钮用常闭触头，选用红色；结合安装条件，查阅相关手册，可选用 LA4 - 3H 型按钮。

（7）时间继电器的选择　本设计任务要求延时 5s，查阅相关手册，选用通电延时型的 ST3PA - A 型晶体管式时间继电器。

（8）导线截面积的选择　因主电路最大电流可达 21A，又采用槽板走线，所以主电路导线可选择 BVR - 4mm² 导线，控制线路电流较小，可选择 BVR - 1mm² 导线，按钮选择 BVR - 0.75mm² 导线。

表 2-2-1　元器件选择明细表

序　号	代　号	名　称	型　号	规　格	数量	备　注
1	M1	电动机	Y132M - 6	7.5kW、380V、△联结	1	驱动
2	M2	电动机	Y112M - 4	3kW、380V、Y联结	1	驱动
3	QS	组合开关	HZ10 - 60/3	60A、380V	1	电源总开关
4	FU1	熔断器	RL1 - 60/40	60A、熔体 40A	3	主电路短路保护
5	FU2	熔断器	RL1 - 15/4	15A、熔体 4A	2	控制线路短路保护
6	KM1、KM2	交流接触器	CJT1 - 20	20A、线圈电压 380V	1	控制 M1 正反转
7	KM3	交流接触器	CJT1 - 10	10A、线圈电压 380V	1	控制 M2
8	FR1	热继电器	JR16 - 20/3D	20A、整定电流 15A	1	M1 过载保护
9	FR2	热继电器	JR16 - 20/3	20A、整定电流 6A	1	M2 过载保护

（续）

序　号	代　号	名　　称	型　　号	规　　格	数　量	备　　注
10	KT	时间继电器	ST3PA－A	5s、线圈电压 380V	1	控制时间
11	KA	中间继电器	JZ7－44	线圈电压 380V	1	增加触头
12	SB1～SB3	按钮	LA4－3H	三联按钮	1	控制 M1 的正反转和停止
13	SB4～SB5	按钮	LA4－3H	三联按钮	1	控制 M2 的起动和停止

8. 验证设计线路

对设计线路进行安装调试，如有错误，及时修改完善，直到完全符合客户要求为止。

✎ **任务评价**

见配套教材《电气控制线路安装与维修工作页》SJ02。

📐 **任务拓展**

某机械设备有两台电动机，请根据下列要求和相关国家标准，规范地设计出两台电动机 M1、M2 的控制线路（包括主电路和控制线路），并列出元器件明细表。控制要求和电动机的规格如下：

1）电动机 M1 的短路保护为 FU1，过载保护为 FR1；电动机 M2 的短路保护为 FU2，过载保护为 FR2。

2）由接触器 KM1 控制电动机 M1，接触器 KM2 控制电动机 M2。

3）电动机 M1、M2 可以单独起动和停止。

4）电动机 M1、M2 可以同时起动和停止。

5）当任何一台电动机发生过载时，两台电动机能同时停止。

6）电动机 M1 单独起动用按钮 SB11，单独停止用按钮 SB12；电动机 M2 单独起动用按钮 SB21，单独停止用按钮 SB22。

7）电动机 M1、M2 若同时起动则必须同时停止，同时起动用按钮 SB1，同时停止用按钮 SB2。

8）当按下 SB1 3s 后，电动机 M1、M2 才能同时起动。

9）该控制线路要求采用低压断路器作为电源开关。

10）两台电动机的型号为 Y112M　4，规格为 380V，丫联结。电动机 M1 的功率为 1.1kW，电动机 M2 的功率为 5.5kW。

单元3 电气控制线路的分析与检修

3

单元目标

方法能力目标

1. 电气试验的组织实施能力。
2. 熟悉电气设备的检查方法。
3. 电气设备故障的检查分析能力。
4. 理论知识的综合运用能力。

专业能力目标

1. 较复杂电气控制线路图的识读能力。
2. 机床电气控制线路图的分析能力。
3. 机床电气故障的诊断和排除能力。
4. 电工工具和仪表的使用能力。
5. 电气故障现象及排除过程的表述能力。

社会能力目标

1. 沟通协调能力。
2. 语言表达能力。
3. 团队协作能力。
4. 班组管理能力。
5. 责任心与职业道德。
6. 安全与自我保护能力。
7. 自我评价能力。

单元任务

电气设备发生故障后，电气设备维修人员要能够及时、熟练、迅速、安全地查出故障，并加以排除，尽早恢复工业机械的正常运行，是非常重要的。本单元以机床电气线路为例，学习电气设备维修的一般流程、方法和注意事项等，然后通过 CA6150 型车床电气控制线路、Z3040 型摇臂钻床电气控制线路、M7130 型平面磨床电气控制线路、X62W 型万能铣床电气控制线路、T68 型卧式镗床电气控制线路、20/5t 桥式起重机电气控制线路的分析和检修，提高读者在实际工作中综合分析和解决问题的能力。

任务 1   CA6150 型卧式车床电气控制线路的分析与检修

任务目标

1. 熟悉机床电气控制线路检修的一般流程、方法和注意事项。
2. 了解 CA6150 型卧式车床的结构、性能、适用范围以及相关技术参数。
3. 能说出 CA6150 型卧式车床中所有元器件的名称、型号、规格、作用和实际位置。
4. 能分析 CA6150 型卧式车床的电气原理图，并根据原理图正确说出操作程序、各电流回路。
5. 能判断 CA6150 型卧式车床是否正常工作，并根据观察到的故障现象准确判断故障范围。
6. 能运用常用的电工仪表，通过正确的检测方法，检出 CA6150 型卧式车床的故障点，并予以修复。
7. 能自觉地严格执行安全操作规程，杜绝一切不安全事故的发生。
8. 能自觉遵守"7S"管理规定，做到文明操作。

任务描述

某机械厂有一台 2005 年购买的 CA6150 型卧式车床，出现如下故障：当闭合断路器 QF1、QF2，将主令开关扳至"正转"位置，按下 SB3，并操作位置开关使 SQ3 常开触头闭合，主轴不能正向运转。请予以检修。

1. 仔细观察运行过程，确认故障现象。
2. 根据故障现象在原理图中判断故障范围，在控制板（箱）中找到相关元器件和控制回路。
3. 正确选用仪表、工具，并对可能出现故障的区域进行仔细测量，查出故障点予以修复。
4. 检修工时：15min。

任务分析

CA6150 型卧式车床是机械加工中广泛使用的一种机床，可用来加工各种回转表面、螺纹和端面。完成该检修任务需要熟知机床电气控制线路检修的一般流程、方法和注意事项，要了解 CA6150 型卧式车床的基本结构、运动形式，分析 CA6150 型卧式车床电气控制线路的工作原理，正确进行机床操作，根据故障现象分析故障范围，并选择合适的检修方法检修 CA6150 型卧式车床控制线路主轴不能运转的电气故障。

任务准备

一、明确机床电气故障检修的一般流程

1. 检修前的故障调查

当机床发生电气故障后，切忌盲目动手检修。在检修前，应先通过问、看、听、摸来了解故障前后的操作情况和故障发生后出现的异常现象，以便根据故障现象判断出故障发生的部位，进而准确地排除故障。

【问】询问操作者故障前后电路和设备的运行状况及故障发生后的症状，如故障是经常发生还是偶尔发生，是否有响声、冒烟、火花、异常振动等征兆，故障发生前有无切削力过大和频繁起动、停止、制动等情况，有无经过保养检修或改动线路等。

【看】察看故障发生前是否有明显的外观征兆，如各种信号、熔断器熔断、保护电器脱扣动作、接线脱落、触头烧蚀或熔焊、线圈过热烧毁等。

【听】在线路还能运行和不扩大故障范围、不损坏设备的前提下，可通电试运行，细听电动机、接触器和继电器等电器的声音是否正常。

【摸】在刚切断电源后，尽快触摸检查电动机、变压器、电磁线圈及熔断器等，看是否有过热现象。

2. 用逻辑分析法确定并缩小故障范围

简单的电气控制线路进行检修时，可对每个电器组件、每根导线逐一进行检查，一般能很快找到故障点。但对复杂的线路而言，往往有上百个组件、成千条连线，若采取逐一检查的方法，不仅需消耗大量的时间，而且也容易漏查。在这种情况下，若根据电路图，采用逻辑分析法，对故障现象作具体分析，划出可疑范围，提高维修的针对性，就可以收到快而准的效果。分析电路时，通常先从主电路入手，了解机床各运动部件和机构采用了几台电动机拖动，与每台电动机相关的电器组件有哪些，采用了何种控制，然后根据电动机主电路所用电器组件的文字符号、图区号及控制要求，找到相应的控制线路。在此基础上，结合故障现象和线路工作原理，进行认真分析排查，即可迅速判定故障发生的可能范围。

当故障的可疑范围较大时，不必按部就班地逐级进行检查，这时可在故障范围内的中间环节进行检查，来判断故障究竟是发生在哪一部分，从而缩小故障范围，提高检修速度。

3. 对故障范围进行外观检查

在确定了故障发生的可能范围后，可对范围内的电器组件及连接导线进行外观检查，例如熔断器的熔断，导线接头松动或脱落，接触器和继电器的触头脱落或接触不良，线圈烧坏使表层绝缘纸烧焦变色，烧化的绝缘清漆流出，弹簧脱落或断裂，电气开关的动作机构受阻失灵等，都能明显地表明故障点所在。

4. 用试验法进一步缩小故障范围

经外观检查未发现故障点时，可根据故障现象，结合电路图分析故障原因，在不扩大故障范围、不损伤电气和机械设备的前提下，进行直接通电试验，或除去负载（从控制箱接线端子板上卸下）通电试验，以分清故障可能是在电气部分还是在机械等其他部分，是在电动机上还是在控制设备上，是在主电路上还是在控制线路上。一般情况下先检查控制线路，具体做法是：操作某一只按钮或开关时，线路中有关的接触器、继电器将按规定的动作顺序进行工作。若依次动作至某一电器组件时，发现动作不符合要求，即说明该电器组件或其相关电路有问题。再在此电路中进行逐项分析和检查，一般便可发现故障。待控制线路的故障排除恢复正常后，再接通主电路，检查控制线路对主电路的控制效果，观察主电路的工作情况有无异常等。

在通电试验时，必须注意人身和设备安全。要遵守安全操作规程，不得随意触动带电部分，要尽可能切断电动机主电路的电源，只在控制线路带电的情况下进行检查；如需电动机运转，则应使电动机在空载下运行，以避免机床的运动部分发生误动作和碰撞；

要暂时隔断有故障的主电路，以免故障扩大，并预先充分估计局部线路动作后可能发生的不良后果。

5. 用测量法确定故障点

测量法是维修电工工作中用来确定故障点的一种行之有效的检查方法。常用的测试工具和仪表有校验灯、验电器、万用表、钳形电流表、绝缘电阻表等。测量法主要通过对电路带电或断电时的有关参数（如电压、电阻、电流等）进行测量，来判断电器组件的好坏、设备的绝缘情况以及线路的通断情况。随着科学技术的发展，测量手段也在不断更新。例如，在晶闸管-电动机自动调速系统中，利用示波器来观察晶闸管整流装置的输出波形、触发电路的脉冲波形，就能很快判断系统的故障所在。

在用测量法检查故障点时，一定要保证各种测量工具和仪表完好，使用方法正确，还要注意防止感应电、回路电以及其他并联支路的影响，以免产生误判断。

6. 故障修复及注意事项

当找出电气设备的故障点后，就要着手进行修复试运转、记录等，然后交付使用，但必须注意如下事项：

1）在找出故障点和修复故障时，应注意不能把找出的故障点作为寻找故障的终点，还必须进一步分析查明产生故障的根本原因。例如：在处理点动控制线路起动时熔体熔断故障时，不能轻率地更换熔体了事，而应查找熔体熔断的深层次原因，到底是熔体配置不合理，还是电动机故障导致起动电流异常，要结合相关仪器仪表进行起动环节的检测，以免再次起动烧毁熔体。

2）找出故障点后，一定要针对不同的故障情况和部位采取正确的修复方法，不要轻易采用更换电器组件和补线等方法，更不允许轻易改动线路或更换规格不同的电器组件，以防止产生人为故障。

3）在故障点的修理工作中，一般情况下应尽量做到复原。但是，有时为了尽快恢复机床的正常运行，根据实际情况也允许采取一些适当的应急措施，但绝不可凑合行事。

4）电气故障修复完毕，需要通电试运行时，应和操作者配合，避免出现新的故障。

5）每次排除故障后，应及时总结经验，并做好维修记录。

7. 故障检修记录

故障检修记录的内容可包括名称、机床型号、生产日期、编号、检修日期、故障现象、故障部位及损坏的电器、故障原因、修复措施及修复后的运行情况等，见表 3-1-1。

表 3-1-1　电气线路故障检修记录表

名　　称		机 床 型 号		生 产 日 期		编　　号	
检修日期	故障现象	故障部位及损坏的电器	故障原因		修复措施		修复后的运行情况

记录的目的：作为档案以备日后维修时参考，并通过对历次故障的分析，采取相应的有效措施，防止类似事故再次发生或对电气设备本身的设计提出改进意见等。

二、运用机床电气故障的检修方法

机床电气设备出现的故障，由于机床种类的不同有不同的特点。但对于各类机床的电气故障，一般都可以运用基本检修方法进行检修。基本检修方法包括直观法、电压测量法、电阻测量法、对比法、置换元件法、逐步开路法、强迫闭合法和短接法等。实际检修时，要综合运用上述方法。这里只介绍常用的电压测量法和电阻测量法。

1. 电压测量法

重点提醒：采用电压测量法检修设备时，必须穿戴好劳动防护品，使用绝缘良好的工具和仪表，必须单手操作，有人监护，且身体其他部位不能接触设备的金属外壳和其他零电位点。

电压测量法有电压分阶测量法和电压分段测量法两种，下面以 CA6150 型卧式车床主电动机正转控制为例分别进行介绍。

（1）电压分阶测量法　假设闭合 QF2，按下 SB3，接触器 KM1 线圈不得电。电压分阶测量法如图 3-1-1 所示，表 3-1-2 为电压分阶测量法检查故障分析表。

图 3-1-1　电压分阶测量法

机床电气故障的检修方法——电压测量法

表 3-1-2　电压分阶测量法检查故障分析表

故障现象	测量点	(1)1#—0#	(2)5#—0#	(3)3#—0#	(4)3#—0#	(5)4#—0#	(6)4#—0#	实际故障点
闭合 QF2，按下 SB3，KM1 线圈不得电	测量值 U	110V	0V	110V	110V	110V	0V	SB2 和 FR 的连接线断开，可能是"松头"或导线断线
	故障分析	控制电源无故障	故障在 1#—5# 电路中	故障在 3#—5# 电路中	3# 连接线在 SB1 和 SB2 间无断路	SB2 触头接触良好、无断路	4# 连接线在 SB2 和 FR 间断路	

使用万用表 AC 250V 挡测量。

1）测量控制电源输入端 1#—0# 测量点，即 FU2 上桩到 KM1 线圈 0# 桩间电压。控制电源的额定电压为交流 110V。若测量值为 110V，则说明控制电源无故障；若测量值为 0V，则说明控制电源有故障。检查方法如下：测量控制电源变压器二次侧 1# 桩与 KM1 线圈 0# 桩间电压，确定电源 0# 线是否断路。再测量控制电源变压器二次侧 0# 桩与 FU2 上 1# 桩间电压，确定 1# 线是否断路。运用电压分阶测量法必须在电源无故障的情况下进行（在保证控制电源变压器无故障的前提下），尤其要确保 0# 线无断路。

2）以 0# 线为参考点，测量 KM1 线圈得电回路中间段任意一点电位，以缩小故障范围。例如：测量 0# 线到 FR 下桩 5# 线，若电位为 0V，则可认定故障在 TC $\xrightarrow{1\#}$ FU2 $\xrightarrow{2\#}$ SB1 $\xrightarrow{3\#}$

SB2 $\xrightarrow{4^{\#}}$ FR $\xrightarrow{5^{\#}}$ QF2 这段电路中；若电位为 110V，则说明故障在 QF2 $\xrightarrow{6^{\#}}$ SB3 $\xrightarrow{7^{\#}}$ SA2 $\xrightarrow{8^{\#}}$ KM2 $\xrightarrow{9^{\#}}$ KM1 线圈——$0^{\#}$ 这段电路中。

故障范围可用此方法逐步缩小至一个触头两根线或两个触头一根线，便于下一步准确测出故障点。

3）在缩小了的故障范围中，以 $0^{\#}$ 线为参考点分别测量疑似故障触头和线段两端的电位。无断路应当为同电位，均为 110V。若触头未接触或连接导线断路，同一触头或一根连接线两端电位不同，即一端为 110V，另一端为 0V，这样就可准确查出故障点所在的触头和连接导线。断电后，用电阻测量法（万用表低阻挡）复查确认，并给予修复。

（2）电压分段测量法　用电压分段测量法检查测量断路故障，首先要知道闭合的触头两端和无断路导线的两端通电后应该为同电位，电压降接近于零。根据这一现象，采用电压测量法测量同一支路中的两点电压，电压值为零可视为通路，电压值接近额定电压则说明断路（负载不能在两测量点之间）。在实际排除故障时，电压分段测量法一般与电压分阶测量法配合运用。电压分段测量法对继电器的常闭触头接触不良或断线等类型的故障检查较方便。但由于测量针对性较强，测量较长的支路时易误判，例如电路中有两处断点间测得的电压为零。所以，要根据实际情况灵活运用此方法。

图 3-1-2　电压分段测量法

假设闭合 QF2，按下 SB3，接触器 KM1 线圈不得电。电压分段测量法如图 3-1-2 所示，表 3-1-3 为电压分段测量法检查故障分析表。

表 3-1-3　电压分段测量法检查故障分析表

故障现象	测 量 点	(1)$1^{\#}$—$0^{\#}$	(2)$6^{\#}$—$9^{\#}$	(3)$2^{\#}$—$6^{\#}$	(4)$2^{\#}$—$4^{\#}$	(5)$2^{\#}$—$3^{\#}$	(6)$3^{\#}$线	(7)$3^{\#}$—$4^{\#}$
闭合 QF2，按下 SB3，KM1 线圈不得电	测量值 U	110V	0V	110V	110V	0V	0V	110V
	故障分析	控制电源无故障	初步认定 $6^{\#}$—$9^{\#}$ 范围内无断路故障	初步认定 $2^{\#}$—$6^{\#}$ 范围内有断路故障	认定 $2^{\#}$—$4^{\#}$ 范围内有断路故障	认定 $2^{\#}$—$3^{\#}$ 范围内无断路故障	认定 SB1—SB2 间的 $3^{\#}$ 线无断路故障	确定 $3^{\#}$—$4^{\#}$ 间的 SB2 常闭触头断路

使用万用表 AC 250V 挡测量。

1）首先测量控制电源，控制电源变压器输出端电压为交流 110V，再测量 FU2 上桩到 KM1 线圈 $0^{\#}$ 桩间电压，也为交流 110V。若测得电压值与控制电源电压额定值不符，应及时排除电源故障（方法与电压分阶测量法相同）。只能在电源无故障的情况下采用电压分段测量法检查支路中的断路故障。

2）操作时，先检查 QF2 是否闭合，SB3 必须按下（或短接）。然后测量 TC $1^{\#}$ 桩与支路中同电位的任意一点间的电压，再测量 KM1 线圈的 $9^{\#}$ 线桩与前面测量的相同点间的电压，以判断故障范围。若测得电压值为零，可初步判定两测量点范围内无断路；若测得电压为

110V，则说明在两测量点范围内可能有断路故障。

3）以相同方法逐步缩小故障范围，对可能是故障点的触头和导线采用有针对性的分段测量，查出故障予以修复。实际故障点是主电动机停止按钮 SB2 常闭触头（3－4）接触不良，造成断路故障。

2. 电阻测量法

重点提醒：使用电阻测量法前和装、拆跨接线前必须断开电源，用验电器或万用表验电，确认无电后方可进行操作。

机床电气故障检修过程中经常运用电阻测量法检查和判断故障。常用的电阻测量法有电阻分阶测量法与电阻分段测量法两种，可根据故障类型、现场环境条件灵活采用。无论采用何种电阻测量法，都必须在断电的状况下进行，带电测量直流电阻易造成电路短路、仪表损坏等后果。

机床电气故障的检修方法——电阻测量法

电阻测量法的优点是安全，缺点是测量电阻值不准确时容易造成判断错误。为此，应注意以下几点：

1）用电阻测量法检查故障时，一定要断开电源，并在验电确认无电后进行操作。

2）如所测量的电路与其他电路并联，必须先算出并联电阻值后再测量分析，否则会出现很大的测量误差。也可以将并联支路断开，进行分别测量。

3）测导线或触头的通、断应选择"$R \times 1$"挡并调零。测量继电器线圈电阻（用电压分阶测量法时）应选择"$R \times 100$"挡并调零。若电路中有高阻元器件应根据被测值选择恰当的挡位进行测量。

4）电阻测量完毕后，及时将万用表转换开关打到交流电压最大挡，以免造成误测量而烧坏仪表。

（1）电阻分阶测量法 具体测量检查分析故障的方法如图 3-1-3 所示，电阻分阶测量法检查故障分析表见表 3-1-4。

图 3-1-3 电阻测量法示意图

表 3-1-4 电阻分阶测量法检查故障分析表

故障现象	测 量 点	(1)1#－0#	(2)5#－0#	(3)3#－0#	(4)3#－0#	(5)4#－0#	(6)4#－0#	实际故障点
闭 合 QF2，按下 SB3，KM1 线圈不得电	测量值 R	∞	40Ω	∞	∞	∞	40Ω	SB2 和 FR 间的连接线断开，可能是"松头"或导线断线
	故障分析	初步认定电路中有断路故障	可确定故障范围在 1#－5# 间	可确定故障范围在 3#－5# 间	3# 连接线在 SB1 和 SB2 间无断路	SB2 触头接触良好、无断路	4# 连接线在 SB2 和 FR 间断路	

假设闭合 QF2，按下 SB3，接触器 KM1 线圈不得电。

断开 QF2，并用验电器或万用表进行验电。再断开变压器二次侧与 FU2 的连线，闭合 QF2，按下 SB3（或短接常开触头），将万用表拨到"$R \times 100$"挡并调零，先测量 KM1 线圈直流电阻值以备分析电路之用 KM1 线圈的电阻为 40Ω 左右）。

1）测量 FU2 上桩到 KM1 线圈 0# 桩间电阻，电阻值为 ∞，可认为此电路中有断路故障。

2）测量 KM1 线圈 0# 桩与 KM1 线圈得电回路中间任意一点，根据对测量值的分析可以缩小故障范围。若测得的电阻值为 40Ω 左右，则说明 KM1 线圈 0# 桩到测量点间无断路故障，故障在 1# 到测量点之间；若测得的电阻值为 ∞，则说明此段电路有断路故障。用此方法可逐步缩小故障范围。

3）确定故障范围后，在小范围内采用逐点测量分析的方法检测出故障点，予以修复。

此方法一般用于不能通电测量的场合（故障时有短路或漏电现象并存不能合闸），或并联支路不多的较简单电路的维修。

（2）电阻分段测量法　电阻分段测量法在检查过程中与上述几种方法配合运用，它是针对某一触头的上、下桩或某一根连接导线的两端进行局部测量，通常作为故障点判定后的复查确认。

测量时，必须断电、验电后操作，测两点间电阻值（使用"$R \times 1$"挡），测得的电阻值为 0Ω 表明"通路"，测得的电阻值为 ∞ 则可认为"断路"。

总之，电气线路和设备排除故障的过程就是检查测量的过程，测量各点所得的值作为分析电路故障的依据，采用何种方法应根据故障类型、现象有针对性地选用，以达到安全、准确、快捷地排除故障的目的。

三、了解 CA6150 型卧式车床的结构和控制要求

CA6150 型卧式车床的外形图如图 3-1-4 所示，主要由床身、主轴变速箱、挂轮箱、进给箱、溜板箱、溜板与刀架、尾架、光杠和丝杠等部件组成。

图 3-1-4　CA6150 型卧式车床的外形

CA6150 型卧式车床的运动形式和控制要求如下：

车床主运动为工件的旋转运动，是主轴通过卡盘带动工件旋转，承受车削加工时的主要切削功率。一般不要求反转，但在加工螺纹时，为避免乱扣，需要反转退刀，所以要求主轴能正反转。主轴正反转是电气和机械配合实现的。

车床进给运动是溜板带动刀架的纵向和横向直线运动，其运动方式有手动和机动两种。车床溜板箱与主轴箱之间通过齿轮传动来连接，且主轴运动和进给运动由同一台电动机拖动。车床的辅助运动有刀架的快速移动及工件的夹紧与放松。

四、识读 CA6150 型卧式车床的电气控制线路

CA6150 型卧式车床的电气控制线路图如图 3-1-5 所示，具体工作原理如下：

图 3-1-5　CA6150 型卧式车床的电气控制线路图

1. 控制对象

主电动机 M1，型号为 Y132M-4，额定功率为 7.5kW。

润滑油泵电动机 M2，型号为 A05624，额定功率为 120W。

冷却泵电动机 M3，型号为 KSB-25，额定功率为 125W。

快速移动电动机 M4，型号为 YSS2534，额定功率为 250W。

四台三相异步电动机都采用直接起动的方式。

2. 电源

总电源采用三相四线制低压工频电（50Hz）L1、L2、L3（380V），作为 M1～M4 的工作电源。

控制电源由电源变压器 TC（380V/110V）提供。交流 110V 作为继电器线圈的工作电源。

照明电源由电源变压器 TC（380V/24V）提供。交流 24V 作为局部照明灯 EL 的电源。

电磁离合器电源由电源变压器 TC（380V/24V）提供。交流 24V 经二极管桥式整流输出直流电压 21.6V，作为电磁离合器的工作电源。

信号指示电源由电源变压器 TC（380V/6V）提供。交流 6V 作为通电指示灯 HL 的电源。

3. 主电路

CA6150 型卧式车床主电路中，四台三相异步电动机的工作电源及电源变压器一次侧输入电源由断路器 QF1 控制，并兼有短路、过载保护作用，熔断器 FU1 为 M3、M4 的分级短路保护。

（1）主轴电动机 M1　由接触器 KM1、KM2 控制正反转运行。

（2）润滑油泵电动机 M2　由断路器 QF2 控制单向运行，并对其实现短路、过载保护。

（3）冷却泵电动机 M3　由接触器 KM3 控制单向运行，热继电器 FR 提供过载保护。

CA6150型卧式
车床——电气
控制分析
（一）

（4）快速移动电动机 M4　由凸轮开关 SA1 控制正反转运行。

4. 控制线路

（1）主轴的正反转控制　控制前的准备如下：闭合电源开关 QF1，通电指示灯 HL 亮，主轴制动器——电磁 YB 得电。闭合润滑油泵电动机控制开关 QF2，以确保在车床运行前齿轮箱润滑系统先运行，车床控制线路中设有 QF2 常开触头（5—6），起到顺序控制作用。

主轴正反转控制过程中，主电动机 M1 的转向变换是由主令开关 SA2 来实现的，而主轴的转向与主电动机 M1 的转向无关，主轴的转向取决于操作手柄和相对应的位置开关 SQ3、SQ4、SQ5、SQ6 的触头状态及继电器、电磁离合器所产生的相应动作。

控制过程如下：将主电动机正反转主令开关 SA2 打到正转位置，按下 SB3。

```
KM1线圈得电 ──┬──►KM1常闭辅助触头（10—11）断开，与KM2实现联锁
              ├──►KM1常闭辅助触头（305—306）断开，与YC2实现联锁
              ├──►KM1常开辅助触头（6—7）闭合自锁──┐
              └──►KM1主触头闭合 ─────────────────┴──►M1正转连续运行
```

主电动机 M1 起动并正转运行，此时电磁离合器 YC1、YC2 的线圈未得电，与主电动机处于脱开状态，主轴与主电动机无机械联系，主轴不转动。

操作进给箱或溜板箱操作手柄 SQ3、SQ5 或 SQ4、SQ6，使 YC1、YC2 的线圈通过中间继电器 KA1 或 KA2 的动作而得电，主轴与主电动机建立机械联系，实现主轴的定向运行。

具体控制过程如下：

进给箱手柄"向上"操作，SQ3常开触头(14—15)闭合，同时SQ1常闭触头(7—13)和SQ2常闭触头(13—14)复位闭合 ——→KA1线圈得电 ——

——→ KA1常闭触头(14—18)断开，与KA2实现联锁

——→ KA1常闭触头(307—308)断开 ——→YB线圈失电 ——→主轴制动解除

——→ KA1常开触头(14—17)闭合自锁

——→ KA1常开触头(301—303)闭合 ——→YC2线圈得电 ——→电磁离合器动作，主轴正转

当 KM1 得电动作，主轴反转控制与正转控制相似，即进给箱手柄"向下"操作，SQ5 常开触头（18—19）闭合，同时 SQ1 常闭触头（7—13）和 SQ2 常闭触头（13—14）复位闭合。

KA2线圈得电 ——→YB线圈失电 ——→主轴制动解除

——→ YC1线圈得电 ——→电磁离合器动作，主轴反转

由上述控制过程可看出，主轴正反转是由电磁离合器与机械的配合来完成的。KM1 得电或 KM2 得电，主电动机正或反转运行，通过操作手柄都可实现主轴的正反转两个方向运行。表 3-1-5 给出了主电动机转向、主轴转向控制过程中各电气元器件之间的关系。

表 3-1-5　主电动机转向、主轴转向控制过程中各电气元器件之间的关系

SA2 开关选择	主电动机转向	操作手柄位置	手柄开关	通用继电器	电磁离合器	主轴转向
KM1 吸合	正转	向右（或向上）	SQ3（SQ4）压合	KA1 吸合	YC2 通电	正转
		向左（或向下）	SQ5（SQ6）压合	KA2 吸合	YC1 通电	反转
KM2 吸合	反转	向右（或向上）	SQ3（SQ4）压合	KA1 吸合	YC1 通电	正转
		向左（或向下）	SQ5（SQ6）压合	KA2 吸合	YC2 通电	反转

主轴正反转控制中，各继电器、电磁离合器线圈得电的电流回路如下：

1）SA2（7—8）闭合，按下 SB3，KM1 线圈得电的电流回路如下：

$$TC \xrightarrow{1^\#} FU2 \xrightarrow{2^\#} SB1 \xrightarrow{3^\#} SB2 \xrightarrow{4^\#} FR \xrightarrow{5^\#} QF2 \xrightarrow{6^\#} \begin{array}{c} SB3 \\ KM1 \end{array} \xrightarrow{7^\#}$$

（自锁支路）

$$\longrightarrow SA2 \xrightarrow{8^\#} KM2 \xrightarrow{9^\#} KM1线圈 \xrightarrow{0^\#} TC$$

2）SA2（7—10）闭合，按下 SB3，KM2 线圈得电的电流回路如下：

$$TC \xrightarrow{1^\#} FU2 \xrightarrow{2^\#} SB1 \xrightarrow{3^\#} SB2 \xrightarrow{4^\#} FR \xrightarrow{5^\#} QF2 \xrightarrow{6^\#} \begin{array}{c} SB3 \\ KM2 \end{array} \xrightarrow{7^\#} SA2 \xrightarrow{10^\#}$$

（自锁支路）

$$\longrightarrow KM1 \xrightarrow{11^\#} KM2线圈 \xrightarrow{0^\#} TC$$

CA6150型卧式车床——电气控制分析（二）

3）KM1 或 KM2 得电，SB3 或 SB4（14—15）闭合，KA1 线圈得电的电流回路如下：

$$TC \xrightarrow{1^\#} FU2 \xrightarrow{2^\#} SB1 \xrightarrow{3^\#} SB2 \xrightarrow{4^\#} FR \xrightarrow{5^\#} QF2 \xrightarrow{6^\#} KM1（KM2）\xrightarrow{7^\#} SQ1$$

$$\xrightarrow{13^\#} SQ2 \xrightarrow{14^\#} SQ3 \xrightarrow{15^\#} KA2 \xrightarrow{16^\#} KA1线圈 \xrightarrow{0^\#} TC$$

（由 SQ3 处分支：→SQ4；→KA1 $\xrightarrow{17^\#}$ SB4；→SB4）

4）KM1 或 KM2 得电，SQ5 或 SQ6（18—19）闭合，KA2 线圈得电的电流回路如下：TC ——→ 14# 是与 KA1 得电的公共电路。

$$\xrightarrow{14^\#} KA1 \xrightarrow{18^\#} SQ5 \xrightarrow{19^\#} KA2线圈 \xrightarrow{0^\#} TC$$

（由 KA1 处分支：→SQ6；→KA2）

5）KM1 和 KA1 或 KA2 相继得电后，电磁离合器线圈得电的电流回路如下：

YC1线圈得电的电流回路：$VC \xrightarrow{301^\#} KA2 \xrightarrow{305^\#} KM1 \xrightarrow{304^\#} YC1线圈 \xrightarrow{302^\#} VC$

YC2线圈得电的电流回路：$VC \xrightarrow{301^\#} KA1 \xrightarrow{303^\#} KM2 \xrightarrow{303^\#} YC2线圈 \xrightarrow{302^\#} VC$

（2）主轴的制动控制　断开 SQ1 或 SQ2 ——→ KA1 或 KA2 线圈失电——→ KA2 常闭触头（301—307）复位闭合，KA1 常闭触头（307—308）复位闭合——→电磁制动器 YB 线圈得电，实现对主轴的制动控制。

（3）主电动机的停止控制　主轴停止及制动只是主轴与主电动机脱离机械联系，主轴停转，主电动机仍旧运行。主轴停止，按下 SB1 或 SB2（两地控制）——→ KM1 或 KM2 线圈失电，KM1 或 KM2 主触点断开，主电动机失电停止运行。

（4）主轴的点动控制

主电动机运行的前提下，按下SB4 ——→SB4常闭触头(15—17)先断开切断自锁支路

——→SB4常开触头(14—15)后闭合——→KA1线圈得电——→

——→KA1常开触头(301—303)闭合——→YC2线圈得电——→主轴在主电动机的拖动下运行。

由于主轴"正点"和"反点"均是控制 KA1 线圈的得、失电，因此主轴点动转向取决于 KM1 和 MK2 的得、失电，由主令开关 SA2 控制。

松开 SB4，KA1、YC1 或 YC2 相继失电，点动控制结束。

（5）冷却泵电动机的控制

主电动机运行的前提下，闭合SA3（SA3是自锁式旋钮，能实现连续运行控制）——→KM3线圈得电——→KM3主触头闭合——→M3单向连续运行。

5. 联锁保护环节

1）主电动机 M1 正反转控制中采用主令开关手柄实现机械联锁，并利用接触器 KM1 和 KM2 的常闭辅助触头实现接触器联锁。

2）主轴正反转控制中采用操纵杆控制 SQ3、SQ4、SQ5、SQ6 实现机械联锁，利用中间继电器 KA1、KA2 的常闭触头实现继电器联锁。

3）电磁离合器 YC1 和 YC2 间，利用 KM1 和 KM2 的常开、常闭辅助触头以及 KA1 和

KA2 的常开触头实现控制线路联锁。

4）主轴运行与主轴制动控制由 KA1 和 KA2 的常开、常闭触头来实现联锁。

五、准备检修工具

1）工具：验电器、电工刀、剥线钳、尖嘴钳、斜口钳、螺钉旋具等。

2）仪表：万用表。

3）设备：CA6150 型卧式车床。

4）资料：CA6150 型卧式车床的电气控制线路图及维修记录手册（工作页）。

5）其他：跨接线若干、劳动防护用品。

CA6150型卧式车床——电气控制分析（三）

⚠️ 任务实施

1. 明确工作任务

本任务以小组为单位实施，根据班级人数将学生分为若干个小组，每组以 3 人为宜，每人应明确各自的工作任务和要求，1 人负责维修，1 人负责监护，1 人负责记录。

2. 制订维修工作计划

小组讨论分析与检修单元任务 1 内容，制订合理的工作计划。工作计划的内容包括工作环节或工作流程，每个环节内容所用的工具、材料，质量、安全和环境检测等措施，负责人员，计划工时等。工作流程包括检修故障的步骤、方法和注意事项。工作计划须提交给小组长或指导教师审核，征得同意后方可实施。

3. 观察故障现象

1）验电，合上 QF1、QF2，观察润滑油泵电动机 M2 是否工作。

2）先将主令开关 SA2 扳至"正转"位置，按下 SB3，观察接触器 KM1 是否得电吸合。再将主令开关 SA2 扳至"反转"位置，按下 SB3，观察接触器 KM2 是否得电吸合。

3）操作 SQ3 使常开触头闭合，观察 KA1 线圈是否得电吸合，再观察 YB 线圈及 YC2 线圈是否也相继得电吸合。

4）操作 SQ5 使常开触头闭合，观察 KA2 线圈是否得电吸合，再观察 YB 线圈及 YC1 线圈是否也相继得电吸合。

通过以上操作，观察结果是润滑油泵电动机 M2 能正常工作，接触器 KM1 和 KM2 及继电器 KA2 都能得电吸合，但 KA1 线圈没有得电吸合。

4. 判断故障范围

根据观察到的故障现象——KA1 无吸合动作，则说明该中间继电器线圈未得电，电源及公共回路是正常的，故障可能是 14#（SQ3 上桩）、15#、16#、0# 线断开，或者 KA2 常闭触头接触不良或损坏，或者 KA1 线圈断线或接触不良。

5. 排除故障经过

【排除故障方法一】采用电压分阶测量法。通电后以电源变压器 TC 输出端 1# 线端为基准，测量 KA1 线圈 0# 线端间电压，测得电压值为 110V，可确认 KA1 的 0# 线无断路。若测得电压值为 0V，则说明 KA1 的 0# 线有断路故障，断电后用电阻测量法复查确认并修复。确保 0# 线无断路的前提下，以 0# 线为参考点，按 KA1 线圈得电的电流回路分别测量各点电位。

先任意在回路中间测一点电位，根据测得值分析判断缩小故障范围；若测量点电位为 110V，则说明 TC 的 1# 线端到被测点无断路；若测得电位为 0V，则电路中有断路，可由此点向电源方向逐点检测；若测得一触头两端或同号线两头电位不同，可认为是断路故障点。断电后用电阻测量法复查确认并修复。

【排除故障方法二】采用电阻分阶或分段测量法。使用电阻分阶测量法前，应了解电路中各继电器线圈的直流电阻值，测量前必须先停电、验电，确保无电方可实施。具体操作方法如下：以 KA1 线圈 0# 线为基准，测量回路中除 0# 线外各点与基准点间的电阻值。若测得的电阻值等于线圈电阻值，则说明测量点到基准点无断路；若测得的电阻值为 ∞，则说明测量点到基准点有断路故障。如此可缩小故障范围。可由测量点向线圈方向逐点测量与基准点间电阻值，若测得一触头两端或同号线两头电阻值不同，可认为是断路故障点。电阻分段测量法常用于 0# 线或复查。电流回路中同电位的任意两点间都可使用此方法检测，若两点间电阻值为 0Ω，可视为通路，若两点间电阻值为 ∞，则说明此段电路中有断路现象存在。

根据测量，16# 线断开，用跨接线连接，重新试运行，主轴运转正常。

任务评价

见配套教材《电气控制线路安装与维修工作页》JX01。

任务拓展

某厂有台 CA6150 型卧式车床，合上断路器 QF1、QF2，将主令开关扳至"反转"位置，按下 SB3，并操作位置开关使 SQ6 常开触头闭合。发现主轴不能正向运转，且观察到 KM2 线圈得电吸合，KA2 线圈得电吸合，而 YC2 不得电。请分析故障原因并检修，填写好维修记录表。

检修要点提示：

1）测量电源变压器 TC 二次侧的直流 24V 电压是否达到额定值。

2）测量桥式整流器 VC 直流输出端电压值，其应符合交流电压 U_2 的有效值乘以 0.9 等于直流电压 U 的值。

3）测量电磁离合器 YC2 的线圈是否断路。

4）采用合理的测量方法应对电磁离合器 YC2 线圈得电的电流回路检测任务。

任务 2　Z3050 型摇臂钻床电气控制线路的分析与检修

任务目标

1. 了解 Z3050 型摇臂钻床的结构、性能、适用范围以及相关技术参数。

2. 能说出 Z3050 型摇臂钻床中所有元器件的名称、型号、规格以及作用和实际位置。

3. 能分析 Z3050 型摇臂钻床的电气原理图，并根据原理图正确说出操作程序、各电流回路。

4. 能判断 Z3050 型摇臂钻床是否正常工作，并根据观察到的故障现象准确判断故障范围。

5. 能运用常用的电工仪表，通过正确的检测方法，检出 Z3050 型摇臂钻床的故障点，并予以修复。

6. 能自觉、严格地执行安全操作规程，杜绝一切不安全事故的发生。

7. 能自觉遵守"7S"管理规定，做到文明操作。

任务描述

某五金加工厂，有台 Z3050 型摇臂钻床出现摇臂移动后不能夹紧的故障现象，请予以检修。具体要求如下：

1. 仔细观察运行过程。

2. 在原理图中判断故障范围，指出对应机床实际元器件的位置和电流回路。

3. 正确选用仪表与工具，并对可能出现故障的回路进行认真测量，找出故障点，予以修复。

4. 检修工时：15min。

任务分析

Z3050 型摇臂钻床为金属切削加工设备，适用于大、中型铸件、钢件上的钻孔、扩孔、绞孔平面及攻螺纹等加工，广泛适用于加工、制造行业。要完成 Z3050 型摇臂钻床的检修，首先要了解三相异步电动机单向和双向运行的控制原理，具备一定的机械和液压传动知识。在此基础上能读懂电气原理图、元器件布置图和端子排排列表。还要对各动作原理认真分析，掌握正确的操作程序，能用正确动作程序与现场设备的动作状态进行比较并快速判断故障所在区域以及电流回路，准确找到故障回路中的测量点。灵活选用电压、电阻测量法进行电气测量，并分析测量数据确定具体故障点，采用安全快捷的方法修复故障。

任务准备

一、了解 Z3050 型摇臂钻床的结构及运动形式

Z3050 型摇臂钻床的外形如图 3-2-1 所示。Z3050 型摇臂钻床主要由主轴、主轴箱、摇

图 3-2-1　Z3050 型摇臂钻床的外形

臂、内立柱、外立柱、工作台及底座组成。工作台用螺栓固定在底座上，工作台上面固定加工工件，内立柱也固定在底座上。外立柱套在内立柱上，用液压夹紧机构夹紧后，二者不能相对运动，松开夹紧机构后，外立柱用手推动可绕内立柱旋转360°。

其运动方式为主轴可旋转运动和纵向进给，主轴箱可沿摇臂径向运动，摇臂可垂直移动和回转运动。

二、明确 Z3050 型摇臂钻床电力拖动的特点及控制要求

1）摇臂钻床的运动部件较多，采用四台电动机拖动，它们分别为主轴电动机 M1、摇臂升降电动机 M2、液压泵电动机 M3、冷却泵电动机 M4，四台电动机均为小功率电动机，都采用直接起动的控制方式。

2）摇臂钻床的主轴运动和进给运动（即主轴旋转和纵向进给）皆由主轴电动机拖动，并要求主轴正反转控制、主轴变速和进给控制均由机械系统完成。

3）摇臂升降由摇臂升降电动机拖动，采用继电器控制电动机的正反转，并严格按松开→移动→夹紧这一自动程序运行。

4）液压泵由液压泵电动机拖动，采用继电器控制其正反转，利用液压泵的正反转送出不同流向的液压油，实现主轴箱、内外立柱和摇臂的夹紧、放松。

5）冷却泵电动机拖动冷却泵单向运行，冷却液循环系统对钻头和工件进行冷却。

6）为使摇臂钻床能安全可靠地运行，在电气和机械系统中采用了多种保护和联锁环节，信号指示装置实现控制和运行方式指示，局部照明采用24V 安全电压。

三、识读 Z3050 型摇臂钻床的电气控制线路

Z3050 型摇臂钻床的电气控制线路如图 3-2-2 所示，具体工作原理如下：

1. 控制对象

主轴电动机 M1，型号为 Y112 - 4，额定功率为 4kW。

摇臂升降电动机 M2，型号为 Y90L - 4，额定功率为 1.5kW。

液压泵电动机 M3，型号为 Y802 - 4，额定功率为 0.75kW。

冷却泵电动机 M4，型号为 AOB - 25，额定功率为 90W。

2. 电源

Z3050 型摇臂钻床输入总电源为三相四线制低压工频电（50Hz）L1、L2、L3（380V），由断路器 QF1 控制总电源的通、断及短路保护，控制、指示、局部照明电源均由控制变压器 TC 提供（380V/110V，24V，6V）。继电器控制电源等级为交流 110V，并由 FU1 作为短路保护。局部照明电源采用交流 24V，由 FU3 作为短路保护。指示电源为交流 6V，由 FU2 作为短路保护。

Z3050型摇臂钻床——电气控制分析（一）

电源电路中，QF2 用于手动控制冷却泵电动机 M4 的运行及短路、过载保护，QF3 用来专门控制摇臂升降电动机 M2、液压泵电动机 M3 和控制变压器一次侧的电源通断和短路保护（若 QF3 分断，除 M4 和 M1 外其余电动机均失电）。

3. 主电路

（1）主轴电动机 M1　由接触器 KM1 控制单向运行，且具有过载保护 FR1。正反转由机械系统实现。

（2）摇臂升降电动机 M2　由接触器 KM2、KM3 控制正反转。KM3 闭合、KM2 断开，电

图 3-2-2 Z3050 型摇臂钻床的电气控制线路

源和负载均为顺相序，可视为 M2 正转摇臂下降；KM2 闭合、KM3 断开，负载反相序，可视为 M2 反转摇臂上升。因摇臂上升、下降运行时间短，又为注视控制，所以可不设专门的过载保护。摇臂升、降与摇臂放松、夹紧有一定的配合关系，这是由控制线路来保证的。

（3）液压泵电动机 M3　由接触器 KM4、KM5 控制正反转。KM5 闭合、KM4 断开，M3 正转；KM4 闭合、KM5 断开，M3 反转。热继电器 FR2 实现了对 M3 的过载保护。

（4）冷却泵电动机 M4　由 QF2 手动控制单向运行。

4. 控制线路

（1）主轴电动机的控制　选择主轴变速正、反转手柄位置，闭合 QF1、QF2、QF3，冷却泵电动机 M4 工作，指示灯 HL1 亮，表明设备已接通电源。

1）主轴的起动控制。按下主轴起动按钮 SB3：

KM1线圈得电 ┬━━➤ KM1常开辅助触头（605—617）闭合 ━━➤ 主轴起动指示灯HL2亮
　　　　　　├━━➤ KM1常开辅助触头（9—11）闭合自锁 ━━━━━━┐
　　　　　　└━━➤ KM1 主触头闭合 ━━━━━━━━━━━━━➤ M1连续运行

主轴的正反转与变速由机械和液压系统来控制。

KM1 得电主轴运行的控制回路如下：TC $\xrightarrow{1\#}$ FU1 $\xrightarrow{3\#}$ SB1 $\xrightarrow{7\#}$ SB2 $\xrightarrow{9\#}$ SB3（起动）$\xrightarrow{11\#}$
　　　　　　　　　　　　　　　　　　　　　　　　　　　　└━➤ KM1（自锁）┘

$\longrightarrow$ KM1线圈 $\xrightarrow{13\#}$ FR1 $\xrightarrow{0\#}$ TC

2）主轴的停止控制。按下主轴停止按钮 SB2：

KM1线圈失电 ┬━━➤ KM1常开辅助触头（605—617）断开 ━━➤ 主轴起动指示灯HL2灭
　　　　　　├━━➤ KM1常开辅助触头(9—11)断开，解除自锁
　　　　　　└━━➤ KM1主触头断开 ━━➤ M1失电

紧急停止按钮 SB1（3—7）为红色可自锁蘑菇按钮，在需迅速停止的情况下操作。

（2）摇臂的升、降控制　操作摇臂升、降移动前，摇臂与立柱应处于夹紧状态。夹紧、放松信号开关 SQ4 的触头（605—613）闭合，触头（605—615）断开，夹紧指示灯 HL4 亮，松开指示灯 HL3 灭。夹紧开关 SQ3 的常闭触头（7—47）为断开状态。摇臂升、降属于点动注视控制。

摇臂上升控制过程分三个阶段：摇臂松开阶段、摇臂上升阶段和摇臂夹紧阶段。

按下上升按钮SB4 ┬━━➤ SB4-2常闭触头（19—27）先断开，与KM3实现联锁
　　　　　　　　└━━➤ SB4-1常开触头（7—15）后闭合 ━━➤

$\longrightarrow$ KT1线圈得电 ┬━━➤ KT1常闭瞬时触头（53—55）断开，与KT2、KT3实现联锁
　　　　　　　　　├━━➤ KT1瞬时断开延时闭合触头（47—49）断开，与KM5实现联锁
　　　　　　　　　└━━➤ KT1常开瞬时触头（31—33）闭合 ━━➤

$\longrightarrow$ KM4线圈得电 ┬━━➤ KM4常闭辅助触头（49—51）断开，与KM5实现联锁
　　　　　　　　　└━━➤ KM4主触头闭合 ━━➤ 液压泵电动机M3反转运行

液压油经分配阀进入摇臂松、夹油缸的松开油腔，并推动活塞和菱形块使摇臂松开。

随着摇臂的松开，通过液压和机械的作用，夹紧开关 SQ3 常闭触头（7—47）复位闭合，为 KM5 得电作准备。SQ4 常闭触头（605—613）断开，夹紧指示灯 HL4 熄灭，SQ4 常开触头（605—615）闭合，放松指示灯 HL3 亮。同时，活塞杆通过弹簧片压迫限位开关 SQ2，使

Z3050型摇臂钻床——电气控制分析（二）

SQ2-2常闭触头（17—31）断开 → KM4线圈失电 → KM4主触头断开，M3失电，摇臂放松结束
　　　　　　　　　　　　　　　　　　　　 → KM4常闭辅助触头（49—51）复位闭合，为KM5得电准备

SQ2-1常开触头（17—19）闭合 → KM2线圈得电 → KM2常闭辅助触头（27—29）断开，与KM3实现联锁
　　　　　　　　　　　　　　　　　　　　 → KM2主触头闭合 → 摇臂升降电动机M2反转，带动摇臂上升

上述控制过程完成了摇臂放松和上升两个阶段。

1）摇臂由放松到上升过程中，继电器得失电顺序如下：

按下SB4 —→ KT1得电 —→ KM4得电 $\xrightarrow{\text{摇臂松开后}}$ KM4失电 —→ KM2得电

2）各继电器得电的电流回路如下：

a）KT1 线圈得电的电流回路（见图3-2-3a）如下：

TC $\xrightarrow{1^{\#}}$ FU1 $\xrightarrow{3^{\#}}$ SB1 $\xrightarrow{7^{\#}}$ SB4-1 $\xrightarrow{15^{\#}}$ SQ1a $\xrightarrow{17^{\#}}$ KT1线圈 $\xrightarrow{0^{\#}}$ TC

b）KM4 线圈得电的电流回路（见图3-2-3b）如下：

TC $\xrightarrow{1^{\#}}$ FU1 $\xrightarrow{3^{\#}}$ SB1 $\xrightarrow{7^{\#}}$ SB4-1 $\xrightarrow{15^{\#}}$ SQ1a $\xrightarrow{17^{\#}}$ SQ2-2 $\xrightarrow{31^{\#}}$ KT1 $\xrightarrow{33^{\#}}$ KT2 $\xrightarrow{35^{\#}}$ KK5 $\xrightarrow{37^{\#}}$

KM4线圈 $\xrightarrow{43^{\#}}$ FR2 $\xrightarrow{0^{\#}}$ TC

c）KM2 线圈得电的电流回路（见图3-2-3c）如下：

TC $\xrightarrow{1^{\#}}$ FU1 $\xrightarrow{3^{\#}}$ SB1 $\xrightarrow{7^{\#}}$ SB4-1 $\xrightarrow{15^{\#}}$ SQ1a $\xrightarrow{17^{\#}}$ SQ2-1 $\xrightarrow{19^{\#}}$ SQ5-2 $\xrightarrow{21^{\#}}$ KM3 $\xrightarrow{23^{\#}}$ KM2线圈

$\xrightarrow{0^{\#}}$ TC

图 3-2-3　摇臂控制的电流通道

a）KT1 线圈得电的电流回路　b）KM4 线圈得电的电流回路　c）KM2 线圈得电的电流回路

注：SQ1a 和 SQ1b 分别是摇臂上、下移动的极限位置开关。

摇臂上升到所需高度后，释放上升按钮 SB4，使其触头复位，即 SB4-1 常开触头
（7—15）断开 ──→ KM2 线圈失电 ──→ KM2 主触头断开，摇臂升降电动机 M2 失电
　　　　　　　　　　　　　　　　 ──→ KM2 常闭辅助触头（27—29）闭合，解除联锁，
　　　　　　　　　　　　　　　　　　　 并为 KM3 得电准备
　　　　　　　 ──→ KT1 线圈失电 ──→ KT1 常开瞬时触头（31—33）断开
　　　　　　　　　　　　　 经整定时间 ──→ KT1 瞬时断开延时闭合触头（47—49）闭合

由于 KM4 失电后常闭辅助触头(49—51)已闭合，且 SQ3（7—47）在机械的作用下也已闭合，
KM5 线圈得电 ──→ KM5 常闭辅助触头（35—37）断开，与 KM4 实现联锁
　　　　　　 ──→ KM5 主触头闭合 ──→ 液压泵电动机 M3 正转，并通过液压和机械
　　　　　　　　　　　　　　　　　　　 系统使摇臂与立柱夹紧

随着摇臂与立柱夹紧到位后，活塞杆通过弹簧片压迫限位开关 SQ3，SQ3 常闭触头（7—47）
断开 ──→ KM5 线圈失电 ──→ KM5 主触头断开，液压泵电动机 M3 失电，夹紧结束
　　　　　　　　　　　　 ──→ KM5 线圈失电，KM5 常闭辅助触头（35—37）闭合，解除
　　　　　　　　　　　　　　 联锁，并为 KM4 再次得电作准备

夹紧的同时，在液压和机械的作用下，SQ4 常开触头（605—615）断开，常闭触头（605—613）闭合，夹紧指示灯 HL4 亮。行程开关 SQ2-1 常开触头（17—19）断开，常闭触头（17—31）闭合，为再次升降作准备。

上述控制过程完成了摇臂的夹紧过程。

1）释放上升按钮 SB4，继电器得失电顺序如下：

松开 SB4 ──→ KM2 线圈失电，摇臂上升结束
　　　　 ──→ KT1 线圈失电 ─经整定时间→ KM5 线圈得电 ─夹紧后→ KM5 线圈失电

2）KM5 线圈得电的电流回路如下：

TC ─1#→ FU1 ─3#→ SB1 ─7#→ SQ3 ─47#→ KT1 ─49#→ KM4 ─51#→ KM5 线圈 ─43#→ FR2 ─0#→ TC

摇臂下降控制与上升控制原理相似。摇臂下降前为夹紧状态，即 SQ3 常闭触头（7—47）被压迫断开，SQ2-1 常开触头（17—19）断开，SQ2-2 常闭触头（17—31）闭合，SQ4 松开。夹紧限位指示开关被压迫，SQ4 常闭触头（605—613）断开，常开触头（605—615）闭合，夹紧指示灯 HL3 亮。

摇臂下降过程中继电器得失电顺序如下：

按下 SB5 ──→ KT1 线圈得电 ──→ KM4 线圈得电 ─松开后→ KM4 线圈失电 ─到位后→
　　　　　　　　　　　　　　　　　　　　　　 ──→ KM3 线圈得电
──→ 松开 SB5 ──→ KM3 线圈失电 ──→ KM5 线圈得电 ──→ KM5 线圈失电
　　　　　　 ──→ KT1 线圈失电

（3）主轴箱与立柱的松开、夹紧控制　在实际加工中摇臂与立柱要回转运行，此时要求摇臂与外立柱处于夹紧状态，而内立柱和外立柱处于松开状态，可以推动摇臂使外立柱绕内立柱旋转。立柱的松开、夹紧主要靠液压控制的立柱松开、夹紧装置。手动操作主轴箱在摇臂的水平导轨上移动到适当位置，则主轴箱与摇臂要松开，所以，主轴箱也要求有液压控制的立柱松

Z3050 型摇臂
钻床——电气
控制分析
（三）

开、夹紧装置。立柱与主轴箱夹紧与放松的电气控制线路是相同的。

松开延时控制顺序如下：

按下按钮SB6 → SB6-2常闭触头（39—45）先断开，与KM5实现联锁

→ SB6-1常开触头（7—53）后闭合 →

KT2线圈得电 → KT2常闭瞬时触头（33—35）断开，与KT1实现联锁

→ KT2瞬时闭合延时断开常开触头（7—57）闭合,电磁阀YA线圈得电,打开液压油通道

→ KT2常开瞬时触头（35—41）闭合，为KM4得电作准备

KT3线圈得电 → KT3常开瞬时触头（45—47）闭合，为KM5得电作准备

经整定时间 → KT3瞬时断开延时闭合常开触头（7—39）闭合 →

KM4线圈得电 → KM4常开辅助触头（49—51）断开，与KM5实现联锁

→ KM4主触头闭合，液压泵电动机M3反转，送出松开向液压油，使主轴箱与立柱松开

松开延时控制过程中继电器得失电顺序如下：

按下SB6 → KT2线圈得电 → 电磁阀YA线圈得电 → 主轴箱与立柱松开

→ KT3线圈得电 经整定时间 KM4线圈得电

松开延时控制过程中各继电器线圈得电的电流回路如下：

1）KT2 和 KT3 线圈得电的电流回路（见图 3-2-4a）如下：

$TC \xrightarrow{1^{\#}} FU1 \xrightarrow{3^{\#}} SB1 \xrightarrow{7^{\#}} SB6-1 \xrightarrow{53^{\#}} KT1 \xrightarrow{55^{\#}} KT2线圈 \xrightarrow{0^{\#}} TC$

→ KT2线圈

2）YA 线圈得电的电流回路（见图 3-2-4b）如下：

$TC \xrightarrow{1^{\#}} FU1 \xrightarrow{3^{\#}} SB1 \xrightarrow{7^{\#}} KT2 \xrightarrow{57^{\#}} YA线圈 \xrightarrow{0^{\#}} TC$

3）KM4 线圈得电的电流回路（见图 3-2-4c）如下：

$TC \xrightarrow{1^{\#}} FU1 \xrightarrow{3^{\#}} SB1 \xrightarrow{7^{\#}} KM3(延时闭合后) \xrightarrow{39^{\#}} SB7-2 \xrightarrow{41^{\#}} KT2 \xrightarrow{35^{\#}} KM5 \xrightarrow{37^{\#}} KM4线圈$

$\xrightarrow{43^{\#}} FR2 \xrightarrow{0^{\#}} TC$

图 3-2-4 主轴箱与立柱的电流通道

a）KT2 和 KT3 线圈得电的电流回路 b）YA 线圈得电的电流回路 c）KM4 线圈得电的电流回路

夹紧延时控制顺序如下：

释放按钮SB6 ——→ SB6常开触头（7—53）断开——→

┌——→ KT3线圈失电 ——→ KT3常开瞬时触头（45—47）断开，切断KM4联络支路
│   └——→ KT3瞬时断开延时闭合常开触头（7—39）断开——→

├——→ KM4线圈失电 ——→ KM4主触头断开，M3失电（放松结束）
│   └——→ KM4常闭辅助触头（49—51）闭合——→

├——→ KM5线圈得电 ——→ KM5常闭辅助触头（35—37）断开，与KM4实现联锁
│   └——→ KM5主触头闭合，液压泵电动机M3正转，并通过液压系统送出
│   反向液压油，使主轴箱与立柱夹紧。完成夹紧后，夹紧限位开关
│   SQ3常闭触头（7—47）在机械的作用下断开——→

├——→ KM5线圈失电 ——→ KM5主触头断开，液压泵电动机M3失电（夹紧结束）
│   └——→ KM5常闭辅助触头（35—37）闭合，解除联锁

└——→ KT2线圈失电 ——→ KT2常闭瞬时触头（33—35）闭合
                     ├——→ KT2常开瞬时触头（35—41）断开，切断KM4联络支路
                     └——→ KT2瞬时闭合延时断开常开触头（7—57）延时断开——→

——→ YA线圈失电 ——→ 切断液压油路，主轴箱与立柱的放松、夹紧结束

立柱与主轴箱的夹紧延时控制过程与放松延时控制过程相似，即

按下SB7 ┬——→ KT2线圈得电 ——————→ YA线圈得电 ——┐
        │   ├——→ 开始夹紧
        └——→ KT3线圈得电 —经整定时间→ KM5线圈得电 ——┘

释放SB7 ┬——→ KT3线圈失电 ——————→ KM5线圈失电 ——┐
        │   ├——→ 结束夹紧
        └——→ KT2线圈失电 —经整定时间→ YA线圈失电 ——┘

（4）局部照明与信号指示电路

EL：机床局部照明灯，电源电压为交流24V。FU3作为局部照明回路的短路保护。

HL1：控制电源指示灯，电源电压为交流6V。

HL2：主轴电动机M1运行指示灯，电源电压为交流6V，由KM1常开辅助触头控制。

HL3、HL4：摇臂、立柱松开、夹紧指示灯，电源电压为交流6V，由限位开关SQ4控制。

信号指示回路均由FU2作为短路保护。

（5）联锁保护环节

1）摇臂的松开、夹紧和上升、下降，以及主轴箱和立柱的延时松开、夹紧，都采用按钮接触器双重联锁的点动控制。

2）使用夹紧限位开关SQ3和SQ2来保证摇臂移动时先松开、再移动、后夹紧的运行顺序。

3）使用KT1进行断电延时控制，是为了保证摇臂升降电动机M2完全停转后才开始实

施自动夹紧运行，以避免电动机过载运行和减少机械磨损。

4）SQ1a 和 SQ1b 为摇臂上升、下降的极限位置保护。

5）主轴箱与立柱延时松开、夹紧时间继电器 KT2、KT3 保证电磁阀 YA 先动作、M2 后运行，以及 M2 先停止、电磁阀后失电，避免液压泵电动机过载运行。

6）SQ5 是电源箱门限位开关，只能在关闭电源箱后方可送电至机床电气控制柜。

四、准备检修工具

1）工具：验电器、电工刀、剥线钳、尖嘴钳、斜口钳、螺钉旋具等。

2）仪表：万用表。

3）设备：Z3040 型摇臂钻床。

4）资料：Z3040 型摇臂钻床的电气控制线路图及维修记录手册（工作页）。

5）其他：跨接线若干，劳动防护用品。

任务实施

1. 组建维修工作小组

本任务以小组为单位实施，根据班级人数将学生分为若干个小组，每组以 3 人为宜，每人应明确各自的工作任务和要求，1 人负责维修，1 人负责监护，1 人负责记录。

2. 制订工作计划

小组讨论分析与维修单元任务 2 的维修内容，制订合理的工作计划。工作计划的内容包括工作环节或工作流程，每个环节内容所用的工具、材料，质量、安全和环境检测等措施，负责人员，计划工时等。工作流程包括检修故障的步骤、方法和注意事项。工作计划须提交给小组长或指导教师审核，征得同意后方可实施。

3. 观察故障现象

1）验电。闭合 QF1、QF2、QF3，观察冷却泵电动机是否工作，指示灯 HL1 是否亮。如果灯亮了，表明设备已接通电源。

2）按下 SB4，观察摇臂是否能上升（KT1、KM4、KM2 是否相继得电）；松开 SB4，观察摇臂是否与立柱夹紧（KM5 是否得电）。

3）按下 SB5，观察摇臂是否能下降（KT1、KM4、KM3 是否相继得电）；松开 SB4，观察摇臂是否与立柱夹紧（KM5 是否得电）。

观察结果：操作 SB4 或 SB5，摇臂能上升和下降，但移动到需要的位置，不能夹紧，接触器 KM5 始终没有得电。

4. 确定故障范围

接触器 KM5 的线圈没有得电，则故障在 KM5 线圈支路中，其电流通道如图 3-2-5 所示。

5. 排除故障经过

用电阻分段测量法检测。断开 QF1，将万用表的转换开关拨至"$R \times 1$"挡并调零，检查夹紧限位开关 SQ3 常闭触头（7—47）、KT1 常闭触头（47—49）、KM4 常闭触头（49—51）、KM5 线圈的电器部位。检查相关触头与接线，调整开关位置。

图 3-2-5　摇臂夹紧支路的电流通道

经查，故障点为 SQ3 常闭触头，其断开无法接通，导致 KM5 线圈始终不能得电。

更换 SQ3 后，重新试运行，工作正常。

任务评价

见配套教材《电气控制线路安装与维修工作页》JX02。

任务拓展

一台 Z3050 型摇臂钻床，按下 SB4 或 SB5，摇臂松开后摇臂仍不能作升、降运动。请分析故障原因，完成检修，并填写检修记录单。

【检修提示】

1. 故障原因分析

1）行程开关 SQ2 动作不正常。摇臂松开后，SQ2 - 1（17—19）未闭合，安装位置有移动。

2）摇臂升降电动机 M2 的正、反转控制接触器 KM2、KM3 的相关公共控制线路有断路故障。

3）摇臂升或降单方向不能运动。极限位置开关 SQ1a 或 SQ1b 的触头未闭合，或摇臂上升和下降控制的独立电路有故障。

2. 排除故障方法

1）调整行程开关 SQ2 的位置，使摇臂松开后 SQ2 - 2（17—31）断开、SQ2 - 1（17—19）闭合。

2）检查摇臂升降电动机 M2 是否断相。

对 KM2、KM3 的相关公共控制线路进行测量分析：

$$7^{\#} \begin{cases} \rightarrow SB4-1 \xrightarrow{15^{\#}} SQ1a \\ \rightarrow SB5-1 \xrightarrow{25^{\#}} SQ1b \end{cases} \xrightarrow{17^{\#}} SQ2-1 \rightarrow 19^{\#}$$

3）摇臂松开后不能上升，检查摇臂上升极限位置开关 SQ1a 是否有断路，KM2 线圈得电回路是否有断路。

摇臂松开后不能下降，检修方法与上述类似，即检查摇臂下降控制回路的独立电路有无断路。

任务 3　M7130 型平面磨床电气控制线路的分析与检修

任务目标

1. 了解 M7130 型平面磨床的结构、性能、适用范围以及相关技术参数。

2. 能说出 M7130 型平面磨床中所有元器件的名称、型号、规格以及作用和实际位置。

3. 能分析 M7130 型平面磨床的电气原理图，并根据原理图正确说出操作程序、各电流回路。

4. 能判断 M7130 型平面磨床是否正常工作，并根据观察到的故障现象准确判断故障范围。

5. 能运用电工仪表，通过正确的检测方法，检出 M7130 型平面磨床的故障点，并予以修复。

6. 能自觉、严格地执行安全操作规程，杜绝一切不安全事故的发生。

7. 能自觉遵守"7S"管理规定，做到文明操作。

任务描述

一台 M7130 型平面磨床通电运行时，电源正常，操作按钮后所有电动机都不能起动。

1. 仔细观察运行过程，确认故障现象。

2. 根据故障现象判断故障范围，指出对应的实际机床相关元器件的位置和控制回路。

3. 正确选用仪表、工具，并对可能出现故障的区域进行仔细测量，查出故障点，予以修复。

4. 检修工时：15min。

任务分析

磨床是用磨具或磨料（如砂轮、砂带、研磨剂等）对工件进行表面加工的精密机床。磨床种类很多，M7130 型平面磨床是典型的磨床。要完成 M7130 型平面磨床的检修，首先要了解三相异步电动机的基本控制线路，具备一定的液压传动和电工电子方面的知识和技能。在此基础上能读懂电气原理图、元器件布置图和端子排排列表。还要对各动作原理认真分析，掌握正确的操作程序，用正确动作程序与现场设备的动作状态进行比较并快速判断故障所在区域以及电流回路，准确找到故障回路中的测量点。灵活选用电压、电阻测量法进行电气测量，并分析测量数据确定具体故障点，采用安全快捷的方法修复故障。

任务准备

一、了解 M7130 型平面磨床的主要结构和运动形式

图 3-3-1 是 M7130 型平面磨床的外形和结构示意图。M7130 型平面磨床主要由立柱、滑座、砂轮箱、电磁吸盘、工作台和床身等组成。

图 3-3-1　M7130 型平面磨床的外形和结构示意图
a）外形　b）结构示意图

M7130 型平面磨床的运动方式如下：砂轮的旋转是主运动，工作台的左右移动为进给运动，砂轮箱的上下前后进给均为辅助运动。工作台每完成一次往返运动，砂轮箱作一次间断性的横向进给；当加工完整个平面后，砂轮箱作一次间断性的垂向进给。

二、明确 M7130 型平面磨床的电气控制特点

M7130 型平面磨床采用多台电动机拖动，其拖动特点及控制要求如下：

1）砂轮通常由两极笼型三相异步电动机拖动，不需调速，直接起动，单向连续运行。

2）砂轮箱的纵向和横向进给采用液压传动。由一台三相异步电动机驱动液压泵，电气控制电动机单向连续运行，直接起动，无调速、反转等要求。

3）一台三相异步电动机拖动冷却泵，给磨床加工提供冷却液。电气控制电动机单向连续运行，直接起动。

4）平面磨床采用电磁吸盘来吸持工件，并有退磁环节和弱磁保护。

5）具有各种常规的电气保护环节和安全局部照明装置。

三、识读 M7130 型平面磨床的电气控制线路

M7130 型平面磨床的电气控制线路如图 3-3-2 所示。

图 3-3-2　M7130 型平面磨床的电气控制线路

1. 控制对象

主电动机（砂轮电动机）M1，型号为 Y112M‑2，额定功率为 4kW。

冷却泵电动机 M2，型号为 KSB‑25，额定功率为 125W。

液压泵电动机 M3，型号为 Y802‑4，额定功率为 750W。

由于三台电动机均为小功率电动机，所以都采用直接起动的控制方式。

2. 电源

M7130 型平面磨床的输入总电源为三相四线制低压工频电（50Hz），即 L1、L2、L3（380V），由组合开关 QS1 控制。熔断器 FU1 作为总短路保护并兼有电气隔离作用。

控制电源采用交流 127V，由电源变压器 TC（380V/127V）供给。熔断器 FU2 作为控制线路的短路保护。

电磁吸盘的输入电源（交流 127V）由电源变压器 TC（380V/127V）供给。熔断器 FU3 作为电磁吸盘电路交流侧的短路保护。

局部照明电源采用安全电压（交流 12V），由电源变压器 TC（380V/12V）供给。熔断器 FU4 作为局部照明电路的短路保护。

M7130型平面磨床——电气控制分析（一）

3. 主电路

砂轮电动机 M1 由接触器 KM1 控制其单向连续运行。热继电器 FR1 对 M1 实现过载保护。冷却泵电动机 M2 与 M1 主电路之间由插接器（X1）连接，当 M1 运行后，需要冷却时对 M2 进行手动控制。热继电器 FR2 对 M2 实现过载保护。

液压泵电动机 M3 由接触器 KM2 控制其单向连续运行。热继电器 FR3 对 M3 实现过载保护。

M7130型平面磨床——电气控制分析（二）

4. 控制线路

（1）砂轮电动机 M1 的控制　闭合 QS1 接通总电源，将电磁吸盘旋钮 SA2 打到"充磁"位置。在充磁状态时，SA2（3—4）断开，SA2（16—18）和（17—20）闭合，实现欠电压（弱磁）保护。只有在电磁吸盘的磁力（磁动势）足以吸持工件的前提下，才允许起动砂轮电动机进行磨削加工，否则会造成在加工过程中由于电磁吸力不足而发生工件"飞出"伤人事故。所以，平面磨床中设置的欠电压（弱磁）保护是必不可少的安全措施，即

SA2 打到"充磁"位置——→ K1 线圈得电 ——→ K1（3—4）触头闭合——→实现电磁吸盘的欠电压（弱磁）保护，并为 KM1、KM2 得电作准备

砂轮电动机 M1 的起停控制：

按下SB2——→KM1线圈得电 ——→KM1常开辅助触头（4—5）闭合自锁——
　　　　　　　　　　　　 ——→KM1主触头闭合——

——→砂轮电动机M1单向连续运行

按下SB3——→KM1线圈失电 ——→KM1常开辅助触头断开，解除自锁——→M1失电
　　　　　　　　　　　　 ——→KM1主触头断开

KM1 线圈得电的电流回路如下：

TC —$\overset{1^{\#}}{\longrightarrow}$— FU2 —$\overset{2^{\#}}{\longrightarrow}$— SB1 —$\overset{3^{\#}}{\longrightarrow}$— K1 —$\overset{4^{\#}}{\longrightarrow}$— SB2 —$\overset{5^{\#}}{\longrightarrow}$— SB3 —$\overset{6^{\#}}{\longrightarrow}$— KM1线圈 —$\overset{9^{\#}}{\longrightarrow}$
　　　　　　　　　 └—→ SA2 ———— KM1 —┘

—→ FR1 —$\overset{10^{\#}}{\longrightarrow}$— FR2 —$\overset{11^{\#}}{\longrightarrow}$— FR3 —$\overset{12^{\#}}{\longrightarrow}$— FU2 —$\overset{24^{\#}}{\longrightarrow}$— TC

（2）液压泵电动机 M3 的控制

按下SB4 ——→ KM2线圈得电 ——→ KM2常开辅助触头（4—7）闭合自锁 ——→
　　　　　　　　　　　　　 ——→ KM2主触头闭合 ——→

——→ 液压泵电动机M2单向连续运行

按下SB5 ——→ KM2线圈失电 ——→ KM2常开辅助触头断开，解除自锁 ——→ M2失电
　　　　　　　　　　　　　 ——→ KM2主触头断开 ——→

按下 SB1，KM1、KM2 均失电。

KM2 线圈得电的电流回路如下：

TC —1#→ FU2 —2#→ SB1 —3#→ K1 —4#→ SB4 —7#→ SB5 —8#→ KM2线圈 —9#→
　　　　　　　　　 ——→ SA2 ——→ KM2

——→ FR1 —10#→ FR2 —11#→ FR3 —12#→ FU2 —24#→ TC

M7130型平面磨床——电气控制分析（三）

（3）电磁吸盘的控制

1）电磁吸盘的结构与工作原理。电磁吸盘的线圈通电后产生电磁吸力，以吸持铁磁性材料的工件进行磨削加工。与机械夹具相比较，电磁吸盘具有操作简便、不损伤工件的优点，特别适用于同时加工多个小工件。采用电磁吸盘的另一优点是工件在磨削时发热能够自由伸缩，不至于变形。但是电磁吸盘下不能吸持非铁磁性材料的工件，而且其线圈还必须使用直流电。图 3-3-3 为电磁吸盘的结构示意图。

工件
隔磁层
钢制盖板
线圈
钢制吸盘体

图 3-3-3　电磁吸盘的结构示意图

2）电磁吸盘控制线路。电源变压器 TC 将交流 380V 降至 127V 后，经二极管桥式整流变成 110V 直流电压供给电磁吸盘 YH。SA2 是控制电磁吸盘电源的转换开关，待加工时，将 SA2 扳到"充磁"位置，SA2（16—18）、（17—20）闭合，SA2（3—4）断开，并向电磁吸盘线圈供给直流电源，使电磁吸盘线圈得电产生磁吸力将工件牢牢吸持。加工完毕后，将 SA2 扳到"放松"位置，SA2（16—18）、（17—20）断开，电磁吸盘线圈失电，失去电磁吸力，可将工件取下或移动。如果工件有剩磁难以移动，则可将 SA2 扳到"退磁"位置，SA2（16—19）、（17—18）闭合，SA2（3—4）闭合，此时电磁吸盘线圈通过反向电流产生反向磁场，对工件进行退磁。值得注意的是，这时要控制退磁的时间，否则工件会因反向充磁而重新被吸住。在退磁回路中的电位器 R_2 用于调节退磁的反向励磁电流。

电磁吸盘的充磁、退磁信号指示采用了 LED 信号灯，由信号指示电路可判别电磁吸盘在充磁、退磁时直流电流的方向。充磁时，18# 为正极，20# 为负极；退磁时，极性相反，电流方向也相反。

采用电磁吸盘的磨床还配有专用的交流退磁器，使用时采用插座（X2）与两相 380V 电源连接。接通电源后，线圈通入交流电流，在磁靴上产生交变磁场。若加工完成后工件经退磁仍有剩磁，可将工件在交流退磁器的磁靴上来回移动若干次，即可达到去磁要求。

若待加工工件为非铁磁材料，可采用机械夹具固定工件。操作时应先把电磁吸盘转换开

关 SA2 打到"退磁"位置，即 SA2 的（16—19）、（17—18）和 SA2（3—4）都处于闭合状态，才可以起动砂轮电动机和液压泵电动机。

5. 联锁保护环节

（1）电磁吸盘的充磁环节　当采用电磁吸盘吸持工件时，电磁吸盘必须先得电充磁，牢牢地将工件吸持后才可进行磨削加工。

操作顺序：闭合 QS1 ——→ SA2 打到"充磁"位置——→按下 SB2 和 SB4 ——→ M1、M3 运行

为了防止误操作而发生安全事故，电路中设置了电磁吸盘与砂轮运行的联锁保护。将电磁吸盘直流电源欠电压保护继电器 K1 的常开触头（3—4）设置在 KM1、KM2 线圈得电的公共回路中，以达到只有在充磁完成后，才能起动砂轮电动机这一顺序控制和联锁的目的。

（2）电磁吸盘的保护环节

1）阻容吸收器。在电磁吸盘交流电源输入端并联 R_1、C_1 串联支路，其作用是由电容吸收过电压，转换为电场，再通过电阻放电，保护整流二极管不会因反向电压过高而击穿损坏。在电磁吸盘两端还并联了 R_5、C_2 串联支路，这是因为电磁吸盘线圈属感性负载，当断电的瞬间电流发生突变，通过电磁感应电感回路中储存的磁场能量转换成自感电动势，在回路中产生较高的瞬时反向过电压，它不仅会击穿电磁吸盘的线圈，而且容易击穿整流管，导致电磁吸盘在欠电压（或欠电流）状态下吸持不住工件发生安全事故。R_5、C_2 串联支路的作用是在电磁吸盘断电瞬间给线圈提供放电通路，吸收线圈释放的磁场能量，保护电磁吸盘和其他电器。

2）欠电压保护。在电磁吸盘的直流回路中，为电磁吸盘线圈并联一欠电压继电器 K1。若电磁吸盘的直流回路电压达到额定值，欠电压继电器 K1 线圈得电动作，K1 常开触头（3—4）闭合，连通 KM1、KM2 线圈得电回路。如果因某种原因电磁吸盘的直流回路电压达不到额定值（欠电压低于85%），K1 常开触头（3—4）复位断开，切断 KM1、KM2 线圈得电回路，以保护砂轮不在电磁吸盘磁吸力不足的情况下磨削工件。

当电磁吸盘放松时，欠电压继电器 K1 的线圈失电，K1 常开触头（3—4）不闭合。

电磁吸盘磁吸力与砂轮运行间的顺序控制及联锁保护也可用欠电流继电保护装置来实现。

> **想一想**：欠电流继电器与电磁吸盘如何连接？有什么好处？

四、准备检修工具

1）工具：验电器、电工刀、剥线钳、尖嘴钳、斜口钳、螺钉旋具等。

2）仪表：万用表。

3）设备：M7130 型平面磨床。

4）资料：M7130 平面磨床的电气控制线路图及维修记录手册（工作页）。

5）其他：跨接线若干，劳动防护用品。

任务实施

1. 明确工作任务

本任务以小组为单位实施，根据班级人数将学生分为若干个小组，每组以 3 人为宜，每人应明确各自的工作任务和要求，1 人负责维修，1 人负责监护，1 人负责记录。

2. 制订工作计划

小组讨论分析与维修单元任务 3 的维修内容，制订合理的工作计划。工作计划的内容包括工作环节或工作流程，每个环节内容所用的工具、材料，质量、安全和环境检测等措施，负责人员，计划工时等。工作流程包括检修故障的步骤、方法和注意事项。工作计划须提交给小组长或指导教师审核，征得同意后方可实施。

3. 观察故障现象

验电后，合上 QS1，SA2 转换至"充磁"位置时，按下 SB2 或 SB4，KM1、KM2 线圈都不能得电。将 SA2 扳至"退磁"位置，按下 SB2 或 SB4，KM1、KM2 线圈都能得电，砂轮和液压泵电动机运行正常。

4. 确定故障范围

SA2 扳至"退磁"位置时运行状态正常，扳至"充磁"位置时 KM1、KM2 线圈均不能得电。可将两种操作模式的电流回路进行对比，公共电路无故障，故障存在于单独电路中。

SA2 处于"充磁"位置时的电流回路如下：

$$TC \xrightarrow{1^\#} FU2 \xrightarrow{2^\#} SB1 \xrightarrow{3^\#} K1 \xrightarrow{4^\#} SB2 \xrightarrow{5^\#} SB3 \xrightarrow{6^\#} KM1线圈 \xrightarrow{9^\#} FR1 \xrightarrow{10^\#} FR2 \xrightarrow{11^\#} FR3$$
$$\xrightarrow{12^\#} FU2 \xrightarrow{24^\#} TC$$

SA2 处于"退磁"位置时的电流回路如下：

$$TC \xrightarrow{1^\#} FU2 \xrightarrow{2^\#} SB1 \xrightarrow{3^\#} SA2 \xrightarrow{4^\#} SB2 \xrightarrow{5^\#} SB3 \xrightarrow{6^\#} KM1线圈 \xrightarrow{9^\#} FR1 \xrightarrow{10^\#} FR2 \xrightarrow{11^\#}$$
$$FR3 \xrightarrow{12^\#} FU2 \xrightarrow{24^\#} TC$$

不难看出，两条电路唯一不同的支路就是 $3^\# \longrightarrow K1 \longrightarrow 4^\#$ 和 $3^\# \longrightarrow SA2 \longrightarrow 4^\#$。其中，$3^\# \longrightarrow SA2 \longrightarrow 4^\#$ 可确定无故障，那么断路故障一定在 $3^\# \longrightarrow K1 \longrightarrow 4^\#$ 中。

对于这种电路，使用比较排除法可将故障范围缩小到一个相对较小的区域内。应该注意的是，操作观察时，不要一发现故障现象就着手测量检修，应将相关运行模式完整操作后再进行分析。这样可使分析思路更清晰，判断更准确，可减少不必要的无用功。

5. 排除故障经过

确定故障范围后，断开电源验电，采用电阻分段测量法分别测量 SB1—K1 的 $3^\#$ 线和 K1—SB2 的 $4^\#$ 线有无断路，有断路予以修复（实际电路无断路）。若 $3^\#$、$4^\#$ 线均无断路，将 SA2 扳至"充磁"位置，闭合 SQ1 并按下（或短接）SB2（或 SB4）。运用电压分段测量法测量 K1 触头上、下桩间电压，0V 为闭合，127V 可视为未闭合（实际测量值为 127V，触头未闭合）。

故障点为 K1 触头损坏，用跨接线试运行，运行正常，更换电压继电器另一副触头，修复完毕。

✎ 任务评价

见配套教材《电气控制线路安装与维修工作页》JX03。

🛠 任务拓展

某 M7130 型平面磨床，闭合 SQ1，选择电磁吸盘为"充磁"的工作模式，K1 不得电，选择电磁吸盘为"退磁"的工作模式，按下 SB2 和 SB4 均无动作。

提示：电源变压器 TC 是控制电源电路中的主要元器件。凡控制电源有故障应先检查电源变压器，测量输出电压是否达到额定值。若输出电压为 127V，则说明变压器工作正常，故障可能在控制回路中的 1#～3# 线间或 24# 线。如测得变压器输出电压为 0V，再测量一次输入电压，一次输入电压为 0V，故障在一次输入线路中。若一次电压为 380V，二次电压为 0V，则可认定变压器存在故障。检查变压器具体有什么故障时需认真测量仔细分析，首先要了解变压器的结构以及工作原理。根据实际现象，运用电压和电阻测量法对一、二次绕组进行逐级测量，分析变压器是否存在故障及故障点所在。变压器检修示意图如图 3-3-4 所示。

图 3-3-4　变压器检修示意图

任务 4　X62W 型万能铣床电气控制线路的分析与检修

任务目标

1. 能了解 X62W 型万能铣床的性能、结构及相关技术参数。

2. 能说出 X62W 型万能铣床中所有元器件的名称、型号、规格以及作用和实际位置。

3. 能分析 X62W 型万能铣床的电气原理图，并根据原理图正确说出操作程序、各电流回路。

4. 能判断 X62W 型万能铣床是否正常工作，并根据观察到的故障现象准确判断故障范围。

5. 能运用电工仪表，通过正确的检测方法，检出 X62W 型万能铣床的故障点，并予以修复。

6. 能查阅相关资料，养成独立思考和团队协作的精神和能力。

7. 遵守"7S"管理规定，做到文明操作。

任务描述

某机械厂，X62W 型万能铣床工作台纵向不能进给，请予以检修。

1. 仔细观察运行过程，明确故障现象。

2. 能正确分析故障范围并能进行故障排除。

3. 根据测量排除故障法的要求选用适当的仪表和工具，并能正确使用。

4. 学员进入实训场地要穿戴好劳保用品并进行文明操作。

5. 检修工时：15min。

任务分析

铣床是一种通用的多用途机床，它可以用圆柱形铣刀、角度铣刀、成形铣刀、面铣刀等刀具对各种零件进行平面、斜面、螺旋面及成形面的加工，还可以加装万能铣头、分度头和圆工作台等机床附件来扩大加工范围。本任务是对 X62W 型万能铣床主轴电动机 M1 出现的故障进行维修。完成该任务首先要了解 X62W 型万能铣床的基本结构、运动形式。其次，要掌握电气线路的工作原理，正确操作机床。最后，检修 X62W 型万能铣床控制线路的常见电气故障。铣床的电气控制线路与机械系统的配合十分密切，其电气控制线路的正常工作往往与机械系统的正常工作是分不开的，这就是铣床电气控制线路的特点。正确判断是电气还是机械故障和熟悉机电配合情况，是迅速排除电气故障的关键。这就要求维修电工不仅要熟悉电气控制线路的工作原理，而且还要熟悉有关机械系统的工作原理及机床操作方法。

任务准备

一、认识 X62W 型万能铣床的主要结构

X62W 型万能铣床的外形如图 3-4-1 所示，结构如图 3-4-2 所示。

图 3-4-1 　X62W 型万能铣床的外形

图 3-4-2 　X62W 型万能铣床的结构

从图 3-4-2 中可以看出，万能铣床主要由床身、主轴、刀杆、悬梁、工作台、回转盘、横溜板、升降台和底座等部分组成。箱形的床身固定在底座上，床身内装有主轴的传动机构和变速操纵机构。在床身的顶部有水平导轨，上面装着带有一个或两个刀杆支架的悬梁。刀杆支架用来支持铣刀心轴的一端，心轴的另一端则固定在主轴上，由主轴带动铣刀铣削。刀架支架在悬梁上及悬梁在床身顶部的水平导轨上部水平移动，以便安装不同的心轴。在车身的前面有垂直导轨，升降台可沿着它上下移动。在升降台上面的水平导轨上，装有可在平行主轴轴向方向移动（前、后移动）的溜板。溜板上部有可转动的回转盘，工作台就在溜板上部回转盘的导轨上做垂直于主轴轴向方向的移动。工作台上有 T 形槽用于固定工件。这样，安装在工作台上的工件就可在三个坐标轴的六个方向上调整位置或进给。由于回转盘相对于溜板可绕中心轴线左右转过一个角度，因此，工作台在水平面上除了能在水平于或垂直于主轴轴线方向进给外，还能在倾斜方向进给，可以加工螺旋槽，所以称其为万能铣床。

二、明确 X62W 型万能铣床的运动形式

1）机床要求有三台电动机，分别称为主轴电动机、进给电动机和冷却泵电动机。

2）由于加工时有顺铣和逆铣两种，所以要求主轴电动机能正反转及在变速时能瞬时冲动一下，以利于齿轮的啮合，并要求能制动停机和实现两地控制。

3）工作台的三种运动形式（六个方向的移动）是依靠机械方法来实现的，对进给电动机要求能正反转，且要求纵向、横向、垂直三种运动形式相互间应有联锁，以确保操作安全。同时，要求工作台进给变速时，电动机也能满足瞬间冲动、快速进给及两地控制等要求。

4）冷却泵电动机只要求正转。

5）需实现进给电动机与主轴电动机的联锁控制，即主轴工作后才能进给。

三、明确 X62W 型万能铣床电力拖动的特点及控制要求

X62W 型万能铣床电力拖动的特点及控制要求如下：

1）铣削加工有顺铣和逆铣两种加工方式，所以要求主轴电动机能正反转。但考虑到正反转操纵并不频繁，因此在铣床床身下侧电器箱上设置了一个组合开关，来改变电源相序实现主轴电动机的正反转。

2）铣床的工作台要求有前后、左右、上下六个方向的进给运动和快速移动，故要求进给电动机能正反转。进给的快速移动是通过电磁铁和机械挂挡来完成的。为了扩大其加工能力，在工作台上可装圆工作台，圆工作台的回转运动是由进给电动机经传动机构驱动的。

3）根据加工工艺的要求，该铣床应具有以下电气联锁措施：

① 为了防止刀具和铣床的损坏，要求只有主轴旋转后才允许有进给运动和进给方向的快速移动。

② 为了减少工件表面的粗糙度，只有进给停止后主轴才能停止或同时停止。该铣床在电气上采用了主轴和进给同时停止的方式，但由于主轴运动的惯性很大，所以能达到进给运动先停止、主轴运动后停止的要求。

③ 六个方向的进给运动中同时只能产生一种运动，该铣床采用机械操纵手柄和位置开关相配合的方式来实现六个方向的联锁。

4）主轴运动和进给采用变速盘来进行速度选择，为保证变速齿轮进入良好啮合状态，两种运动都要求变速后做瞬时点动。

5）当主轴电动机或冷却泵电动机过载时，为了实现保护功能，进给运动必须立即停止。

四、识读 X62W 型万能铣床的电气控制线路

X62W 型万能铣床的电气控制线路如图 3-4-3 所示，由主电路、控制线路和照明电路三部分组成。

1. 主电路分析

电路中有三台电动机：M1 是主轴电动机，M2 是进给电动机，M3 是冷却泵电动机。

（1）主轴电动机　主轴电动机 M1 通过换相开关 SA5 与接触器 KM1 配合，能进行正反转控制，而与接触器 KM2、制动电阻 R 及速度继电器配合，能实现串电阻瞬时冲动和正反转反接制动控制。

（2）进给电动机　进给电动机 M2 能进行正反转控制，通过接触器 KM3、KM4 与行程开

X62W型万能铣床——电气控制分析（一）

图 3-4-3　X62W 型万能铣床的电气控制线路

关及 KM5、牵引电磁铁 YA 配合，能实现进给变速时的瞬时冲动、六个方向的常速进给和快速移动控制。

（3）冷却泵电动机　冷却泵电动机 M3 只能正转。

（4）保护设备　熔断器 FU1 作为机床的总短路保护，也兼作 M1 的短路保护；FU2 作为 M2、M3 及控制变压器 TC 的短路保护；FU3 作为控制线路的短路保护；FU4 作为照明灯 EL 的短路保护；热继电器 FR1、FR2、FR3 分别作为 M1、M2、M3 的过载保护。

2. 控制线路分析

（1）主轴电动机的控制线路　从 X62W 型万能铣床的电气控制线图中，将主轴电动机 M1 的电气控制线路部分单独画出，如图 3-4-4 所示。

图 3-4-4　主轴电动机的控制线路部分

为了操作方便，主轴电动机 M1 采用两地控制方式。KM1 是主轴电动机 M1 的起动接触器，并兼作失电压和欠电压保护；KM2 是主轴电动机 M1 的串电阻反接制动接触器；SQ7 是主轴变速时瞬时点动的位置开关；热继电器 FR1 作为过载保护。

铣床的加工方式有逆铣和顺铣两种，在开始工作前选定，加工过程中是不改变的，因此，主轴电动机 M1 的转向由主轴换向转换开关 SA5 预先

X62W 型万能铣床——电气控制分析（二）

确定。

X62W 型万能铣床主轴电动机 M1 的控制可以分为主轴电动机起动、主轴电动机停机制动、主轴换铣刀控制和主轴变速冲动等。

1）M1 起动。起动前，先选择主轴的转向，将主轴换向转换开关 SA5 扳到所需要的转向，然后合上铣床电源总开关 QS。

按下SB3或SB4 ──→ KM1线圈得电 ──→
- KM1常闭触头（5—6）断开 ──→ 对KM2实现联锁
- KM1主触头闭合 ──→ 主轴电动机M1起动运转
- KM1自锁触头（8—9）闭合
- KM1常开触头（8—13）闭合 ──→ 为工作台进给引入控制电源，实现顺序控制

当 M1 定向运行转速 $n \geqslant 130 \text{r/min}$ 时，KS-1（或 KS-2）闭合，为 M1 反接制动做准备。

主轴起动控制回路的电流通道：$\text{FU3} \xrightarrow{1^\#} \text{FR1} \xrightarrow{2^\#} \text{SQ7} \xrightarrow{3^\#} \text{SB1} \xrightarrow{7^\#} \text{SB2} \xrightarrow{8^\#} \text{SB3（或SB4）}$ $\xrightarrow{9^\#} \text{KM2} \xrightarrow{10^\#} \text{KM1线圈} \longrightarrow 101$。

2）M1 停机制动。当铣削完毕，需要主轴电动机 M1 停止时，为使主轴能迅速停止，主电路采用串电阻反接制动。

按下SB1或SB2 ──→
- SB1常闭触头（3—7）先断开 ──→ KM1线圈失电 ──→
  - KM1主触头断开，M1失电惯性运行
  - KM1常闭触头（5—6）闭合，解除与KM2联锁，为KM2得电做准备
- SB1常开触头（3—4）后闭合 ──→ KM2线圈得电 ──→
  - KM2常闭触头（9—10）断开与KM1的联锁
  - KM2常开触头（3—4）闭合自锁
  - KM2主触头闭合 ──→ M1串电阻反接制动

当 $n \leqslant 30 \text{r/min}$ 时，速度继电器的 KS-1（或 KS-2）触头（4—5）断开，使 KM2 线圈失电，电动机 M1 制动结束。

电流通道：$\text{FU3} \xrightarrow{1^\#} \text{FR1} \xrightarrow{2^\#} \text{SQ7} \xrightarrow{3^\#} \text{SB1（或SB2）} \xrightarrow{4^\#} \text{KS-1（或KS-2）} \xrightarrow{5^\#} \text{KM1} \xrightarrow{6^\#}$ $\text{KM2线圈} \longrightarrow 101$。

3）主轴变速冲动。主轴变速操纵箱装在床身左侧，主轴变速由一个变速手柄和一个变速盘来实现。主轴变速时的冲动控制是利用变速手柄与冲动位置开关 SQ7 通过机械上的联动机构进行的，如图 3-4-5 所示。

变速时，先将主轴变速操纵手柄下压，使手柄的榫块从定位槽中脱出，然后向外拉动手柄，使榫块落入第二道槽内，使齿轮组脱离啮合。转动变速盘选定所需转速（实质是改变

齿轮传动比）后，把变速操纵手柄右推回原位，使榫块重新落入槽内，齿轮组重新啮合（这时已改变传动比）。变速时，为了使齿轮容易啮合，当主轴操纵手柄推进时，手柄上装的凸轮将弹簧杆推动一下又返回，这时弹簧杆推动一下位置开关 SQ7，使 SQ7 的常闭触头（2—3）先分断，常开触头（2—5）后闭合，接触器 KM2 瞬时得电动作，主轴电动机 M1 瞬时点动。主轴电动机 M1 因未制动而惯性旋转，使齿轮系统抖动，主轴抖动时刻，将变速操纵手柄先快后慢地推进去，齿轮便顺利地啮合。

图 3-4-5　主轴变速冲动控制示意图

当瞬时点动过程中齿轮系统没有实现良好的啮合时，可以重复上述过程直到啮合为止。变速前应先停机。

SQ7 动作，SQ7（2—5）闭合，SQ7（2—3）断开→KM2 线圈得电→M1 串电阻慢速运行。

电流通道：FU3 $\xrightarrow{1^{\#}}$ FR1 $\xrightarrow{2^{\#}}$ SQ7 $\xrightarrow{5^{\#}}$ KM1 $\xrightarrow{6^{\#}}$ KM2 线圈 $\longrightarrow$ 101$^{\#}$。

需要注意的是，不论是开机还是停机时，都应以较快的速度把手柄推回原始位置，以免通电时间过长，引起 M1 转速过高而打坏齿轮。

（2）进给电动机的控制线路　从图 3-4-3 所示的 X62W 型万能铣床电气控制线图中可以看出：工作台的纵向、横向和垂直运动都由进给电动机 M2 驱动，接触器 KM3 和 KM4 使 M2 实现正反转，用以改变进给运动方向。它的控制线路采用了与纵向运动机械操纵手柄联动的行程开关 SQ1、SQ2，以及与横向和垂直运动机械操纵手柄联动的行程开关 SQ3、SQ4，组成复合联锁控制。即在选择三种运动形式的六个方向移动时，只能进行其中一个方向的移动，以确保操作安全。当这两个机械操纵手柄都在中间位置时，各行程开关都处于未受压的原始状态。

【准备工作】

1）起动主轴电动机 M1，因进给控制电流需通过 KM1（8—13）。

2）圆工作台转换开关扳至"断"的位置（SA3），即 SA3 - 1（17—18）闭合，SA3 - 2（19—21）断开，SA3 - 3（11—21）闭合。

3）察看进给冲动按钮 SQ6 是否处于释放状态（被压迫后主轴起动，KM3 动作）。

在分析故障时，多采用电流通道法，因为每一个状态线圈得、失电不多，只有 1～2 个，但电流通道较复杂，各状态的共同通道较多。

进给操作均由操纵杆（手柄）完成，上下、前后为一十字开关（手柄），左、右为一字开关（手柄）。

具体分布：SQ1 为向右进给；SQ2 为向左进给；SQ3 为向前、向下进给；SQ4 为向后、向上进给。

① 工作台向右进给：SQ1 动作，SQ1 - 1（18—19）闭合，SQ1 - 2（17—22）断开。

电流通道：KM1（8—13）$\xrightarrow{13^{\#}}$ FR3 $\xrightarrow{12^{\#}}$ FR2 $\xrightarrow{11^{\#}}$ SQ6（11—15）$\xrightarrow{15^{\#}}$ SQ4-2 $\xrightarrow{16^{\#}}$ SB3-2 $\xrightarrow{17^{\#}}$

SA3-1 $\xrightarrow{18^{\#}}$ SQ1-1 $\xrightarrow{19^{\#}}$ KM4（19—20）$\xrightarrow{20^{\#}}$ KM3 线圈 $\longrightarrow$ 101$^{\#}$。

KM3 线圈得电，KM3 主触头闭合，进给电动机 M2 得电动作，带动工作台向右进给。

② 工作台向左进给：SQ2 动作，SQ2 - 1（18—24）闭合，SQ2 - 2（21—22）断开。

电流通道：KM1（8—13）$\xrightarrow{13^\#}$FR3 $\xrightarrow{12^\#}$FR2 $\xrightarrow{11^\#}$SQ6（11—15）$\xrightarrow{15^\#}$SQ4 - 2 $\xrightarrow{16^\#}$SQ3 - 2 $\xrightarrow{17^\#}$SA3 - 1 $\xrightarrow{18^\#}$SQ2 - 1 $\xrightarrow{24^\#}$KM3（24—25）$\xrightarrow{25^\#}$KM4 线圈——101$^\#$。

KM4 线圈得电，KM4 主触头闭合，进给电动机 M2 得电动作，带动工作台向左进给。

③ 工作台向前或向下进给：SQ3 动作，SQ3 - 1（18—19）闭合，SQ3 - 2（16—17）断开。

电流通道：KM1（8—13）$\xrightarrow{13^\#}$FR3 $\xrightarrow{12^\#}$FR2 $\xrightarrow{11^\#}$SA3 - 3 $\xrightarrow{21^\#}$SQ2 - 2 $\xrightarrow{22^\#}$SQ1 - 2 $\xrightarrow{17^\#}$SA3 - 1 $\xrightarrow{18^\#}$SQ3 - 1 $\xrightarrow{19^\#}$KM4（19—20）$\xrightarrow{20^\#}$KM3 线圈——101$^\#$。

KM3 线圈得电，KM3 主触头闭合，进给电动机 M2 得电动作，带动工作台向前（下）进给。

④ 工作台向后或向上进给：动作 SQ4，SQ4 - 1（18—27）闭合，SQ4 - 2（15—16）断开，电流通道。

电流通道：KM1（8—13）$\xrightarrow{13^\#}$FR3 $\xrightarrow{12^\#}$FR2 $\xrightarrow{11^\#}$SA3 - 3 $\xrightarrow{21^\#}$SQ2 - 2 $\xrightarrow{22^\#}$SQ1 - 2 $\xrightarrow{17^\#}$SA3 - 1 $\xrightarrow{18^\#}$SQ4 - 1 $\xrightarrow{24^\#}$KM3（24—25）$\xrightarrow{25^\#}$KM4 线圈——101$^\#$。

KM4 线圈得电，KM4 主触头闭合，进给电动机 M2 得电动作，带动工作台向后（上）进给。

注： 对以上三个方式六个方向的进给，为了保护和防误操作，采用了多种形式的互锁。

手柄控制具有可靠的机械联锁。

KM3 与 KM4 的常闭触头实现了电气联锁。

SQ1（SQ3）和 SQ4（SQ2）的常闭触头分别设置在一闭合回路的两端，使上下、前后和左右分别走两条不同的支路，并实现支路互锁。

⑤ 工作台进给变速冲动控制：SQ6 动作，SQ6（15—19）闭合，SQ6（11—15）断开。

电流通道（工作台变速前，所有进给手柄都必须扳至"0"位）：KM1（8—13）$\xrightarrow{13^\#}$FR3 $\xrightarrow{12^\#}$FR2 $\xrightarrow{11^\#}$SA3 - 3 $\xrightarrow{21^\#}$SQ2 - 2 $\xrightarrow{22^\#}$SQ1 - 2 $\xrightarrow{17^\#}$SQ3 - 2 $\xrightarrow{16^\#}$SQ4 - 2 $\xrightarrow{15^\#}$SQ6（15—19）$\xrightarrow{19^\#}$KM4（19—20）$\xrightarrow{20^\#}$KM3 线圈——101$^\#$。

注： 工作台进给变速冲动的电流通道分别通过 SQ1 - 2、SQ2 - 2、SQ3 - 2、SQ4 - 2，只要有任何一个方向的进给，上述触头就会有一个断开，从而切断冲动回路。

⑥ 圆工作台的进给控制。

准备：停止主轴电动机 M1，因圆工作台没有专用的起动、停止按钮，只有转换开关 SA3，在圆工作台通的状态时，圆工作台的起动、停止均由主轴起动、停止按钮来共同控制。

圆工作台转换开关扳至"通"的位置，即 SA3 - 1（17—18）断开、SA3 - 2（19—21）闭合、SA3 - 3（11—21）断开。所有进给手柄均扳至"0"位。具体操作为按下 SB3（SB4）→KM1 得电。

电流通道：KM1（8—13）$\xrightarrow{13^\#}$FR3 $\xrightarrow{12^\#}$FR2 $\xrightarrow{11^\#}$SQ6（11—15）$\xrightarrow{15^\#}$SQ4 - 2 $\xrightarrow{16^\#}$SQ3 - 2 $\xrightarrow{17^\#}$SQ1 - 2 $\xrightarrow{22^\#}$SQ2 - 2 $\xrightarrow{21^\#}$SA3 - 2 $\xrightarrow{19^\#}$KM4 $\xrightarrow{20^\#}$KM3 线圈得电——101$^\#$。

X62W型万能铣床——电气控制分析（三）

注：与进给冲动一样，电流通道要分别通过 SQ1-2、SQ2-2、SQ3-2、SQ4-2 的四个常闭触头，只要有一个断开，圆工作台就不能工作。

3. 其他控制

（1）冷却泵电动机控制　由旋钮 SA1 控制 KM5 线圈实现（控制需在 M1 得电后）。

（2）快速进给控制　由 SB5 和 SB6 两地点动控制 KM5 线圈，以控制牵引电磁铁 YA 的得电、失电。快速进给时需先锁定进给方式的方向，才可进行操作。

（3）照明控制　X62W 型万能铣床照明电路由控制电压器 TC 的二次侧提供 12V 交流电压，作为铣床低压照明灯的电源，熔断器 FU4 对照明灯 EL 起短路保护作用。

合上照明开关灯 SA4，照明灯 EL 亮；照明灯开关断开，照明灯 EL 熄灭。

五、准备检修工具

1）工具：验电器、电工刀、剥线钳、尖嘴钳、斜口钳、螺钉旋具等。

2）仪表：万用表。

3）设备：X62W 型万能铣床。

4）资料：X62W 型万能铣床的电气控制线路图及维修记录手册（工作页）。

5）其他：跨接线若干，劳动防护用品。

⚠ **任务实施**

1. 明确工作任务

本任务以小组为单位实施，根据班级人数将学生分为若干个小组，每组以 3 人为宜，每人应明确各自的工作任务和要求，1 人负责维修，1 人负责监护，1 人负责记录。

2. 制订工作计划

小组讨论分析与维修单元任务 4 的维修内容，制订合理的工作计划。工作计划的内容包括工作环节或工作流程，每个环节内容所用的工具、材料，质量、安全和环境检测等措施，负责人员，计划工时等。工作流程包括检修故障的步骤、方法和注意事项。工作计划须提交给小组长或指导教师审核，征得同意后方可实施。

3. 观察故障现象

1）验电。合上 QS，按下 SB3（或 SB4），观察 KM1 是否得电，主电动机 M1 是否起动。

2）压下 SQ1 或 SQ2，观察 KM3 或 KM4 能否吸合，进给电动机 M2 能否纵向进给。

3）压下 SQ3 或 SQ4，观察 KM3 或 KM4 能否吸合，进给电动机 M2 能否横向和垂向进给。

4）压下 SQ6，观察 KM3 是否得电吸合，进给冲动是否正常。

观察结果：主电动机工作正常，工作台横向或垂向进给正常，进给冲动也正常，但是不能纵向进给。

4. 确定故障范围

从观察到的现象分析，说明主电动机 M1、进给电动机 M2、接触器 KM3 和 KM4、纵向进给相关的公共支路都正常，此时应重点检查行程开关 SQ6(11—15)、SQ4-2 及 SQ3-2，即线号为 11#—15#—16#—17# 的支路，因为只要三对常闭触头中有一对不能闭合、有一根线头脱落，就会使纵向不能进给。因进给变速冲动也正常，则故障的范围已缩小到 SQ6(11—15) 及 SQ1-1、SQ2-1 上，但一般 SQ1-1、SQ2-1 两副常开触头同时发生故障的可能性极小，所以，故障范围基本可以确定在 SQ6（11—15）触头及其连线上。

5. 排除故障经过

确定故障范围后，断开电源，将操纵手柄置于"0"位，采用电阻分段测量法分别测量。

测 SQ6 触头（11—15）阻值为 0Ω，测 11# 线阻值为 0Ω，测 15# 线阻值为 ∞。

说明故障点为 15# 线断开，用跨接线代替试运行，工作正常。后发现 SQ6（11—15）下桩线头脱开，重做线头连接，故障排除。

任务评价

见配套教材《电气控制线路安装与维修工作页》JX04。

任务拓展

仔细阅读下列 X62W 型万能铣床常见故障现象与故障分析，分析图 3-4-3 中 V11 相线（QS 之后、FU1 之前这段）、101# 线、7# 线、20# 线、22# 线断开的故障现象，如何查找故障点？

【故障现象 1】主轴停转时无制动。

【故障分析】主轴无制动时要首先检查按下停止按钮 SB1 或 SB2 后，反接制动接触器 KM2 是否吸合。若 KM2 不吸合，则故障原因一定在控制线路部分。检查时可先操作主轴变速冲动手柄，若有冲动，故障范围就缩小到速度继电器 KS 和按钮 SB1 或 SB2 支路上。若接触器 KM2 吸合，则故障原因就较复杂一些：其故障原因之一是主电路的 KM2、R 制动支路中至少有一处有断相故障存在；其二是，速度继电器的常开触头过早断开。但在检查时，只要仔细观察故障现象，这两种故障原因是能够区分的：前者的故障现象是完全没有制动作用，而后者则是制动效果不明显。

由以上分析可知，主轴停转时无制动的故障原因，较多是由于速度继电器 KS 发生故障引起的。若是 KS 常开触头不能正常闭合，其原因有推动触头的胶木摆杆断裂，KS 轴伸端圆销扭弯、磨损或弹性连接元器件损坏，螺钉、销钉松动或打滑等。若是 KS 常开触头过早断开，其原因有 KS 动触头的反力弹簧调节过紧，KS 的永久磁铁转子的磁性衰减等。

应该说明，机床电气的故障不是千篇一律的，所以在维修中，不可生搬硬套，而应该采用理论与实践相结合的灵活处理方法。

【故障现象 2】主轴停转后产生短时反向旋转。

【故障分析】这一故障一般是由于速度继电器 KS 的动触头弹簧调整得过松，使触头分断过迟引起的，只要重新调整反力弹簧便可消除。

【故障现象 3】按下停止按钮后主轴电动机不停转。

【故障分析】产生故障的原因有接触器 KM1 的主触头熔焊、反接制动时两相运行、SB3 或 SB4 在起动 M1 后绝缘被击穿。这三种故障原因，在故障的现象上是能够加以区别的：如按下停止按钮后 KM1 不释放，则故障可断定是由熔焊引起；如按下停止按钮后接触器的动作顺序正确，即 KM1 能释放，KM2 能吸合，同时伴有嗡嗡声或转速过低，则可断定是制动时主电路有断相故障存在；若制动时接触器动作顺序正确，电动机也能进行反接制动，但放开停止按钮后，电动机又再次自行起动，则可断定故障是起动按钮绝缘被击穿。

【故障现象 4】工作台不能做向下的进给运动。

【故障分析】由于铣床的电气控制线路与机械系统的配合密切，且工作台向上进给运动的控制处于多回路中，因此，不宜采用按部就班逐步检查的方法。在检查时，可先依次进行快速进给、进给变速冲动或圆工作台向前进给、向左进给及向后进给的控制，来逐步缩小故障的范围（一般可从中间环节的控制开始），然后再逐个检查故障范围内的元器件、触头、导线及接点，来查出故障点。在实际检查时，还必须考虑到由于机械磨损或移位使操纵失灵等因素。若发现是此类故障原因，应与机修钳工互相配合进行修理。

下面假设故障点在行程开关 SQ4 - 1 处，由于安装螺钉松动而移动位置，造成操纵手柄虽然到位，但触头 SQ4 - 1（18—24）仍不能闭合。在检查时，若进行进给变速冲动控制正常后，也就说明线路 11#—21#—22#—17#是完好的，再根据向左进给控制正常，又能排除线路 17#—18#和 24#—25#—101#存在故障的可能性。这样就将故障范围缩小到 18#—SQ4 - 1#—24#的范围内。再经过仔细检查或测量，就能很快找出故障点。

【故障现象 5】工作台各个方向都不能进给。

【故障分析】可先进行进给变速冲动或圆工作台控制，如果正常，则故障可能在开关 SA3 - 1 及 17#、18#线上。若进给变速也不能工作，要注意接触器 KM3 是否吸合。若 KM3 不能吸合，则故障可能发生在控制线路的电源部分，即 11#—15#—16#—18#—20#线路及 101#线上；若 KM3 能吸合，则应着重检查主电路，包括电动机的接线及绕组是否存在故障。

【故障现象 6】工作台不能快速进给。

【故障分析】常见的故障原因是牵引电磁铁电路不通，多数由线头脱落、线圈损坏或机械卡死引起。如果按下 SB5 或 SB6 后，接触器 KM5 不吸合，则故障在控制线路部分。若 KM5 能吸合，且牵引电磁铁 YA 也吸合正常，则故障大多是由于杠杆卡死或离合器摩擦片间隙调整不当引起的，应与机修钳工配合进行修理。需强调的是，在检查 11#—15#—16#—17#支路和 11#—21#—22#—17#支路时，一定要把开关 SA3 扳到中间空挡位置，否则，由于这两条支路是并联的，将检查不出故障点。

任务 5　T68 型卧式镗床电气控制线路的分析与检修

任务目标

1. 了解 T68 型卧式镗床的结构、性能、适用范围以及相关技术参数。

2. 能说出 T68 型卧式镗床中所有元器件的名称、型号、规格以及作用和实际位置。

3. 能分析 T68 型卧式镗床的电气原理图，并根据原理图正确说出操作程序、各电流回路。

4. 能判断 T68 型卧式镗床是否正常工作，并根据观察到的故障现象准确判断故障范围。

5. 能运用电工仪表，通过正确的检测方法，检出 T68 型卧式镗床的故障点，并予以修复。

6. 能查阅相关资料，养成独立思考和团队协作的精神和能力。

7. 遵守"7S"管理规定，做到文明操作。

任务描述

某机床厂 T68 型卧式镗床的主轴电动机 M1 出现故障，不能正常运转，请予以检修。

1. 仔细观察运行过程，明确故障现象。
2. 能正确分析故障所在并能进行故障排除。
3. 根据测量排除故障法的要求选用适当的仪表和工具，并能正确使用。
4. 学员进入实训场地要穿戴好劳保用品并进行文明操作。
5. 检修工时：15min。

任务分析

镗床是一种精密加工机床，主要用于加工精度要求高的孔或孔与孔间距要求精确的工件，即用来钻孔、扩孔、铰孔、镗孔等。使用一些附件后，还可以车削圆柱表面、螺纹，装上镗刀还可以进行铣削。因此，镗床的加工范围非常广泛。完成该任务首先要了解 T68 型卧式镗床的基本结构、运动形式。其次，要掌握其电气控制线路的工作原理，正确操作机床。最后，检修 T68 型卧式镗床控制线路的常见电气故障。

任务准备

一、认识 T68 型卧式镗床的主要结构及运动形式

1. T68 型卧式镗床的主要结构

T68 型卧式镗床的外形图如图 3-5-1 所示。T68 型卧式镗床主要由床身、主轴箱、前立柱、带尾架的后立柱、下溜板、上溜板和工作台等部分组成。

T68 型卧式镗床（见图 3-5-2）的床身是一个整体铸件。在它的一端固定有前立柱，其上的垂直导轨上装有镗头架。镗刀架可沿着导轨垂直移动，里面装有主轴、变速箱、进给箱和操纵机构等部件。切削刀固定在镗轴前端的锥形孔里或装在花盘的刀具溜板上，在工作时，镗轴一面旋转，一面沿轴向做进给运动。花盘只能旋转，其上的刀具溜板可做垂直于主轴轴线方向的径向进给运动。镗轴和花盘主轴通过单独的传动链传动，因此可以独立运动。

后立柱的尾架用来支撑装夹在堂轴上的镗杆末端，它与镗头架同时升降，两者的轴线始终在一直线上。后立柱可沿床身导轨在镗轴的轴线方向调整位置。

图 3-5-1 T68 型卧式镗床的外形

安装工件的工作台安置在床身中部的导轨上，它由上溜板、下溜板和可转动的台面组成，工作台可平行和垂直于镗轴轴线方向移动，并可以转动。

2. T68 型卧式镗床的运动形式

1）主运动包括镗床主轴的旋转运动和花盘的旋转运动。

图 3-5-2　T68 型卧式镗床的结构示意图

2）进给运动包括镗床主轴的轴向进给、花盘上刀具的径向进给、镗头的垂向进给、工件的横向进给和纵向进给。

3）辅助运动包括镗床工作台的回转、后立柱的轴向水平移动、尾架的垂直移动及各部分的快速移动。

二、明确 T68 型卧式镗床的控制要求

1）为了满足主轴在大范围内调速的要求，多采用交流电动机驱动的滑移齿轮变速系统。由于镗床主轴要求恒功率拖动，所以采用△-YY双速电动机。

2）为了防止滑移齿轮变速时出现顶齿现象，要求主轴变速时电动机做低速断续冲动。

3）为了适应加工过程中调整的需要，通过主轴电动机低速点动来实现主轴的正反点动调整。

4）为了满足主轴快速停机的要求采用电动机反接制动，但有的也采用电磁铁制动。

5）主轴电动机低速时可采用直接起动，但高速时为了减小起动电流，先接通低速，经过延时再接通高速。

6）为了满足进给部件更多的要求，快速进给则采用单独电动机进行拖动。

三、识读 T68 型卧式镗床的电气控制线路

图 3-5-3 所示为 T68 型卧式镗床的电气控制线路。

1. 主电路分析

图 3-5-3 中，M1 为主轴与进给电动机，M2 为快速移动电动机。其中，M1 为一台 4/2 极的双速电动机，绕组接法为△-YY联结。

电动机 M1 由五只接触器控制，其中，KM1 和 KM2 为电动机正反转接触器，KM3 为制动电阻短接接触器，KM4 为低速运转接触器，KM5 为高速运转接触器（KM5 为一只双线圈接触器或由两只接触器并联使用）。主轴电动机正反转停机时均由速度继电器 KS 实现反接制动。另外还设有短路保护和过载保护。

电动机 M2 由 KM6、KM7 实现正反转控制，设有短路保护。因快速移动电动机为电动控制，所以 M2 为短时运行，无过载保护。

2. 控制线路分析

机床各动作多为线圈顺序得电，以 4～5 个线圈的得电控制一种工作状态，即以线圈得电顺序来分析较方便。

（1）主轴电动机的点动控制　主轴电动机 M1 的点动控制线路如图 3-5-4 所示。

图 3-5-3 T68 型卧式镗床的电气控制线路

图 3-5-4　主轴电动机 M1 的点动控制线路

主轴电动机 M1 由热继电器 FR 作过载保护，熔断器 FU1 作短路保护，接触器 KM4 作失电压和欠电压保护。

控制线路的电源是控制变压器 TC 二次侧提供的 110V 电压。

1）主轴电动机的正向点动控制。主轴电动机的正向点动控制是通过按下正向点动按钮 SB4，使接触器 KM1 和 KM4 的线圈得电，M1 接成△低速运转实现的。

$$按下SB4 \longrightarrow KM1线圈吸合 \begin{cases} \longrightarrow KM1常开触头 \longrightarrow KM4线圈吸合 \\ （3—13）闭合 \\ \longrightarrow KM1主触头闭合 \end{cases} \longrightarrow \begin{array}{l} M1接成△串限流 \\ 电阻R正向低速转动 \end{array}$$

KM1 线圈的电流通道：TC（110V）$\longrightarrow$ FU3 $\xrightarrow{1^\#}$ SQ1（或 SQ2）$\xrightarrow{2^\#}$ FR $\xrightarrow{3^\#}$ SB1（3—4）$\xrightarrow{4^\#}$ SB4（4—14）$\xrightarrow{14^\#}$ KM2（14—16）$\xrightarrow{16^\#}$ KM1 线圈 $\longrightarrow 0^\#$。

KM4 线圈的电流通道：TC（110V）$\longrightarrow$ FU3 $\xrightarrow{1^\#}$ SQ1（或 SQ2）$\xrightarrow{2^\#}$ FR $\xrightarrow{3^\#}$ KM1（3—13）$\xrightarrow{13^\#}$ KT（13—20）$\xrightarrow{20^\#}$ KM5（20—21）$\xrightarrow{21^\#}$ KM4 线圈 $\longrightarrow 0^\#$。

松开 SB4→KM1 线圈和 KM4 线圈失电释放→M1 停转。

2）主轴电动机的反向点动控制。按下反向点动按钮 SB5，使 KM2 线圈和 KM4 线圈得电，M1 接成△串限流电阻 R 反向低速转动。

KM2 线圈的电流通道：TC（110V）$\longrightarrow$ FU3 $\xrightarrow{1^\#}$ SQ1（或 SQ2）$\xrightarrow{2^\#}$ FR $\xrightarrow{3^\#}$ SB1（3—4）$\xrightarrow{4^\#}$ SB5（4—18）$\xrightarrow{18^\#}$ KM1（18—19）$\xrightarrow{19^\#}$ KM2 线圈 $\longrightarrow 0^\#$。

KM4 线圈的电流通道：TC（110V）$\longrightarrow$ FU3 $\xrightarrow{1^\#}$ SQ1（或 SQ2）$\xrightarrow{2^\#}$ FR $\xrightarrow{3^\#}$ KM2（3—13）$\xrightarrow{13^\#}$ KT（13—20）$\xrightarrow{20^\#}$ KM5（20—21）$\xrightarrow{21^\#}$ KM4 线圈 $\longrightarrow 0^\#$。

松开 SB5→KM2 线圈和 KM4 线圈失电释放→M1 停转。

（2）主轴电动机的正反向低速转动控制　从 T68 型卧式镗床的电气控制线路中，将主轴电动机的正反向低速转动控制线路单独画出，如图 3-5-5 所示。操作前对操纵开关的通断情况作如下说明：SQ1 和 SQ2 两个互锁行程开关（模拟设备用按钮代替）中有一个必须在闭合的位置上，否则机床将无控制电流；SQ3、SQ5（控制主轴变速冲动）和 SQ4、SQ6（控制进给变速冲动）的花盘必须推进，对上述两组行程开关进行机械压迫。在模拟设备上。可以用两个自锁按钮代替它们，但也必须按下，使操作前初始状态为 SQ3（4—9）闭合，SQ3（3—13）断开，SQ4（9—10）闭合，SQ4（3—13）断开，SQ5（14—15）断开，SQ6（14—15）断开。

图 3-5-5　主轴电动机的正反向低速转动控制线路

1）正转控制。

```
        ┌─→ KM1常开触头（3—13）闭合 ─→ KM4线圈得电 ─┐
        │   ┌─────────────────────────────────────┘
   ─→ ──┤   └─→ KM4主触头闭合 ─────────┐
        │                           └─→ M1全压低速转动
        └─→ KM1主触头闭合 ──────────────┘
```

归纳四个线圈的得电顺序为 KA1 线圈→KM3 线圈→KM1 线圈→KM4 线圈。各线圈的电流通道分别如下：

KA1 线圈的电流通道：TC（110V）──→ FU3 $\xrightarrow{1^\#}$ SQ1（或 SQ2）$\xrightarrow{2^\#}$ FR $\xrightarrow{3^\#}$ SB1（3—4）$\xrightarrow{4^\#}$ SB2（4—5）$\xrightarrow{5^\#}$ KA2（5—6）$\xrightarrow{6^\#}$ KA1 线圈 ──→ 0$^\#$。

KM3 线圈的电流通道：TC（110V）──→ FU3 $\xrightarrow{1^\#}$ SQ1（或 SQ2）$\xrightarrow{2^\#}$ FR $\xrightarrow{3^\#}$ SB1（3—4）$\xrightarrow{4^\#}$ SQ3（4—9）$\xrightarrow{9^\#}$ SQ4（9—10）$\xrightarrow{10^\#}$ KA1（10—11）$\xrightarrow{11^\#}$ KM3 线圈 ──→ 0$^\#$。

KM1 线圈的电流通道：TC（110V）──→ FU3 $\xrightarrow{1^\#}$ SQ1（或 SQ2）$\xrightarrow{2^\#}$ FR $\xrightarrow{3^\#}$ SB1（3—4）$\xrightarrow{4^\#}$ KM3（4—17）$\xrightarrow{17^\#}$ KA1（17—14）$\xrightarrow{14^\#}$ KM2（14—16）$\xrightarrow{16^\#}$ KM1 线圈 ──→ 0$^\#$。

KM4 线圈的电流通道：TC（110V）──→ FU3 $\xrightarrow{1^\#}$ SQ1（或 SQ2）$\xrightarrow{2^\#}$ FR $\xrightarrow{3^\#}$ KM1（3—13）$\xrightarrow{13^\#}$ KT（13—20）$\xrightarrow{20^\#}$ KM5（20—21）$\xrightarrow{21^\#}$ KM4 线圈 ──→ 0$^\#$。

2）反转控制。反转由按钮 SB3 控制，由中间继电器 KA2、接触器 KM2 配合接触器 KM3、KM4 实现。其工作原理请读者自行分析。

（3）主轴电动机的正反向高速转动控制 从 T68 型卧式镗床的电气控制线路中，将主轴电动机的正反向高速转动控制线路单独画出，如图 3-5-6 所示。低速时，主轴电动机 M1 的定子绕组为△联结，$n=1460\text{r/min}$；高速时，主轴电动机 M1 的定子绕组为丫丫联结，$n=2880\text{r/min}$。

图 3-5-6 主轴电动机的正反向高速转动控制线路

为了减小起动电流，先低速全压起动，延时后转为高速转动。

将主轴变速操纵手柄转至"高速"位置，压合位置开关 SQ7，其常开触点 SQ7（11—12）闭合。

1）高速正转。按下正向起动按钮 SB2，中间继电器 KA1 的线圈，接触器 KM3、KM1、KM4 的线圈及时间继电器 KT 相继得电，M1 接成△低速运行，延时后，由 KT 控制，KM4 线圈失电，接触器 KM5 得电，M1 接成丫丫高速运行。其工作原理如下：

```
                    ┌──→KA1常开触头（4—5）闭合自锁
按下SB2──→KA1线圈得电──┼──→KA1常开触头（10—11）闭合──→KT线圈得电开始延时①
                    │                              ┌──→KM3线圈得电
                    │              ┌──→KM3主触头闭合──→R短接
                    │              ├──→KM3常开触头（4—17）闭合──┐
                    │   ┌──→KA1常开触头（14—17）闭合            ├──→KM1线圈得电
                    │   │   ┌──→KM1常开触头（3—13）闭合──→KM4线圈得电
                    └───┴───┴──→KM4主触头闭合──→M1全压低速转动

              ┌──→KT延时断开瞬时闭合常闭触头（13—20）断开──→KM4线圈失电
①经过延时后──┤
              └──→KT瞬时断开延时闭合常开触头（13—22）闭合──→KM5线圈得电
                  └──→M1高速正转运行
```

KT、KM5 线圈的电流通道如下：

KT 线圈的电流通道：TC（110V）$\xrightarrow{}$ FU3 $\xrightarrow{1^\#}$ SQ1（或 SQ2）$\xrightarrow{2^\#}$ FR $\xrightarrow{3^\#}$ SB1（3—4）$\xrightarrow{4^\#}$ SQ3（4—9）$\xrightarrow{9^\#}$ SQ4（9—10）$\xrightarrow{10^\#}$ KA1（10—11）$\xrightarrow{11^\#}$ SQ7（11—12）$\xrightarrow{12^\#}$ KT 线圈 $\xrightarrow{}$ 0$^\#$。

KM5 线圈的电流通道：TC（110V）$\xrightarrow{}$ FU3 $\xrightarrow{1^\#}$ SQ1（或 SQ2）$\xrightarrow{2^\#}$ FR $\xrightarrow{3^\#}$ KM1（3—13）$\xrightarrow{13^\#}$ KT（13—22）$\xrightarrow{22^\#}$ KM4（22—23）$\xrightarrow{23^\#}$ KM5 线圈 $\xrightarrow{}$ 0$^\#$。

2）高速反转。按下反向起动按钮 SB3，KA2、KM3、KM2、KM4 和 KT 等线圈相继得电，M1 低速转动，延时后，KM4 线圈失电，KM5 线圈得电，M1 高速转动。其工作原理请读者自行分析。

（4）主轴的制动控制　T68 型卧式镗床主轴电动机的停机制动采用由速度继电器 KS、串电阻 R 组成的双向低速反接制动。如 M1 正高速转动，则转为低速后再制动。

从 T68 型卧式镗床的电气控制线路中，将主轴的制动控制线路单独画出，如图 3-5-7 所示。

1）主轴电动机的高速正转反接制动控制。M1 高速转动时，位置开关 SQ7 的常开触头（11—12）闭合，KS2 常开触头（13—18）闭合，KA1、KM3、KM1、KT、KM5 等线圈均已得电动作。停机时按停止按钮 SB1。

图 3-5-7　主轴的制动控制线路

其工作原理如下：

如制动前 M1 为低速转动，则按 SB1 后，没有 KM5 线圈和 KT 线圈失电两个环节。

2）主轴电动机的高速反转反接制动控制。反转时，SQ7 常开触头（11—12）闭合，KS1 常开触头（13—14）闭合，KA2、KM3、KT、KM2、KM5 等线圈均已得电动作。按下停止按钮 SB1 后，请读者自行分析其工作原理。

（5）主轴变速或进给变速时的冲动控制　T68 型卧式镗床的主轴变速和进给变速分别通过对各自的变速操纵盘操作改变传动链的传动比来实现。调速不但可在主轴电动机 M1 停机时进行，也可在 M1 运行时进行（先自动使 M1 停机调速，再自动使 M1 转动）。调速时，主轴电动机 M1 可获得低速连续冲动，以方便齿轮顺利啮合。

从 T68 型卧式镗床的电气控制线路图中，将 M1 停机时的主轴变速冲动控制线路单独画出，如图 3-5-8 所示。

图 3-5-8　主轴变速冲动控制线路

1）变速操纵盘机构的操作过程。手柄在原位——→拉出手柄反压，转动操纵盘进行变速 —齿轮啮合→将手柄推回原位。

2）电路控制过程。原速（低速或高速）——→反接制动—冲动→新速度（低速或再转高速）。

3）M1 在主轴变速时的冲动控制。

① 手柄在原位。M1 停转，KS2 常闭触头（13—15）闭合，位置开关 SQ3 和 SQ5 被压动，常闭触头 SQ3（3—13）和常闭触头 SQ5（15—14）分断。

② 拉出手柄反压，转动操纵盘进行变速。SQ3 和 SQ5 复位，KM1 线圈经 TC（110V）——→FU3 $\xrightarrow{1^\#}$ SQ1（或 SQ2）$\xrightarrow{2^\#}$ FR $\xrightarrow{3^\#}$ SQ3（3—13）$\xrightarrow{13^\#}$ KS（13—15）$\xrightarrow{15^\#}$ SQ5（15—14）$\xrightarrow{14^\#}$ KM2（14—16）$\xrightarrow{16^\#}$ KM1 线圈——→$0^\#$ 得电动作，KM4 线圈经 TC（110V）——→FU3 $\xrightarrow{1^\#}$ SQ1（或 SQ2）$\xrightarrow{2^\#}$ FR $\xrightarrow{3^\#}$ SQ3（3—13）$\xrightarrow{13^\#}$ KT（13—20）$\xrightarrow{20^\#}$ KM5（20—21）$\xrightarrow{21^\#}$ KM4 线圈——→$0^\#$ 得电动作，M1 经限流电阻 R（KM3 未得电）接成△低速正向运转。

当 M1 转速升高到一定值（120r/min）时，KS2 常闭触头（13—15）分断，KM1 线圈失电释放，M1 脱离正转电源。由于 KS2 常开触头（13—18）闭合，KM2 线圈经 TC（110V）——→

$FU3 \xrightarrow{1^\#} SQ1$（或 $SQ2$）$\xrightarrow{2^\#} FR \xrightarrow{3^\#} SQ3(3—13) \xrightarrow{13^\#} KS(13—18) \xrightarrow{18^\#} KM1(18—19) \xrightarrow{19^\#} KM2$ 线圈——$0^\#$ 得电动作，M1 反接制动。当 M1 转速下降到一定值（100r/min）时，KS2 常开触头（13—18）分断，KM2 线圈失电释放；KS2 常闭触头（13—15）闭合，KM1 线圈又得电动作，M1 又恢复起动。

M1 重复上述过程，间歇地起动与反接制动，处于冲动状态，便于齿轮啮合。

③ 将手柄推回原位。只有在齿轮啮合后，才能推回手柄。压合 SQ3 和 SQ5，SQ3 常开触头（4—9）闭合，SQ3 常闭触头（3—13）和 SQ5 常闭触头（15—14）分断，切断 M1 的电源，M1 停转。

4）M1 在高速正向转动时的主轴变速控制。

① 手柄在原位，压动 SQ3 和 SQ5。这时 M1 在 KA1、KM3、KT、KM1、KM5 等线圈得电动作，KS2 常开触头（13—18）闭合的情况下高速正向转动。

② 拉出手柄反压，转动操作盘进行变速。SQ3 和 SQ5 复位，它们的常开触头分断，SQ3 常闭触头（3—13）和 SQ5 常闭触头（15－14）闭合，使 KM3、KT 线圈失电，进而使 KM1、KM5 线圈也失电，切断 M1 的电源。继而 KM2 和 KM4 线圈得电动作，M1 串入限流电阻 R 反接制动。当制动结束，由于 KS2 常闭触头（13—15）闭合，KM1 线圈得电控制 M1 正向低速冲动，便于齿轮啮合。

③ 推回手柄。只有齿轮啮合，才可能推回手柄。SQ3 和 SQ5 又被压动，KM3、KT、KM1、KM4 等线圈得电动作，M1 先正向低速起动，经过 KT 延时动作，自动转为高速运行。

M1 在低速正向转动和高、低速反向转动时，主轴变速控制的工作原理请读者自行分析。

（6）进给变速的工作原理分析　进给变速的工作原理与主轴变速的工作原理相似。拉出进给变速操纵手柄，使位置开关 SQ4 和 SQ6 复位，推入进给变速操纵手柄则压动它们。

（7）刀架升降及辅助控制　T68 型卧式镗床各部件的快速移动由快速进给控制手柄控制，由电动机 M2 拖动。运动部件及其运动方向的选择由安装在工作台下部床身的进给选择手柄操纵。快速进给控制手柄有"正向""反向""停"三个位置。

1）刀架升降控制线路的工作原理。将 T68 型卧式镗床的主轴刀架升降控制线路单独画出，如图 3-5-9 所示。

图 3-5-9　主轴刀架升降控制线路

先扳动相关手柄，接通相关离合器，挂上有方向的丝杆，然后由快速操纵手柄压动位置开关 SQ8、SQ9，使接触器 KM6 或 KM7 线圈得电，快速移动电动机 M2 正转或反转，拖动有关部件快速移动。

① 将快速移动手柄扳到"正向"位置，压动 SQ9，SQ9 的常开触头（24—25）闭合，KM6 线圈经 TC（110V）$\xrightarrow{1^{\#}}$ FU3 $\xrightarrow{1^{\#}}$ SQ1（或 SQ2）$\xrightarrow{2^{\#}}$ SQ8（2—24）$\xrightarrow{24^{\#}}$ SQ9（24—25）$\xrightarrow{25^{\#}}$ KM7（25—26）$\xrightarrow{26^{\#}}$ KM6 线圈 $\longrightarrow$ 0$^{\#}$ 回路得电动作，M2 正向转动。将手柄扳到中间位置，SQ9 复位，KM6 线圈失电，M2 停转。

② 将快速手柄扳到"反向"位置，压动 SQ8，KM7 线圈得电动作，M2 反向转动。

为了防止工作台、主轴箱与主轴同时机动进给，损坏机床或刀具，在电气控制线路上采取了相互联锁措施。联锁是通过两个并联的位置开关 SQ1、SQ2 实现的。当工作台或主轴箱的操纵手柄扳到机动进给位置时，压动 SQ1，SQ1 常闭触头（1—2）分断。此时如果将主轴或花盘刀架操纵手柄扳到机动进给位置，压动 SQ2，SQ2 常闭触头（1—2）分断。两个位置开关的常闭触头都分断，切断了整个控制线路的电源，M1 和 M2 都不能运转。

2）辅助线路（照明和指示线路）的工作原理。控制变压器 TC 的二次侧分别输出 24V 和 6V 电压（照明和指示参照图 3-5-3 中 9 区、10 区），作为机床照明灯和指示灯的电源。EL 为机床的低压照明灯，由开关 SA 控制，由 FU 作为短路保护；HL 为电源指示灯，当机床接通电源后，指示灯 HL 亮，表示机床可以工作。

四、准备检修工具

1）工具：验电器、电工刀、剥线钳、尖嘴钳、斜口钳、螺钉旋具等。

2）仪表：万用表。

3）设备：T68 型卧式镗床。

4）资料：T68 型卧式镗床的电气控制线路图及维修记录手册（工作页）。

5）其他：跨接线若干，劳动防护用品。

任务实施

1. 明确工作任务

本任务实施以小组为单位，根据班级人数将学生分为若干个小组，每组以 3 人为宜，每人应明确各自的工作任务和要求，1 人负责维修，1 人负责监护，1 人负责记录。

2. 制订工作计划

小组讨论分析与维修单元任务 5 的维修内容，制订合理的工作计划。工作计划的内容包括工作环节或工作流程，每个环节内容所用的工具、材料，质量、安全和环境检测等措施，负责人员，计划工时等。工作流程包括检修故障的步骤、方法和注意事项。工作计划须提交给小组长或指导教师审核，征得同意后方可实施。

3. 观察故障现象、确定故障范围

下面用图 3-5-10 所示的检修流程来说明按下按钮 SB2 后，主轴电动机 M1 不能正常低速正转故障的检修过程。图中，菱形块是观察的对象，即首先要观察清楚故障现象。

图中方框是根据故障现象，用逻辑分析的方法判断出的故障范围。

图 3-5-10　主轴电动机低速正转故障的检修流程

4. 排除故障经过

根据故障范围和线路的复杂情况，选择合适的检修方法进行检修，检修时所用工具、仪表等应符合使用要求，带电操作检修时，必须有指导教师监护，确保人身、设备安全。注意检修的顺序，发现某个故障时，必须及时修复故障点，同时防止扩大故障范围或引发新故障。

任务评价

见配套教材《电气控制线路安装与维修工作页》JX05。

任务拓展

阅读下列材料，然后参照图 3-5-10 画出主轴制动电气故障的检修流程。

T68 型卧式镗床主轴制动电路的故障主要是主轴电动机 M1 在停机时，按钮 SB1 未按到底或速度继电器的常开触点在转速达到 100r/min 时未闭合造成的，检修制动故障时必须在主轴正反转起动运行正常的情况下进行。主轴制动电路常见电气故障的分析和检修见表 3-5-1。

表 3-5-1　主轴制动电路常见电气故障的分析和检修

故障现象	故障原因	故障维修
正转停机无制动	(1) KS2 常开触头（13—18）不闭合 (2) 导线 13#、18#开路	(1) 检查速度继电器，更换触头 (2) 更换导线
反转停机无制动	(1) KS1 常开触头（13—14）不闭合 (2) 导线 13#、14#开路	(1) 检查速度继电器，更换触头 (2) 更换导线
正反转停机无制动	(1) SB1 常开触头（13—14）不闭合 (2) 导线 3#开路	(1) 检查按钮 SB1，更换触头 (2) 更换导线

任务6　20/5t 桥式起重机电气控制线路的分析与检修

任务目标

1. 能了解 20/5t 桥式起重机的性能、结构及相关技术参数。
2. 能掌握 20/5t 桥式起重机电气故障检修的一般方法。
3. 能分析 20/5t 桥式起重机电气控制线路的工作原理。
4. 能分析 20/5t 桥式起重机电气控制线路的故障所在，并予以修复。
5. 能查阅相关资料，养成独立思考和团队协作的精神和能力。
6. 遵守"7S"管理规定，做到文明操作。

任务描述

凸轮控制器、主令控制器手柄处于初始"0"位状态，紧急停止开关和各舱门行程开关处于闭合状态。再合上起重机电源开关 QS1，按下按钮 SB，接触器 KM 不吸合，副钩、小车、大车都不能正常工作，请予以检修。

1. 能正确分析故障所在并能利用电压测量法或电阻测量法对故障进行排除。
2. 根据测量排除故障法的要求选用适当的仪表和工具，并能正确使用。
3. 学员进入实训场地要穿戴好劳保用品并进行文明操作。
4. 检修工时：15min。

任务分析

20/5t 桥式起重机是一种用来吊起或放下重物并使重物在短距离内水平移动的起动设备，俗称为吊车、行车或天车。起重设备按结构分，有桥式、塔式、门式、旋转式和缆索等多种，不同结构的起重设备分别应用于不同的场合。生产车间内使用的桥式起重机，常见的有 5t、10t 单钩和 15/3t、20/5t 双钩等。本次任务是对 20/5t 桥式起重机电气控制线路中接触器 KM 不能动作的故障进行维修。完成该任务首先要了解 20/5t 桥式起重机的基本结构、运动形式。其次，要掌握电气控制线路的工作原理，正确操作起重机。最后，检修 20/5t 桥式起重机控制线路的常见电气故障。

任务准备

一、认识 20/5t 桥式起重机的结构和运动形式

20/5t 桥式起重机的外形如图 3-6-1 所示。

20/5t桥式起重机——电气控制分析（一）

图 3-6-1　20/5t 桥式起重机的外形

桥式起重机的结构示意图如图 3-6-2 所示。桥式起重机主要由桥架、大车、小车、主钩和副钩组成。大车的轨道敷设在车间两侧的立柱上，大车可在轨道上沿车间纵向移动；大车上装有小车轨道，供小车横向移动；主钩和副钩都在小车上，主钩用来提升重物，副钩除可提升轻物外，还可以协同主钩完成工件的吊运，但不允许主、副钩同时提升两个物件。当主、副钩同时工作时，物件的重量不允许超过主钩的额定起重量。这样，桥式起动机可以在大车能够行走的整个车间范围内进行起重运输。

图 3-6-2　桥式起重机的结构示意图

1—驾驶室　2—辅助滑线架　3—交流磁力控制屏　4—电阻箱　5—起重小车
6—大车拖动电动机　7—端梁　8—主滑线　9—主梁

20/5t 桥式起重机采用三相交流电源供电，由于起重机工作时经常移动，因此需采用可移动的电源供电。小型起重机常采用软电缆供电，软电缆可随大、小车的移动而伸展和叠卷。大型起重机一般采用滑触线和集电刷供电。三根主滑触线沿着平行于大车轨道的方向敷设在车间厂房的一侧。三相交流电源经由主滑触线和集电刷引入起重机驾驶室内的保护控制柜上，再从保护控制柜上引出两相电源至凸轮控制器，另一相称为电源公用相，直接从保护控制柜接到电动机的定子接线端。

二、明确 20/5t 桥式起重机对电力拖动的要求

1）由于桥式起重机经常在重载下进行频繁起动、制动、反转、变速等操作，要求电动机具有较高的机械强度和较大的过载能力，同时还要求电动机的起动转矩大、起动电流小，因此使用绕线转子异步电动机。

2）要有合理的升降速度，轻载或空载时速度要快，以提高效率，重载时速度要慢。

3）要有适当的低速区，在 30% 额定转速内应分几挡，以便提升或下降到预定位置附近时灵活操作。

4）提升第一级为预备级，用以消除传动间隙和预紧钢丝绳，以避免过大的机械冲击。

5）当下放货物时，可根据负载大小情况选择电动机的运行状态。

6）有完备的保护环节（零位短路保护、过载保护、限位保护）和可靠的制动方式。

三、分析 20/5t 桥式起重机的电气控制线路

1. 20/5t 桥式起重机的电气设备及控制、保护装置

20/5t 桥式起重机的电气控制线路如图 3-6-3、图 3-6-4 所示，共有五台绕线转子电动机，其控制保护电器见表 3-6-1。

表 3-6-1　20/5t 桥式起重机中电动机的控制保护电器

名称及代号	控制电器	过电流和过载保护电器	终端限位保护电器	电磁制动器
大车电动机 M3、M4	凸轮控制器 Q3	KI3、KI4	SQ_L、SQ_R	YA3、YA4
小车电动机 M2	凸轮控制器 Q2	KI2	SQ_{BW}、SQ_{FW}	YA2
副钩升降电动机 M1	凸轮控制器 Q1	KI1	SQ_{U1}（提升限位）	YA1
主钩升降电动机 M5	主令控制器 SA	KI5	SQ_{U2}（提升限位）	YA5

整个起重机的控制和保护由交流柜和交流磁力控制屏来实现。总电源由隔离开关 QS1 控制，由过电流继电器 KI 实现过电流保护。KI 的线圈串联在公用相，其整定值不应超过全部电动机额定电流总和的 1.5 倍，而过电流继电器 KI1 ~ KI5 的整定值一般整定在被保护电动机额定电流的 2.2 ~ 2.5 倍。各控制线路由熔断器 FU1、FU2 实现短路保护。

为了保障维修人员的安全，在驾驶室舱门上装有安全开关 SQ1，在横梁两侧栏杆门上分别装有安全开关 SQ2、SQ3，在保护柜上还装有一只单刀单掷的紧急开关 SA1。上述各开关的常开触头与副钩、大车、小车的过电流继电器及总过电流继电器的常闭触点串联，这样，当驾驶室舱门或横梁栏杆门开启时，主接触器 KM 不能获电，起重机的所有电动机都不能起动运行，从而保证了人身安全。

起重机还设置了零位联锁保护，只有当所有的控制器手柄都处于零位时，起重机才能起动运行，其目的是为了防止电动机在转子回路电阻被切除的情况下直接起动，产生很大的冲击电流造成事故。

电源总开关 QS1、熔断器 FU1 和 FU2、主接触器 KM、紧急开关 SA1 以及过电流继电器 KI1 ~ KI4、KI 都安装在保护柜上。保护柜、凸轮控制器及主令控制器均安装在驾驶室内，以便驾驶员操作。电动机转子的串电阻及磁力控制屏则安装在大车桥架上。起重机的导轨及

图 3-6-3　20/5t 桥式起重机的电气控制线路（一）

图 3-6-4 20/5t 桥式起重机的电气控制线路（二）

金属桥架应可靠接地。

2. 主接触器 KM 的控制

准备阶段：在起重机投入运行前，应将所有凸轮控制器手柄置于零位，使零位联锁触头 Q1－12、Q2－12、Q3－17（均在图 3-6-3 的 12 区）闭合；合上紧急开关 SA1（在图 3-6-3 的 13 区），关好驾驶室舱门和横梁栏杆门，使行程开关 SQ1、SQ2、SQ3（均在图 3-6-3 的 13 区）的常开触头也处于闭合状态。

起动运行阶段：合上电源开关 QS1，按下起动按钮 SB，主接触器 KM 的线圈得电吸合，KM 主触头闭合，使两相电源（U12、V12）引入各凸轮控制器。同时，KM 的两副常开辅助触头（在图 3-6-3 的 10 区和 12 区）闭合自锁，主接触器 KM 的线圈经 $1^\#$—$2^\#$—$3^\#$—$4^\#$（或 $8^\#$）—$5^\#$—$6^\#$（或 $9^\#$）—$10^\#$—$14^\#$—$15^\#$—$16^\#$—$17^\#$—$18^\#$—$19^\#$—$20^\#$—$21^\#$—$22^\#$—$23^\#$—$001^\#$—FU1—$0^\#$ 形成通路。

20/5t桥式起重机——电气控制分析（二）

3. 凸轮控制器的控制

桥式起重机凸轮控制器、主令控制器的触头状态表如图 3-6-5 所示。

Q1(副钩控制)、Q2(小车控制)

Q1 Q2	向后、向下					零位	向前、向上				
	5	4	3	2	1	0	1	2	3	4	5
1							+	+	+	+	+
2	+	+	+	+	+						
3							+	+	+	+	+
4	+	+	+	+	+						
5	+	+	+	+			+	+	+	+	
6	+	+	+				+	+	+		
7	+	+					+	+			
8	+										+
9	+										+
10							+	+	+	+	+
11	+	+	+	+	+						
12							+				

Q3(大车控制)

Q3	向右					零位	向左				
	5	4	3	2	1	0	1	2	3	4	5
1							+	+	+	+	+
2	+	+	+	+	+						
3							+	+	+	+	+
4	+	+	+	+	+						
5	+	+	+	+			+	+	+	+	
6	+	+	+				+	+	+		
7	+	+					+	+			
8	+										+
9											+
10							+	+	+	+	+
11	+	+	+	+	+						
12							+	+	+	+	+
13											+
14	+										
15							+	+	+	+	+
16	+	+	+	+	+						
17							+				

SA(主钩控制)

SA		下降						零位	上升 加速→				
		强力					制动	零位					
		5	4	3	2	1	C	0	1	2	3	4	5
1	KV							+					
2				ı	ı	ı							
3					+	+	+		+	+	+	+	+
4	KMB	+	+	+	+	+							
5	KMD					+							
6	KMU				+	+	+						
7	KM1	+	+						+				
8	KM2	+	+							+			
9	KM3										+		
10	KM4											+	
11	KM5												+

图 3-6-5　桥式起重机凸轮控制器、主令控制器的触头状态表

20/5t 桥式起重机的大车、小车、副钩电动机的功率都较小，一般采用凸轮控制器控制。

由于大车被两台电动机 M3 和 M4 同时拖动，所以大车凸轮控制器 Q3 比 Q1、Q2 多了五对常开触头，以供切除电动机 M4 的转子电阻 3R。大车、小车和副钩的控制过程基本相同，下面以副钩为例，说明其控制过程。

副钩凸轮控制器 Q1 的手轮共有 11 个位置，中间位置是零位，左、右两边各有五个位置，用来控制电动机 M1 在不同转速下的正、反转，即用来控制副钩的升降。

在主接触器 KM 得电吸合、总电源接通的情况下，转动凸轮控制器 Q1 的手轮至向上任意一挡时，Q1 的主触头 V14－V15 和 U14－U15 闭合，电动机接通三相电源正转，副钩上升。反之，将手轮扳至向下位置的任意一挡时，Q1 的主触头 V14－U15 和 U14－V15 闭合，

M1 反转，带动副钩下降。

当将 Q1 的手柄扳到"1"时，Q1 的五对常开辅助触头 Q1 - 5 ~ Q1 - 9 均断开，副钩电动机 M1 的转子回路串入全部电阻起动，M1 以最低转速带动副钩运动。依次扳到"2"~"5"挡时，五对常开辅助触头 Q1 - 5 ~ Q1 - 9 逐个闭合，依次短接各段电阻，电动机 M1 的转速逐步升高，直至达到预定转速。

当断电或将手轮转至"0"位时，电动机 M1 断电，同时电磁制动器 YA1 也断电，M1 被迅速制动停转。当副钩带有重负载时，考虑到负载的重力作用，在下降负载时，应先把手轮逐级扳到"下降"的最后一挡，然后根据速度要求逐级退回升速，以免引起下降过快造成事故。

4. 主令控制器的控制

主钩电动机的功率较大，一般采用主令控制器配合磁力控制屏进行控制，即用主令控制器控制接触器，再由接触器控制电动机。为提高主钩运行的稳定性，在切除转子附加电阻时，采用三相平衡切除，使三相转子电流平衡。

20/5t桥式起重机——电气控制分析（三）

主钩上升与副钩上升的工作过程基本相似，区别仅在于它是通过接触器控制的。

主钩下降时与副钩的工作过程有明显的差异。主钩下降有六挡位置，"C""1""2"为制动下降位置，用于重负载低速下降，电动机处于倒拉反接制动运行状态；"3""4""5"为强力下降位置，主要用于轻负载快速下降。

先合上电源开关 QS1（在图 3-6-3 的 1 区）、QS2（在图 3-6-4 的 1 区）、QS3（在图 3-6-4 的 5 区），接通主电路和控制线路电源，将主令控制器 SA 的手柄置于零位，其触头 SA - 1（在图 3-6-4 的 6 区）闭合，电压继电器 KV 得电吸合，其常开触头（在图 3-6-4 的 6 区）闭合，为主钩电动机 M5 起动做好准备。手柄处于各挡时主钩电动机的工作情况见表 3-6-2。

表 3-6-2　手柄处于各挡时主钩电动机的工作情况

SA 手柄的位置	AC4 闭合触头	得电动作的接触器	主钩的工作状态
制动下降位置"C"挡	SA - 3、SA - 6、SA - 7、SA - 8	KMU、KM1、KM2	电动机 M5 接正序电压产生提升方向的电磁转矩，但由于 YA5 线圈未得电而处于制动状态，在制动器和负载的重力作用下，M5 不能起动旋转。此时，M5 转子电路接入三段电阻，为起动做好准备
制动下降位置"1"挡	SA - 3、SA - 4、SA - 6、SA - 7	KMB、KMU、KM1	电动机 M5 仍接正序电压，但由于 KMB 得电动作，YA5 线圈得电松开，M5 能自由旋转；由于 KM2 断电释放，转子回路接入四段电阻，M5 产生的提升转矩减少，此时若负载产生的倒拉力矩大于 M5 的电磁转矩，M5 运转在倒拉反接制动状态，低速下放负载。反之，负载反而被提升，此时，必须将 SA 的手柄迅速扳到下一挡
制动下降位置"2"挡	SA - 3、SA - 4、SA - 6	KMB、KMU	电动机 M5 仍接正序电压，但 SA - 7 断开，KM1 断电释放，附加电阻全部串入转子回路，M5 产生的电磁转矩减少，负载的下降速度比"1"挡时加快

（续）

SA 手柄的位置	AC4 闭合触头	得电动作的接触器	主钩的工作状态
强力下降位置"3"挡	SA-2、SA-4、SA-5、SA-7、SA-8	KMB、KMD、KM1、KM2	KMD 得电吸合，电动机 M5 接负序电压，产生下降方向的电磁转矩，KM1、KM2 吸合，转子回路切除两级电阻 5R5 和 5R4；KMB 吸合，YA5 的制动器松开，此时若负载较轻，M5 处于反转电动状态，强力下降负载；若负载较重，使电动机的转速超过其同步转速，M5 将进入再生发电制动状态，限制下降速度
强力下降位置"4"挡	SA-2、SA-4、SA-5、SA-7、SA-8、SA-9	KMB、KMD、KM1、KM2、KM3	KM3 得电吸合，转子附加电阻 5R3 被切除，M5 进一步加速，负载下降速度加快。另外，KM3 的常开辅助触头（在 14 区）闭合，为 KM4 得电做准备
强力下降位置"5"挡	SA-2、SA-4、SA-5、SA-7、SA-8、SA-9、SA-10、SA-11	KMB、KMD、KM1、KM2、KM3、KM4、KM5	SA 闭合的触头较"4"挡又增加了，SA-10、SA-11，KM4、KM5 依次得电吸合，转子附加电阻 5R2、5R1 依次逐级切除，以避免过大的冲击电流；M5 旋转速度逐渐增加，最后以最高速度运转，负载以最快速度下降。此时若负载较重，使实际下降速度超过电动机的同步转速，电动机将进入再生发电制动状态，电磁转矩变成制动转矩，限制负载下降速度继续增加

  桥式起重机在实际运行过程中，操作人员要根据具体情况选择不同的挡位。例如主令控制器 SA 的手柄在强力下降位置"5"挡时，仅适用于起重负载较小的场合。如果需要较低的下降速度或起重较大负载的情况下，就需要将 SA 的手柄扳回到制动下降位置"1"或"2"挡进行反接制动下降。为了避免转换过程中可能发生过高的下降速度，接触器 KM5 电路中常用常开辅助触头 KM5（在图 3-6-4 的 16 区）自锁；同时为了不影响提升调速，在该支路中再串联一个常开辅助触头 KMD（在图 3-6-4 的 16 区），以保证 SA 的手柄由强力下降位置向制动下降位置转换时，接触器 KM5 线圈始终通电，只有将手柄扳至制动下降位置后，KM5 的线圈才断电。

  另外，串接在接触器 KMU 线路电路中的 KMU 常开触头（在图 3-6-4 的 9 区）与 KM5 常闭触头（在图 3-6-4 的 9 区）并联，主要作用是当接触器 KMD 线圈断电释放后，只有在 KM5 断电释放的情况下，接触器 KMU 才能得电自锁，从而保证了只有在转子电路中串接一定附加电阻的前提下，才能进行反接制动，以防止反接制动产生过大的冲击电流。

四、准备检修器具

1）工具：验电器、电工刀、剥线钳、尖嘴钳、斜口钳、螺钉旋具等。

2）仪表：万用表。

3）设备：20/5t 桥式起重机。

4）资料：20/5t 桥式起重机电气控制线路图及维修记录手册（工作页）。

5）其他：跨接线若干，劳动防护用品。

⚠ **任务实施**

1. 明确工作任务

  本任务以小组为单位实施，根据班级人数将学生分为若干个小组，每组以 3 人为宜，每人应明确各自的工作任务和要求，1 人负责维修，1 人负责监护，1 人负责记录。

2. 制订工作计划

小组讨论分析与维修单元任务 6 的维修内容，制订合理的工作计划。工作计划的内容包括工作环节或工作流程，每个环节内容所用的工具、材料，质量、安全和环境检测等措施，负责人员，计划工时等。工作流程包括检修故障的步骤、方法和注意事项。工作计划须提交给小组长或指导教师审核，征得同意后方可实施。

3. 观察故障现象

检查各凸轮控制器、主令控制器手柄的状态，紧急停止开关和各舱门行程开关的闭合状态。合上起重机电源开关 QS1，按下按钮 SB，接触器 KM 不吸合，副钩、小车、大车都不能正常工作。

4. 确定故障范围

根据故障现象，判断故障在控制线路中。正常工作时的电流回路如下：

FU1 $\xrightarrow{1^\#}$ SB $\xrightarrow{11^\#}$ Q1-12 $\xrightarrow{12^\#}$ Q2-12 $\xrightarrow{13^\#}$ Q3-17 $\xrightarrow{14^\#}$ SQ3 $\xrightarrow{15^\#}$ SQ2 $\xrightarrow{16^\#}$ SQ1 $\xrightarrow{17^\#}$ SA1 $\xrightarrow{18^\#}$ K1 $\xrightarrow{19^\#}$ KI4 $\xrightarrow{20^\#}$ KI3 $\xrightarrow{21^\#}$ KI2 $\xrightarrow{22^\#}$ KI1 $\xrightarrow{23^\#}$ KM线圈 $\xrightarrow{24^\#}$ FU1

5. 排除故障经过

主要采用电阻分段测量法检查。

（1）先测量本线路控制电压   将万用表转换开关拨至交流"500V"挡，两支表笔测在 FU1 两下桩处，测得电压值为 380V，为正常。若测不到电压，则说明熔断器及电源线路有故障，应予以排除。

（2）分别测量其他各线路   断开电源开关 QS1。将万用表转换开关拨至"$R \times 1$"挡，并调零。

1）测量 1$^\#$线。万用表两支表笔分别测在 FU1 下桩 1$^\#$线和按钮 SB 的 1$^\#$线处，测得电阻值为 0Ω，正常。

2）测量 001$^\#$线。万用表两支表笔分别测在 FU1 下桩 001$^\#$线和接触器 KM 的线圈 001$^\#$线处，测得电阻值为 0Ω，正常。

3）测量接触器 KM 的线圈，其阻值约为 550Ω（交流接触器的型号为 CJT1-20，380V）。

4）将万用表一支表笔放在按钮 SB 的 11$^\#$线处，另一支表笔逐点测量：

测量 Q1-12 的 11$^\#$线，测得电阻值为 0Ω，正常。

测量 Q1-12 的 12$^\#$线，测得电阻值为 0Ω，正常。

测量 Q2-12 的 12$^\#$线，测得电阻值为 0Ω，正常。

测量 Q2-12 的 13$^\#$线，测得电阻值为 0Ω，正常。

测量 Q3-17 的 13$^\#$线，测得电阻值为 0Ω，正常。

测量 Q3-17 的 14$^\#$线，测得电阻值为 0Ω，正常。

测量 SQ3 的 14$^\#$线，测得电阻值为 0Ω，正常。

测量 SQ3 的 15$^\#$线，测得电阻值为 0Ω，正常。

测量 SQ2 的 15$^\#$线，测得电阻值为 0Ω，正常。

测量 SQ2 的 16$^\#$线，测得电阻值为 0Ω，正常。

测量 SQ1 的 16$^\#$线，测得电阻值为 0Ω，正常。

测量 SQ1 的 17$^\#$线，测得电阻值为 0Ω，正常。

测量 SA1 的 17#线，测得电阻值为 0Ω，正常。

测量 SA1 的 18#线，测得电阻值为 0Ω，正常。

测量 KI 的 18#线，测得电阻值为 0Ω，正常。

测量 KI 的 19#线，测得电阻值为 0Ω，正常。

测量 KI4 的 19#线，测得电阻值为 0Ω，正常。

测量 KI4 的 20#线，测得电阻值为 0Ω，正常。

测量 KI3 的 20#线，测得电阻值为 0Ω，正常。

测量 KI3 的 21#线，测得电阻值为 0Ω，正常。

测量 KI2 的 21#线，测得电阻值为 0Ω，正常。

测量 KI2 的 22#线，测得电阻值为 0Ω，正常。

测量 KI1 的 22#线，测得电阻值为 0Ω，正常。

测量 KI1 的 23#线，测得电阻值为 0Ω，正常。

测量 KM 的 23#线，测得电阻值为 ∞，不正常。

可知，23#线断线或接线头脱落。用跨接线试运行，工作正常，进一步检查，发现线头脱落，修复后再通电试运行。通电检查起重机各项操作，直至符合要求。以上的 26 步检查，待熟练后可以合并为几步测量。

> **特别提示**：桥式起重机控制电源没有采用隔离变压器，检修必须在起重机停止工作且切断电源时进行，一般不准带电操作。如果带电检修时特别要注意安全。因设备较大，带电检修时使用验电器相对比较方便。另外，由于是空中作业，必须严格遵守空中作业的规范，做好各种安全防护措施。检修时必须思想集中，确保人身安全。在起重机移动时不准走动，停机时走动也要手扶栏杆，以防发生意外。

6. 整理清扫

拆除所装线路及元器件，按照"7S"要求清扫现场，整理并归还材料。

任务评价

见配套教材《电气控制线路安装与维修工作页》JX06。

任务拓展

桥式起重机结构复杂，工作环境恶劣，故障率较高。为了保证人身和设备的安全，必须坚持经常性的维护保养和检修。阅读 20/5t 桥式起重机常见电气故障及可能原因（见表 3-6-3），上网查询桥式起重机设备保养的要求，制定凸轮控制器的保养方案。

表 3-6-3　桥式起重机常见电气故障及可能原因

故障现象	故障原因
合上电源总开关 QS1，并按下起动按钮 SB 后，接触器 KM 不动作	(1) 线路无电压 (2) 熔断器 FU1 熔断或过电流继电器动作后未复位 (3) 紧急开关 SA1 或安全开关 SQ1、SQ2、SQ3 未合上 (4) 各凸轮控制器手柄未在零位 (5) 主接触器 KM 的线圈断路

（续）

故障现象	故障原因
主接触器 KM 吸合后，过电流继电器立即动作	（1）凸轮控制器电路接地 （2）电动机绕组接地 （3）电磁制动器线圈接地
接通电源并转动凸轮控制器的手轮后，电动机不起动	（1）凸轮控制器的主触头接触不良 （2）滑触线与集电刷接触不良 （3）电动机的定子绕组或转子绕组接触不良 （4）电磁制动器线圈断路或制动器未松开
转动凸轮控制器后，电动机能起动运转，但不能输出额定功率，且转速明显减慢	（1）电源电压偏低 （2）制动器未完全松开 （3）转子电路串接的附加电阻未完全切除 （4）机构卡住
制动电磁铁线圈过热	（1）电磁铁线圈的电压与线路电压不符 （2）电磁铁工作时，动、静铁心间的间隙过大 （3）电磁铁的牵引力过载 （4）制动器的工作条件与线圈数据不符 （5）电磁铁铁心歪斜或机械卡阻
制动电磁铁噪声过大	（1）交流电磁铁短路环开路 （2）动、静铁心端面有油污 （3）铁心松动或铁心端面不平整 （4）电磁铁过载
凸轮控制器在工作过程中卡住或不到位	（1）凸轮控制器的动触头卡在静触头下面 （2）定位机构松动
凸轮控制器在转动过程中火花过大	（1）动、静触头接触不良 （2）控制的电动机功率过大

参 考 文 献

［1］金凌芳. 电气控制线路安装与维修：任务驱动模式·含工作页 ［M］. 北京：机械工业出版社，2013.

［2］中国航空工业规划设计研究总院有限公司. 工业与民用供配电设计手册 ［M］. 4 版. 北京：中国电力出版社，2016.

［3］李进华. 电工实训：高级 ［M］. 北京：中国劳动社会保障出版社，2017.

［4］谢京军. 电力拖动控制线路与技能训练 ［M］. 6 版. 北京：中国劳动社会保障出版社，2020.

［5］王建. 电气控制线路安装与维修 ［M］. 北京：中国劳动社会保障出版社，2006.

［6］余波. 常用机床电气设备维修 ［M］. 北京：中国劳动社会保障出版社，2006.

［7］丁宏亮. 维修电工：高级 ［M］. 杭州：浙江科学技术出版社，2009.

［8］张雷，林炳南. 维修电工应用技术：下册 ［M］. 北京：高等教育出版社，2010.

［9］唐修波. 典型工业设备电气控制系统安装调试与维护 ［M］. 北京：中国劳动社会保障出版社，2010.

［10］阮礽忠. 常用电气控制线路手册 ［M］. 福州：福建科技出版社，2009.

职业院校智能制造专业"十四五"系列教材

电气控制线路安装与维修
（任务驱动模式·含工作页·微课视频）
工作页

学校＿＿＿＿＿＿＿＿＿＿＿＿

班级＿＿＿＿＿＿＿＿＿＿＿＿

姓名＿＿＿＿＿＿＿＿＿＿＿＿

学号＿＿＿＿＿＿＿＿＿＿＿＿

机械工业出版社

目 录

安装调试篇

选用设计篇

分析检修篇

安装调试篇

三相笼型异步电动机手动正转控制线路的安装与调试工作页

编号：AZ01

班级		姓名		小组名称		工位号	
小组成员及分工							

<table>
<tr><td rowspan="20">资讯</td><td>任务实施前，请阅读教材和相关资料，完成以下练习：</td></tr>
<tr><td>一、填空题</td></tr>
<tr><td>1. 手动正转控制线路是通过_____来控制电动机起动与停止的线路。</td></tr>
<tr><td>2. 交流额定工作电压在_____V 及以下、直流额定工作电压在 1500V 及以下的电器称为低压电器。</td></tr>
<tr><td>3. 开启式负荷开关必须_____安装在控制屏或开关板上，且合闸状态时手柄应朝_____，不允许_____或_____。</td></tr>
<tr><td>4. 开启式负荷接线时应把_____接在静触头一边的进线座，_____接在动触头一边的出线座。</td></tr>
<tr><td>5. 组合开关由于采用了_____结构，使开关的闭合和分断速度与手动操作快慢_____。</td></tr>
<tr><td>6. 熔断器是低压配电网络和电力拖动系统中主要用作_____的电器。使用时，熔断器应_____在被保护的电路中。</td></tr>
<tr><td>7. 螺旋式熔断器接线时，_____线应接在_____接线端上，_____线应接在_____接线端上，以保证能安全更换熔体或熔管。</td></tr>
<tr><td>8. 更换熔体或熔管时，必须_____电源，不允许_____操作，以免发生电弧灼伤。</td></tr>
<tr><td>9. 熔断器兼作隔离器件使用时，应安装在控制开关的_____端；若仅作短路保护用，应安装在控制开关的_____端。</td></tr>
<tr><td>10. 端子排的作用就是将_____设备和_____设备的线路相连接，起到信号（电流电压）传输的作用。</td></tr>
<tr><td>二、判断题</td></tr>
<tr><td>（　　）1. HK 系列开启式负荷开关没有专门的灭弧装置，因此不宜用于操作频繁的电路。</td></tr>
<tr><td>（　　）2. 开启式负荷开关用作电动机的控制开关时，应根据电动机的容量选配合适的熔体并装于开关内作短路保护。</td></tr>
<tr><td>（　　）3. 开启式负荷开关既可以垂直安装也可以倒装或平装在控制屏或开关板上。</td></tr>
<tr><td>（　　）4. HZ10 系列组合开关应安装在控制箱（或壳体）内，其操作手柄最好伸出在控制箱的前面或侧面。开关为断开状态时，应使手柄在垂直旋转位置。</td></tr>
<tr><td>（　　）5. 组合开关的通断能力较低，不能用来分断故障电流。</td></tr>
<tr><td>（　　）6. 熔断器的熔断时间随电流的增大而减少。</td></tr>
<tr><td>（　　）7. 在电动机控制线路中，熔断器既可作短路保护电器使用，也可以作过载保护电器使用。</td></tr>
<tr><td>（　　）8. 在照明和电加热电路中，熔断器既可作过载保护，也可作短路保护。</td></tr>
<tr><td>（　　）9. 当熔体的规格过小时，可用多根小规格的熔体并联代替一根大规格的熔体。</td></tr>
<tr><td>（　　）10. 在更换新的熔体时，不能轻易改变熔体的规格，更不准随便使用铜丝或铁丝代替熔体。</td></tr>
</table>

班级		姓名		小组名称		工位号	

资讯

三、选择题

1. HK 系列开启式负荷开关用于一般的照明电路和功率小于（　　）kW 的电动机控制线路中。

A. 5.5　　　　　　　B. 7.5　　　　　　　C. 10　　　　　　　D. 15

2. 熔断器串接在电路中主要用作（　　）。

A. 短路保护　　　　　B. 过载保护　　　　　C. 欠电压保护

3. 熔断器的核心是（　　）。

A. 熔体　　　　　　　B. 熔管　　　　　　　C. 熔座

4. 当螺旋式熔断器中熔断指示器的小红点自动脱落时，表示熔丝（　　）。

A. 未熔断　　　　　　B. 已经熔断　　　　　C. 无法判断

5. 熔断器在电气线路或设备出现短路故障时，应（　　）。

A. 不熔断　　　　　　B. 立即熔断　　　　　C. 延时熔断

6. 在机床控制线路中，多选用（　　）熔断器作为短路保护。

A. RL 系列螺旋式　　　B. RT0 系列有填料密封管式

C. RM10 系列无填料密封管式

四、简答题

1. 画出开启式负荷开关、组合开关、熔断器的图形符号，并注明文字符号。

2. 画出三相交流异步电动机的两种接线方式。

3. 阅读手动正转控制线路的原理图、位置图、接线图，回答以下问题：

（1）在配线板上，低压开关一般要求装在什么位置？

（2）端子排的作用是什么？

（3）电动机保护接地线如何接？

班级		姓名		小组名称		工位号	

	计划总工时_____，工作步骤：					
计划	序号	工作内容		工具材料	质量安全措施	工时

决策	计划提交小组讨论或指导教师审查，形成实施性计划（方案）。意见建议如下： 小组代表（指导教师）签名：

实施	在下面框内画出安装电路图或接线图 填写材料清单，从仓库中领取材料，并检查其是否完好

班级			姓名			小组名称		工位号	
实施	序号	名称		型号与规格		单位	数量	是否完好	
	1								
	2								
	3								
	4								
	5								
	6								
	7								
	8								
	9								
	10								
	11								
	12								
	13								

安装接线过程记录，如有故障，请在下表填写故障现象、故障原因及处理方法

故障现象	故障原因	处理方法

调试过程记录，如有故障，请在下表填写故障现象、故障原因及处理方法

故障现象	故障原因	处理方法

班级		姓名		小组名称		工位号	

	检查项目	评价标准	配分	自检	互检	师检
检查	准备工作	工具、仪表缺少，每件扣2分 器材缺少，每件扣2分 图纸未领或未按要求绘制，扣2~10分	10			
	安装、接线工艺	元器件装错，每处扣5分；未紧固，每处扣2分 不按图接线，每处扣10分 露铜、松动，每处扣5分 接线不美观，扣2~15分	25			
	通电前操作	未进行线号核对检查，扣10分 发现漏接或错接，每处扣2分 不会进行万用表检查，扣10分 检查过程不完整，每项扣5分	15			
	通电试运行	试运行操作不熟练，扣5分 验电操作不规范，扣5分 通电一次不成功，经15min自行修复，扣10分 短路故障，经15min自行修复，扣20分 二次试运行不成功，不得分 功能不全或动作错误，扣10~20分	40			
	安全文明生产	违章操作并造成严重后果，扣10分 违章操作被劝阻，每次扣5分 未穿工作服，扣5分 未穿电工绝缘鞋，扣10分 试运行时工具摆放杂乱，扣5分 试运行时板内有导线、线头，扣5分 当无监考人员在场时自行试运行，扣10分	10			
	备注	参照相关国家职业技能标准和行业技术标准制定本检查细则	总分			
			检查员：			

评价	作品展示及小组评议情况记录： 优点： 缺点：

（续）

班级		姓名		小组名称		工位号		
评价	评价内容	评价标准		配分	自我评价	小组评价	教师评价	
	方法能力	资料收集整理的能力 制订、实施工作计划的能力 自主获取知识与技能的学习能力		30				
	专业能力	常用低压开关、熔断器等电器的应用能力 手动正转控制线路工作原理的分析能力 手动正转控制线路的安装与调试能力 安全用电操作规程的认知能力 常用电工工具和仪表的使用能力		50				
	社会能力	沟通协调能力、语言表达能力 团队组织能力、班组管理能力 责任心与职业道德、安全与自我保护能力 环境适应能力		20				
	指导教师描述性评价：			小计				
				权重				
	指导教师签名： 日期：			总分				

任务实施工作小结反馈：

实施者签名：   日期：

三相笼型异步电动机点动控制线路的安装与调试工作页

编号：AZ02

班级		姓名		小组名称		工位号	
小组成员及分工							

<table>
<tr>
<td rowspan="1">资讯</td>
<td>

任务实施前，请阅读教材和相关资料，完成以下练习：

一、填空题

1. 接触器主要由_____、_____和_____等组成。

2. 接触器的触头按功能不同分为主触头和辅助触头两类，主触头用以通断电流较大的_____，辅助触头用以通断电流较小的_____。

3. 按钮的触头允许通过的电流一般不超过_____A。

4. 按钮按不受外力作用时触头的分合状态，分为_____按钮、常闭按钮和_____按钮。

5. 电路原理图绘制的一般规定：三相交流电源线 L1、L2、L3 依次水平画在图的_____，电源_____水平画出。

6. 由熔断器 FU1、接触器 KM 的三对主触头和电动机组成的_____电路，画在图的_____。由熔断器 FU2、起动按钮 SB、接触器 KM 的线圈组成的_____线路跨接在 U12 和 V12 两条电源线之间垂直画在主电路的_____，且耗能元件 KM 的线圈应画在电路的_____。

7. 线路按规定在各接点处进行编号，主电路用_____和数字表示；控制线路用_____数字表示，编号原则是从_____到_____、从_____到_____数字递增。

二、判断题

(   ) 1. 接触器除用来通断大电流电路外，还具有欠电压和过电压保护功能。

(   ) 2. 交流接触器中主要的发热部件是铁心。

(   ) 3. 接触器触头的常开和常闭是指电磁系统未通电动作前触头的状态。

(   ) 4. 接触器的常开触头和常闭触头是同时动作的。

(   ) 5. 带灭弧罩的交流接触器不得在不带灭弧罩或灭弧罩破损的情况下运行。

(   ) 6. 按钮既可以在控制电路中发出指令或信号去控制接触器、继电器等电器，也可直接控制主电路的通断。

(   ) 7. 按钮的安装应牢固，安装按钮的金属板或金属按钮盒必须可靠接地。

(   ) 8. 按下复合按钮时，其常开触头和常闭触头同时动作。

(   ) 9. 常闭按钮常作停止按钮使用。

(   ) 10. 当按下起动按钮后再松开时，其常开触头一直处于闭合状态。

(   ) 11. 流过主电路和辅助电路的电流相等。

(   ) 12. 电路图中，一般主电路垂直画出时，辅助电路要水平画出。

(   ) 13. 画电路图时，由于同一电器的各元件是按其在线路中所起的作用画在不同的电路中，所以必须标注同一文字符号，以表示它们的动作是相互关联的。

(   ) 14. 电路图中，各电器的触头位置都按电路未通电或电器未受外力作用时的常态位置画出。

(   ) 15. 所谓点动控制是指按一下按钮就可以使电动机起动并连续运转的控制方法。

</td>
</tr>
</table>

班级		姓名		小组名称		工位号	

| 资讯 | 三、选择题

1. 接触器的主触头一般由三对常开触头组成，用以通断（　　）。
　A. 电流较小的控制电路　　B. 电流较大的主电路　　C. 控制电路和主电路
2. 接触器的辅助触头一般由两对常开触头和两对常闭触头组成，用以通断（　　）。
　A. 电流较小的控制电路　　B. 电流较大的主电路　　C. 控制电路和主电路
3. 常开按钮只能（　　）。
　A. 接通电路　　　　　　　B. 断开电路　　　　　　　C. 接通或断开电路
4. 常闭按钮只能（　　）。
　A. 接通电路　　　　　　　B. 断开电路　　　　　　　C. 接通或断开电路
5. 同一电器的各元件在电路图和接线图中使用的图形符号、文字符号要（　　）。
　A. 基本相同　　　　　　　B. 不同　　　　　　　　　C. 完全相同
6. 主电路的编号在电源开关的出线端按相序依次为（　　）。
　A. U、V、W　　　　　　　B. L1、L2、L3　　　　　　C. U11、V11、W11
7. 单台三相交流电动机（或设备）的三根引出线，按相序依次编号为（　　）。
　A. U、V、W　　　　　　　B. L1、L2、L3　　　　　　C. U11、V11、W11
8. 控制电路的编号按从上至下、从左至右的顺序用（　　）依次编号。
　A. 数字　　　　　　　　　B. 字母　　　　　　　　　C. 数字或字母

四、简答题
1. 画出交流接触器、按钮的图形符号，并标注文字符号。

2. 写出三相笼型异步电动机点动控制线路的工作原理。

3. 安装接线图中，根据国家标准，交流接触器中的 A1、A2 指什么？

4. 说出板前明线敷设的工艺要求。 |

班级		姓名		小组名称		工位号	

<table>
<tr><td rowspan="9">计划</td><td colspan="7">计划总工时_____，工作步骤：</td></tr>
<tr><td>序号</td><td>工作内容</td><td colspan="2">工具材料</td><td colspan="2">质量安全措施</td><td>工时</td></tr>
<tr><td></td><td></td><td colspan="2"></td><td colspan="2"></td><td></td></tr>
<tr><td></td><td></td><td colspan="2"></td><td colspan="2"></td><td></td></tr>
<tr><td></td><td></td><td colspan="2"></td><td colspan="2"></td><td></td></tr>
<tr><td></td><td></td><td colspan="2"></td><td colspan="2"></td><td></td></tr>
<tr><td></td><td></td><td colspan="2"></td><td colspan="2"></td><td></td></tr>
<tr><td></td><td></td><td colspan="2"></td><td colspan="2"></td><td></td></tr>
<tr><td></td><td></td><td colspan="2"></td><td colspan="2"></td><td></td></tr>
</table>

决策	计划提交小组讨论或指导教师审查，形成实施性计划（方案）。意见建议如下： 小组代表（指导教师）签名：

实施	在下面框内画出安装电路图或接线图 填写材料清单，从仓库中领取材料，并检查其是否完好

班级			姓名			小组名称		工位号	
实施	序号	名称		型号与规格		单位	数量	是否完好	
	1								
	2								
	3								
	4								
	5								
	6								
	7								
	8								
	9								
	10								
	11								
	12								
	13								

安装接线过程记录，如有故障，请在下表填写故障现象、故障原因及处理方法

故障现象	故障原因	处理方法

调试过程记录，如有故障，请在下表填写故障现象、故障原因及处理方法

故障现象	故障原因	处理方法

班级			姓名		小组名称		工位号		
	检查项目		评价标准			配分	自检	互检	师检
检查	准备工作		工具、仪表缺少，每件扣 2 分 器材缺少，每件扣 2 分 图纸未领或未按要求绘制，扣 2～10 分			10			
	安装、接线工艺		元器件装错，每处扣 5 分；未紧固，每处扣 2 分 不按图接线，每处扣 10 分 露铜、松动，每处扣 5 分 接线不美观，扣 2～15 分			25			
	通电前操作		未进行线号核对检查，扣 10 分 发现漏接或错接，每处扣 2 分 不会进行万用表检查，扣 10 分 检查过程不完整，每项扣 5 分			15			
	通电试运行		试运行操作不熟练，扣 5 分 验电操作不规范，扣 5 分 通电一次不成功，经 15min 自行修复，扣 10 分 短路故障，经 15min 自行修复，扣 20 分 二次试运行不成功，不得分 功能不全或动作错误，扣 10～20 分			40			
	安全文明生产		违章操作并造成严重后果，扣 10 分 违章操作被劝阻，每次扣 5 分 未穿工作服，扣 5 分 未穿电工绝缘鞋，扣 10 分 试运行时工具摆放杂乱，扣 5 分 试运行时板内有导线、线头，扣 5 分 当无监考人员在场时自行试运行，扣 10 分			10			
	备注		参照相关国家职业技能标准和行业技术标准制定本检查细则			总分			
						检查员：			
评价	作品展示及小组评议情况记录： 优点： 缺点：								

班级			姓名		小组名称			工位号	

	评价内容		评价标准	配分	自我评价	小组评价	教师评价
评价	方法能力		资料收集整理的能力 制订、实施工作计划的能力 自主获取知识与技能的学习能力	30			
	专业能力		常用交流接触器、按钮等电器的应用能力 点动控制线路工作原理的分析能力 点动控制线路的安装与调试能力 安全用电操作规程的认知能力 电工工具和仪表的使用能力	50			
	社会能力		沟通协调能力、语言表达能力 团队组织能力、班组管理能力 责任心与职业道德、安全与自我保护能力 环境适应能力	20			
	指导教师描述性评价：			小计			
				权重			
			指导教师签名：　　　　日期：	总分			

任务实施工作小结反馈：

实施者签名：　　　　日期：

三相笼型异步电动机自锁正转控制线路的安装与调试工作页

编号：AZ03

班级		姓名		小组名称		工位号	
小组成员及分工							

	任务实施前，请阅读教材和相关资料，完成以下练习：
资讯	**一、填空题** 1. 热继电器是利用流过热继电器的电流所产生的_____而反时限动作的自动保护电器，用作电动机的_____保护、_____保护、电流不平衡运行的保护。 2. 使用时，将热继电器的_____分别串接在电动机的三相主电路中，_____串接在控制线路的接触器线圈回路中。 3. 热继电器整定电流的大小可通过旋转_____来调节。 4. 具有过载保护的自锁控制线路由_____作短路保护，由_____作失电压保护和欠电压保护，由_____作过载保护。熔断器 FU1、接触器 KM 的三对主触头和电动机组成_____电路，画在图的_____。 5. JR16 系列热继电器主要由_____、动作机构、_____、_____、_____和温度补偿元件等部分组成。 6. 连续与点动混合正转控制线路中，点动控制按钮的常闭触头应与接触器自锁触头_____。 7. 热继电器的下方不应装其他电器，尤其是_____电器。 8. 在一般情况下，热继电器应置于_____复位的位置上。若需要_____复位时，可将复位调节螺钉沿_____方向向里旋到底。 **二、判断题** （　　）1. 热继电器都带断相保护装置。 （　　）2. 只要超过热继电器的整定电流，热继电器就会立即动作。 （　　）3. 不管电动机的定子绕组接成星形还是三角形，普通两极或三极结构的热继电器均能实现断相保护。 （　　）4. 熔断器和热继电器都是保护电器，两者可以相互代替。 （　　）5. 热继电器因电动机过载动作后，自动复位时间一般不大于 5min。 （　　）6. 由于热继电器在电动机控制线路中兼作短路和过载保护，故不需要再接入熔断器作短路保护。 （　　）7. 接触器自锁控制线路具有失电压保护和欠电压保护功能。 （　　）8. 在三相异步电动机控制线路中，熔断器只能用作短路保护。 **三、选择题** 1. 热继电器中主双金属片的弯曲主要是由于两种金属材料的（　　）不同。 A. 机械强度　　　　　　　B. 导电能力　　　　　　　C. 热膨胀系数 2. 一般情况下，热继电器中热元件的整定电流为电动机额定电流的（　　）倍。 A. 4~7　　　　　　　　B. 0.95~1.05　　　　　　C. 1.5~2 3. 在图 1-3-1 所示电路中，起动电动机 M 时应（　　）。 A. 合上 QS　　　　　　B. 合上 QS 再按下 SB1　　C. 合上 QS 再按下 SB2

班级		姓名		小组名称		工位号	

资讯

图 1-3-1

4. 在图 1-3-2 所示控制线路中，能实现正常起动和停止的是图（   ）。

图 1-3-2

5. 在图 1-3-3 所示控制线路中，正常操作后会出现短路现象的是图（   ）。

图 1-3-3

6. 有过载保护的接触器自锁控制线路中，实现短路保护的电器是（   ）。

A. 电源开关　　　　　　　　B. 热继电器　　　　　　　C. 接触器　　　　　　　　D. 熔断器

7. 接触器的自锁触头是一对（   ）。

A. 主触头　　　　　　　　　B. 辅助常闭触头　　　　　　C. 辅助常开触头

8. 在图 1-3-4 所示控制线路中，正常操作时会出现点动工作状态的是图（   ）。

班级		姓名		小组名称		工位号	

图 1-3-4

9. 在图 1-3-5 所示控制线路中，正常操作时 KM 无法得电动作的是图（　　）。

图 1-3-5

10. 电动机的控制线路中失压保护的目的是（　　）

A. 保护电动机不被烧毁

B. 保护电源不被短路

C. 当电网突然停电又送电时，电动机不会自行起动，保证生产机械、工件不受损坏和操作者的人身安全

D. 保护操作人员不致触电

四、简答题

1. 画出热继电器的图形符号，并标注文字符号。

班级		姓名		小组名称		工位号	

<table>
<tr>
<td rowspan="2">资讯</td>
<td>

2. 写出三相笼型异步电动机自锁正转控制线路的工作原理。

五、改错题

1. 分析图 1-3-6 所示控制线路能否满足以下控制要求和保护要求：

图 1-3-6

1）能实现单向起动和停止。

2）具有短路、过载、欠电压和失电压保护。

若线路不能满足以上要求，加以改正。

2. 有人为某生产机械设计出既能点动又能连续运行，并具有短路和过载保护的电气控制线路（见图 1-3-7），分析说明该线路能否正常工作。

图 1-3-7

</td>
</tr>
</table>

班级		姓名		小组名称		工位号	

	计划总工时_____，工作步骤：				
计划	序号	工作内容	工具材料	质量安全措施	工时
决策	计划提交小组讨论或指导教师审查，形成实施性计划（方案）。意见建议如下： 小组代表（指导教师）签名：
实施	在下面框内画出安装电路图或接线图 填写材料清单，从仓库中领取材料，并检查其是否完好

班级		姓名		小组名称		工位号	

	序号	名称	型号与规格	单位	数量	是否完好
实施	1					
	2					
	3					
	4					
	5					
	6					
	7					
	8					
	9					
	10					
	11					
	12					
	13					

安装接线过程记录，如有故障，请在下表填写故障现象、故障原因及处理方法

故障现象	故障原因	处理方法

调试过程记录，如有故障，请在下表填写故障现象、故障原因及处理方法

故障现象	故障原因	处理方法

班级			姓名		小组名称		工位号	
检查	检查项目	评价标准			配分	自检	互检	师检
	准备工作	工具、仪表缺少，每件扣2分 器材缺少，每件扣2分 图纸未领或未按要求绘制，扣2~10分			10			
	安装、接线工艺	元器件装错，每处扣5分；未紧固处，每处扣2分 不按图接线，每处扣10分 露铜、松动，每处扣5分 接线不美观，扣2~15分			25			
	通电前操作	未进行线号核对检查，扣10分 发现漏接或错接，每处扣2分 不会进行万用表检查，扣10分 检查过程不完整，每项扣5分			15			
	通电试运行	试运行操作不熟练，扣5分 验电操作不规范，扣5分 热继电器电流整定错误，扣5分 通电一次不成功，经15min自行修复，扣10分 短路故障，经15min自行修复，扣20分 二次试运行不成功，不得分 功能不全或动作错误，扣10~20分			40			
	安全文明生产	违章操作并造成严重后果，扣10分 违章操作被劝阻，每次扣5分 未穿工作服，扣5分 未穿电工绝缘鞋，扣10分 试运行时工具摆放杂乱，扣5分 试运行时板内有导线、线头，扣5分 当无监考人员在场时自行试运行，扣10分			10			
	备注	参照相关国家职业技能标准和行业技术标准制定本检查细则			总分			
					检查员：			
评价	作品展示及小组评议情况记录. 优点： 缺点：							

班级			姓名		小组名称		工位号		
评价	评价内容		评价标准			配分	自我评价	小组评价	教师评价
	方法能力		资料收集整理的能力 制订、实施工作计划的能力 自主获取知识与技能的学习能力			30			
	专业能力		常用交流接触器、按钮等电器的应用能力 自锁正转控制线路工作原理的分析能力 自锁正转控制线路的安装与调试能力 安全用电操作规程的认知能力 电工工具和仪表的使用能力			50			
	社会能力		沟通协调能力、语言表达能力 团队组织能力、班组管理能力 责任心与职业道德、安全与自我保护能力 环境适应能力			20			
	指导教师描述性评价： 指导教师签名：　　　日期：					小计			
						权重			
						总分			

任务实施工作小结反馈：

实施者签名：　　　日期：

三相笼型异步电动机正反转控制线路的安装与调试工作页

编号：AZ04

班级		姓名		小组名称		工位号	
小组成员及分工							

<table>
<tr>
<td rowspan="20">资讯</td>
<td>任务实施前，请阅读教材和相关资料，完成以下练习：</td>
</tr>
<tr>
<td>

一、填空题

1. 根据三相异步电动机的原理，只要改变接入电动机定子绕组的三相电源_____，即把接入电动机三相进线中的_____对调接线时，就可使三相电动机反转。

2. 图 1-4-1 所示为倒顺开关的符号。当倒顺开关 QS 的手柄处于"停"位置时，QS 的动、静触头_____，电动机不转；当手柄扳至"顺"位置时，QS 的动触头和左边的静触头相接触，此时_____、_____、_____接通，电动机_____；当手柄扳至"倒"位置时，QS 的动触头和右边的静触头相接触，此时_____、_____、_____接通，电动机_____。

3. 倒顺开关是组合开关的一种，也称为可逆转换开关，是专为控制小功率三相异步电动机的_____而设计的。

图 1-4-1

4. 实现联锁作用的_____辅助触头称为联锁触头（或互锁触头）。

二、判断题

（　　）1. 用倒顺开关控制电动机的正反转时，可以直接把手柄由"顺"扳至"倒"的位置，使电动机反转。

（　　）2. 倒顺开关外壳上的接地螺钉应可靠接地。

（　　）3. 在接触器联锁正反转控制线路中，正、反转接触器的主触头有时可以同时闭合。

（　　）4. 为了保证三相异步电动机实现反转，反转接触器的主触头必须与正转接触器的主触头有不同的相序，二者并接后串接在主电路中。

（　　）5. 接触器联锁正反转控制线路的优点是工作安全可靠，操作方便。

（　　）6. 按钮联锁正反转控制线路的优点是操作方便，但安全上存在重大隐患。

（　　）7. 按钮、接触器双重联锁正反转控制线路的优点是工作安全可靠，操作方便。

三、选择题

1. 在接触器联锁正反转控制线路中，为避免两相电源短路事故，必须在正、反转控制电路中分别串接（　　）。

A. 联锁触头　　　　　　　B. 自锁触头　　　　　　　C. 主触头

2. 在接触器联锁正反转控制线路中，其联锁触头应是对方接触器的（　　）。

A. 主触头　　　　　　　B. 常开辅助触头　　　　　　C. 常闭辅助触头

3. 倒顺开关在使用时，必须将接地线接到倒顺开关的（　　）。

A. 指定的接地螺钉上　　　B. 罩壳上　　　　　　　C. 手柄上

4. 在操作接触器联锁正反转控制线路时，要使电动机从正转变为反转，正确的操作方法是（　　）。

A. 直接按下反转起动按钮　　　　　　　B. 直接按下正转起动按钮

C. 先按下停止按钮，再按下反转起动按钮

</td>
</tr>
</table>

班级		姓名		小组名称		工位号	

5. 在操作按钮联锁正反转控制线路时，要使电动机从正转变为反转，正确的操作方法是（　　）。

    A. 直接按下反转起动按钮　　　　　　　　B. 直接按下正转起动按钮

    C. 先按下停止按钮，再按下反转起动按钮

6. 在操作按钮、接触器双重联锁正反转控制线路时，要使电动机从正转变为反转，正确的操作方法是（　　）。

    A. 直接按下反转起动按钮　　　　　　　　　　B. 直接按下正转起动按钮

    C. 先按下停止按钮，再按下反转起动按钮

7. 图1-4-2所示电路对三相电动机的控制功能是（　　）。

    A. 只能连续运行　　　　　　　B. 既能点动又能连续运行

    C. 只能点动

四、简答题

1. 如何改变电动机的转向？

图 1-4-2

2. 写出三相异步电动机接触器联锁正反转控制线路的工作原理。

3. 图1-4-3所示电路为双重联锁正反转控制线路的主电路，试补画出控制线路，并指出自锁触头和联锁触头。写出电动机在正转前提下进行反转的工作原理。

图 1-4-3

资讯

22

班级		姓名		小组名称		工位号	

计划	计划总工时_____，工作步骤：				
	序号	工作内容	工具材料	质量安全措施	工时

决策	计划提交小组讨论或指导教师审查，形成实施性计划（方案）。意见建议如下： 小组代表（指导教师）签名：

实施	在下面框内画出安装电路图或接线图 填写材料清单，从仓库中领取材料，并检查其是否完好

23

（续）

班级		姓名		小组名称		工位号	

	序号	名称	型号与规格	单位	数量	是否完好
	1					
	2					
	3					
	4					
	5					
	6					
	7					
	8					
	9					
	10					
	11					
	12					
	13					

实施

安装接线过程记录，如有故障，请在下表填写故障现象、故障原因及处理方法

故障现象	故障原因	处理方法

调试过程记录，如有故障，请在下表填写故障现象、故障原因及处理方法

故障现象	故障原因	处理方法

班级			姓名		小组名称		工位号		
检查	检查项目		评价标准			配分	自检	互检	师检
	准备工作		工具、仪表缺少，每件扣2分 器材缺少，每件扣2分 图纸未领或未按要求绘制，扣2～10分			10			
	安装、接线工艺		元器件装错，每处扣5分；未紧固，每处扣2分 不按图接线，每处扣10分 露铜、松动，每处扣5分 接线不美观，扣2～15分			25			
	通电前操作		未进行线号核对检查，扣10分 发现漏接或错接，每处扣2分 不会进行万用表检查，扣10分 检查过程不完整，每项扣5分			15			
	通电试运行		试运行操作不熟练，扣5分 验电操作不规范，扣5分 热继电器电流整定错误，扣5分 通电一次不成功，经15min自行修复，扣10分 短路故障，经15min自行修复，扣20分 二次试运行不成功，不得分 功能不全或动作错误，扣10～20分			40			
	安全文明生产		违章操作并造成严重后果，扣10分 违章操作被劝阻，每次扣5分 未穿工作服，扣5分 未穿电工绝缘鞋，扣10分 试运行时工具摆放杂乱，扣5分 试运行时板内有导线、线头，扣5分 当无监考人员在场时自行试运行，扣10分			10			
	备注		参照相关国家职业技能标准和行业技术标准制定本检查细则			总分			
						检查员：			
评价	作品展示及小组评议情况记录． 优点： 缺点：								

班级			姓名		小组名称		工位号	

	评价内容		评价标准	配分	自我评价	小组评价	教师评价
评价	方法能力		资料收集整理的能力 制订、实施工作计划的能力 自主获取知识与技能的学习能力	30			
	专业能力		常用交流接触器、按钮等电器的应用能力 接触器联锁正反转控制线路工作原理的分析能力 接触器联锁正反转控制线路的安装与调试能力 安全用电操作规程的认知能力 电工工具和仪表的使用能力	50			
	社会能力		沟通协调能力、语言表达能力 团队组织能力、班组管理能力 责任心与职业道德、安全与自我保护能力 环境适应能力	20			
	指导教师描述性评价：				小计		
					权重		
					总分		
	指导教师签名：　　　　日期：						

任务实施工作小结反馈：

实施者签名：　　　　日期：

26

三相笼型异步电动机位置控制线路的安装与调试工作页

编号：**AZ05**

班级		姓名		小组名称		工位号	
小组成员及分工							

资讯	任务实施前，请阅读教材和相关资料，完成以下练习：

一、填空题

1. 低压断路器又称为_____，是集控制与多种保护功能于一体的电器，当电路中发生_____、_____和_____等故障时，它能自动跳闸切断故障电路。

2. DZ5系列断路器结构中，按下绿色"_____"按钮时接通电路，按下红色"_____"按钮时切断电路。

3. 当线路发生过载时，低压断路器的_____动作实现过载保护；当线路发生短路故障时，低压断路器的_____动作实现短路保护。

4. 低压断路器应_____安装，_____线应接到上端，_____线接到下端。

5. 低压断路器用作电源总开关或电动机的控制开关时，在电源进线侧必须加装_____或_____等，以形成明显的断开点。

6. 位置控制又称_____或_____，是利用生产机械运动部件上的_____与_____开关碰撞，使其_____动作，来_____或_____电路。

7. 工厂车间里的行车常采用_____控制线路，行车的两端终点处各安装一个_____，它们的_____分别串接在正、反转控制线路中。

8. 行程开关安装时，安装位置要_____，安装要_____；滚轮的方向不能_____，挡铁与其碰撞的位置应符合控制线路的要求，并确保能与挡铁可靠碰撞。

二、判断题

( ) 1. 低压断路器只能起接通和断开控制线路的作用，不能起保护作用。

( ) 2. 低压断路器中，电磁脱扣器的作用是实现失电压保护。

( ) 3. 低压断路器各脱扣器的动作值一经调整好，不允许随意变动，以免影响脱扣器的动作值。

( ) 4. 行程开关与按钮基本相似，也是用手指来发出控制指令的主令电器。

( ) 5. 图1-5-1所示的控制线路是具有双重联锁的自动往返运转控制线路。

图 1-5-1

班级		姓名		小组名称		工位号	

资讯

（　　）6. 图 1-5-1 所示控制线路中，当接触器 KM2 得电，电动机 M 反转工作，若轻按一下 SB1，电动机 M 将停转。

（　　）7. 图 1-5-1 所示的控制线路中，实现电动机自动往返的电器是 SQ1、SQ2。

（　　）8. 图 1-5-1 所示的控制线路中，电器 SQ3、SQ4 主要用作终端超程保护。

（　　）9. 图 1-5-1 所示的控制线路能实现自动往返运转，按钮 SB1、SB2 是多余的。

三、选择题

1. DZ5－20 系列低压断路器中热脱扣器的作用是（　　）。

A. 欠电压保护　　　　　　B. 短路保护　　　　　　C. 过载保护

2. DZ5－20 系列低压断路器中电磁扣器的作用是（　　）。

A. 欠电压保护　　　　　　B. 短路保护　　　　　　C. 过载保护

3. 行程开关的触头动作是通过（　　）来实现的。

A. 手指的按压　　　　　　B. 生产机械运动部件的碰压

C. 手指的按压或者生产机械运动部件的碰压

4. LX19 型行程开关为（　　）。

A. 蠕动型　　　　　　　　B. 瞬动型　　　　　　　C. 蠕动型或瞬动型

四、简答题

1. 画出断路器、行程开关的图形符号，并标注文字符号。

2. 说出板前槽板配线的工艺要求。

3. 补画图 1-5-2 所示自动往返控制线路的控制线路部分，并分析其工作原理。

图 1-5-2

28

班级		姓名		小组名称		工位号	

计划	计划总工时_____，工作步骤：				
	序号	工作内容	工具材料	质量安全措施	工时

决策	计划提交小组讨论或指导教师审查，形成实施性计划（方案）。意见建议如下： 小组代表（指导教师）签名：

实施	在下面框内画出安装电路图或接线图 填写材料清单，从仓库中领取材料，并检查其是否完好

班级			姓名			小组名称		工位号	

	序号	名称	型号与规格		单位	数量	是否完好
实施	1						
	2						
	3						
	4						
	5						
	6						
	7						
	8						
	9						
	10						
	11						
	12						
	13						

安装接线过程记录，如有故障，请在下表填写故障现象、故障原因及处理方法

故障现象	故障原因	处理方法

调试过程记录，如有故障，请在下表填写故障现象、故障原因及处理方法

故障现象	故障原因	处理方法

班级		姓名		小组名称			工位号	
检查	检查项目	评价标准			配分	自检	互检	师检
	准备工作	工具、仪表缺少，每件扣2分 器材缺少，每件扣2分 图纸未领或未按要求绘制，扣2~10分			10			
	安装、接线工艺	元器件装错，每处扣5分；未紧固，每处扣2分 不按图接线，每处扣10分 露铜、松动，每处扣5分 接线不美观，扣2~15分			25			
	通电前操作	未进行线号核对检查，扣10分 发现漏接或错接，每处扣2分 不会进行万用表检查，扣10分 检查过程不完整，每项扣5分			15			
	通电试运行	试运行操作不熟练，扣5分 验电操作不规范，扣5分 热继电器电流整定错误，扣5分 通电一次不成功，经15min自行修复，扣10分 短路故障，经15min自行修复，扣20分 二次试运行不成功，不得分 功能不全或动作错误，扣10~20分			40			
	安全文明生产	违章操作并造成严重后果，扣10分 违章操作被劝阻，每次扣5分 未穿工作服，扣5分 未穿电工绝缘鞋，扣10分 试运行时工具摆放杂乱，扣5分 试运行时板内有导线、线头，扣5分 当无监考人员在场时自行试运行，扣10分			10			
	备注	参照相关国家职业技能标准和行业技术标准制定本检查细则			总分			
					检查员：			
评价	作品展示及小组评议情况记录： 优点： 缺点：							

班级			姓名		小组名称		工位号	

评价	评价内容	评价标准	配分	自我评价	小组评价	教师评价
	方法能力	资料收集整理的能力 制订、实施工作计划的能力 自主获取知识与技能的学习能力	30			
	专业能力	常用行程开关的应用能力 电动机自动往返控制线路的识图分析能力 电动机自动往返控制线路的安装与调试能力 安全用电操作规程的认知能力 电工工具和仪表的使用能力	50			
	社会能力	沟通协调能力、语言表达能力 团队组织能力、班组管理能力 责任心与职业道德、安全与自我保护能力 环境适应能力	20			
	指导教师描述性评价： 　　　　　　　　指导教师签名：　　　　日期：		小计			
			权重			
			总分			

任务实施工作小结反馈：

　　　　　　　　　　　　　　　　　　实施者签名：　　　　日期：

三相笼型异步电动机顺序控制线路的安装与调试工作页

编号：**AZ06**

班级		姓名		小组名称		工位号	
小组成员及分工							

	任务实施前，请阅读教材和相关资料，完成以下练习：
资讯	一、填空题 1. 要求几台电动机的起动或停止必须按一定的_____来完成的控制方式，叫作电动机的顺序控制。 2. 主电路实现电动机顺序控制的特点：后起动电动机 M2 的接触器主触头必须接在先起动电动机 M1 的接触器主触头_____。 3. 控制电路实现电动机顺序控制的特点：后起动电动机的控制线路必须在先起动电动机接触器的自锁触头之后，并与其接触器线圈_____；或者在后起动电动机的控制电路中，串接先起动电动机接触器的_____。 4. 能在_____或_____控制一台电动机的控制方式，称为电动机的多地控制。多地控制线路的接线特点：各地的起动按钮要_____，停止按钮要_____。 二、简答题 1. 什么是顺序控制？举例说明顺序控制的应用场合。 2. 电动机实现顺序控制的方法有哪些？ 3. 什么是两地控制？在两地控制中，起动按钮和停止按钮如何连接？ 三、作图题 画出能在三地控制同一台电动机正转点动的控制线路。

班级		姓名		小组名称		工位号	

<table>
<tr><td rowspan="8">计划</td><td colspan="7">计划总工时_____，工作步骤：</td></tr>
<tr><td>序号</td><td colspan="2">工作内容</td><td colspan="2">工具材料</td><td>质量安全措施</td><td>工时</td></tr>
<tr><td></td><td colspan="2"></td><td colspan="2"></td><td></td><td></td></tr>
<tr><td></td><td colspan="2"></td><td colspan="2"></td><td></td><td></td></tr>
<tr><td></td><td colspan="2"></td><td colspan="2"></td><td></td><td></td></tr>
<tr><td></td><td colspan="2"></td><td colspan="2"></td><td></td><td></td></tr>
<tr><td></td><td colspan="2"></td><td colspan="2"></td><td></td><td></td></tr>
<tr><td></td><td colspan="2"></td><td colspan="2"></td><td></td><td></td></tr>
</table>

决策	计划提交小组讨论或指导教师审查，形成实施性计划（方案）。意见建议如下： 小组代表（指导教师）签名：
实施	在下面框内画出安装电路图或接线图 填写材料清单，从仓库中领取材料，并检查其是否完好

班级		姓名		小组名称			工位号	

	序号	名称	型号与规格	单位	数量	是否完好
	1					
	2					
	3					
	4					
	5					
	6					
	7					
	8					
	9					
	10					
	11					
	12					
	13					

实施

安装接线过程记录，如有故障，请在下表填写故障现象、故障原因及处理方法

故障现象	故障原因	处理方法

调试过程记录，如有故障，请在下表填写故障现象、故障原因及处理方法

故障现象	故障原因	处理方法

班级			姓名		小组名称		工位号	

	检查项目	评价标准			配分	自检	互检	师检
检查	准备工作	工具、仪表缺少，每件扣2分 器材缺少，每件扣2分 图纸未领或未按要求绘制，扣2~10分			10			
	安装、接线工艺	元器件装错，每处扣5分；未紧固，每处扣2分 不按图接线，每处扣10分 露铜、松动，每处扣5分 接线不美观，扣2~15分			25			
	通电前操作	未进行线号核对检查，扣10分 发现漏接或错接，每处扣2分 不会进行万用表检查，扣10分 检查过程不完整，每项扣5分			15			
	通电试运行	试运行操作不熟练，扣5分 验电操作不规范，扣5分 热继电器电流整定错误，扣5分 通电一次不成功，经15min自行修复，扣10分 短路故障，经15min自行修复，扣20分 二次试运行不成功，不得分 功能不全或动作错误，扣10~20分			40			
	安全文明生产	违章操作并造成严重后果，扣10分 违章操作被劝阻，每次扣5分 未穿工作服，扣5分 未穿电工绝缘鞋，扣10分 试运行时工具摆放杂乱，扣5分 试运行时板内有导线、线头，扣5分 当无监考人员在场时自行试运行，扣10分			10			
	备注	参照相关国家职业技能标准和行业技术标准制定本检查细则			总分			
					检查员：			

评价	作品展示及小组评议情况记录： 优点： 缺点：

班级			姓名		小组名称		工位号		
评价	评价内容		评价标准			配分	自我评价	小组评价	教师评价
	方法能力		资料收集整理的能力 制订、实施工作计划的能力 自主获取知识与技能的学习能力			30			
	专业能力		电动机顺序起动、逆序停止控制线路的分析能力 电动机顺序起动、逆序停止控制线路的安装与调试能力 安全用电操作规程的认知能力 电工工具和仪表的使用能力			50			
	社会能力		沟通协调能力、语言表达能力 团队组织能力、班组管理能力 责任心与职业道德、安全与自我保护能力 环境适应能力			20			
	指导教师描述性评价： 　　　　　　　　指导教师签名：　　　　日期：					小计			
						权重			
						总分			

任务实施工作小结反馈：

　　　　　　　　　　　　　实施者签名：　　　　日期：

三相笼型异步电动机减压起动控制线路的安装与调试工作页

编号：AZ07

班级		姓名		小组名称		工位号	
小组成员及分工							

	任务实施前，请阅读教材和相关资料，完成以下练习：
资讯	一、填空题 1. 起动时加在电动机定子绕组上的电压为电动机的_____电压，属于全压起动，也称为直接起动。 2. 通常规定电源容量在_____kV·A 以上、电动机功率在_____kW 以下的三相异步电动机可采用直接起动。 3. 判断一台电动机能否直接起动的经验公式是_____。（查资料） 4. 减压起动是指利用起动设备将_____适当降低后加到电动机定子绕组上进行起动，待电动机起动运转后，再使其_____恢复到_____正常运转。减压起动的目的是_____。 5. 减压起动分为_____和_____两大类。 6. 常见的硬起动方法有四种：_____减压起动、_____减压起动、_____减压起动和延边三角形减压起动。 7. 时间继电器是一种利用_____原理或_____原理等来实现触头_____闭合或分断的自动控制电器。 8. JS7－A 系列空气阻尼式时间继电器根据触头延时的特点，可分为_____和_____两种。 9. Ｙ－△减压起动是指电动机起动时，把定子绕组接成_____减压起动，待电动机转速上升并接近额定值时，再将电动机定子绕组改接成_____全压正常运行。 10. 异步电动机作Ｙ－△减压起动时，每相定子绕组上的起动电压是正常工作电压的_____倍，起动电流是正常工作电流的_____倍，起动转矩是正常工作转矩的_____倍。 11. Ｙ－△减压起动只适用于_____或_____下起动。 12. 中间继电器的触头_____，且没有_____之分，各对触头允许通过的电流大小相同，其额定电流为_____A 及以下。 13. SINOCO－SS2 系列软起动控制器采用微机控制技术，可以实现交流异步电动机的_____、_____和_____，同时还具有_____、_____、_____、_____等多种保护功能。 14. 软起动控制器的主要部分是一组串接于电源与被控电动机之间的三相反并联晶闸管及其电子控制线路，其控制原理是通过控制软件（程序）控制三相反并联晶闸管的_____，使被控电动机的_____按设定的某种函数关系变化，从而实现电动机的软起动或软停车。 二、判断题 （　　）1. 由于直接起动所用电气设备少，线路简单，维修量较少，故电动机一般都采用直接起动。 （　　）2. 由于减压起动将导致电动机的起动转矩大为降低，故减压起动需要在空载或轻载下进行。 （　　）3. JS7－A 系列断电延时型和通电延时型时间继电器的组成元件是通用的。 （　　）4. 时间继电器金属底板上的接地螺钉必须与接地线可靠连接。 （　　）5. 凡是在正常运行时定子绕组作△联结的异步电动机，均可采用Ｙ－△减压起动。

班级		姓名		小组名称		工位号	

资讯

（　　）6. 图 1-7-1 所示线路中，先按下 SB3 时，电动机将以△联结直接起动。

图　1-7-1

（　　）7. 丫-△减压起动适用于任何场合下的电动机起动。

（　　）8. 软起动器是一个晶闸管交流调压器，通过改变晶闸管的触发延迟角，就可调节晶闸管调压电路的输出电压。

（　　）9. JZ7-44 型中间继电器有 4 对常开触头、4 对常闭触头。

三、选择题

1. 电动机直接起动时的起动电流较大，一般为额定电流的（　　）倍。

A. 1~3　　　　　　　　　B. 2~4　　　　　　　　　C. 4~7

2. JS7-A 系列通电延时型时间继电器的电磁机构旋出固定螺钉后反转（　　）安装就变成了断电延时型时间继电器。

A. 360°　　　　　　B. 180°　　　　　　C. 90°　　　　　　D. 60°

3. 利用电磁原理或机械动作原理等来实现触头延时闭合或分断的自动控制电器是（　　）。

A. 热继电器　　　　B. 时间继电器　　　　C. 中间继电器　　　　D. 电流继电器

4. 无论是通电延时型还是断电延时型，都必须使继电器在断电释放时衔铁的运动方向垂直向下，其倾斜度不得超过（　　）。

A. 15°　　　　　　　B. 10°　　　　　　　C. 5°　　　　　　　D. 2°

5. 在图 1-7-2 所示线路中，电动机作丫联结时，处于通电状态的线圈是（　　）。

A. KM1、KT、KM3　　B. KM1、KT　　　　C. KM2、KM3

6. 在图 1-7-2 所示线路中，若 KM3 线圈断线，按下 SB1 后，电动机处于（　　）工作状态。

A. 不转　　　　　　　　　　　　　　　B. 直接接成△起动运转

C. 开始不转，后接成△起动运转

39

班级		姓名		小组名称		工位号	

7. 在图 1-7-2 所示线路中，按下 SB1 后，电动机一直作丫联结运转的原因是（　　）。

　　A. KM2 线圈断线　　　　　B. KT 线圈断线　　　　　C. KM3 线圈断线

图　1-7-2

8. 当其他电器的触头数或触头容量不够时，可借助（　　）作中间转换用，来控制多个元件或回路。

　　A. 热继电器　　　　　　B. 时间继电器　　　　　C. 中间继电器　　　　　D. 电流继电器

9. XJ01 系列自耦减压起动箱广泛用于交流（50Hz）380V、功率为（　　）kW 的三相笼型异步电动机的减压起动。

　　A. 10～30　　　　　　　　B. 14～75　　　　　　　C. 14～300

四、简答题

1. 画出时间继电器、中间继电器的图形符号，并标注文字符号。

2. 列表比较丫-△减压起动、自耦变压器减压起动及软起动的优缺点和适用场合。

种类	优点	缺点	适用场合
丫-△减压起动			
自耦变压器减压起动			
软起动			

资讯

班级		姓名		小组名称		工位号	

计划	计划总工时_____，工作步骤：				
	序号	工作内容	工具材料	质量安全措施	工时

决策	计划提交小组讨论或指导教师审查，形成实施性计划（方案）。意见建议如下： 小组代表（指导教师）签名：

实施	在下面框内画出安装电路图或接线图 填写材料清单，从仓库中领取材料，并检查其是否完好

41

班级		姓名		小组名称		工位号	

	序号	名称	型号与规格	单位	数量	是否完好
实施	1					
	2					
	3					
	4					
	5					
	6					
	7					
	8					
	9					
	10					
	11					
	12					
	13					

安装接线过程记录，如有故障，请在下表填写故障现象、故障原因及处理方法

故障现象	故障原因	处理方法

调试过程记录，如有故障，请在下表填写故障现象、故障原因及处理方法

故障现象	故障原因	处理方法

班级		姓名		小组名称		工位号			
	检查项目	评价标准				配分	自检	互检	师检
检查	准备工作	工具、仪表缺少，每件扣2分 器材缺少，每件扣2分 图纸未领或未按要求绘制，扣2~10分				10			
	安装、接线工艺	元器件装错，每处扣5分；未紧固，每处扣2分 不按图接线，每处扣10分 露铜、松动，每处扣5分 接线不美观，扣2~15分				25			
	通电前操作	未进行线号核对检查，扣10分 发现漏接或错接，每处扣2分 不会进行万用表检查，扣10分 检查过程不完整，每项扣5分				15			
	通电试运行	试运行操作不熟练，扣5分 验电操作不规范，扣5分 热继电器电流整定错误，扣5分 时间继电器时间整定错误，扣5分 通电一次不成功，经15min自行修复，扣10分 短路故障，经15min自行修复，扣20分 二次试运行不成功，不得分 功能不全或动作错误，扣10~20分				40			
	安全文明生产	违章操作并造成严重后果，扣10分 违章操作被劝阻，每次扣5分 未穿工作服，扣5分 未穿电工绝缘鞋，扣10分 试运行时工具摆放杂乱，扣5分 试运行时板内有导线、线头，扣5分 当无监考人员在场时自行试运行，扣10分				10			
	备注	参照相关国家职业技能标准和行业技术标准制定本检查细则				总分			
						检查员：			
评价	作品展示及小组评议情况记录： 优点： 缺点：								

班级			姓名		小组名称		工位号	

	评价内容	评价标准	配分	自我评价	小组评价	教师评价
评价	方法能力	资料收集整理的能力 制订、实施工作计划的能力 自主获取知识与技能的学习能力	30			
	专业能力	时间继电器的应用能力 Y-△控制线路工作原理的分析能力 Y-△减压起动控制线路的安装与调试能力 板前槽板配线的安装能力 安全用电操作规程的认知能力	50			
	社会能力	沟通协调能力、语言表达能力 团队组织能力、班组管理能力 责任心与职业道德、安全与自我保护能力 环境适应能力	20			
	指导教师描述性评价：		小计			
			权重			
	指导教师签名：　　　　　日期：		总分			

任务实施工作小结反馈：

实施者签名：　　　　　日期：

三相笼型异步电动机制动控制线路的安装与调试工作页

编号：AZ08

班级		姓名		小组名称		工位号	
小组成员及分工							

<table>
<tr>
<td rowspan="1">资讯</td>
<td>

任务实施前，请阅读教材和相关资料，完成以下练习：

一、填空题

1. 三相异步电动机的制动有＿＿＿＿＿＿＿和＿＿＿＿＿＿＿两大类。

2. 电磁制动器分为＿＿＿＿＿＿＿制动器和＿＿＿＿＿＿＿制动器两种。

3. 在反接制动控制线路中，为保证电动机的转速被制动到接近＿＿＿＿时能迅速切断电源，防止反向起动，常利用＿＿＿＿＿＿＿来自动地及时切断电源。

4. 速度继电器是反映电动机＿＿＿＿和＿＿＿＿的继电器。

5. 速度继电器的动作转速一般不低于＿＿＿＿r/min，复位转速约在＿＿＿＿r/min以下。

6. 反接制动控制线路对＿＿＿＿kW以上的电动机进行反接制动时，需在定子绕组回路中串入＿＿＿＿＿＿，以限制反接制动电流。

7. 当电动机切断交流电源后，立即在定子绕组的任意两相中接入＿＿＿＿，迫使电动机迅速停转的方法叫作能耗制动。

二、判断题

（　　）1. 三相异步电动机的机械制动一般常采用电磁制动器制动。

（　　）2. 反接制动适用于要求制动迅速和制动频繁的场合。

（　　）3. 能耗制动适用于电动机功率较大，制动频繁，要求制动平稳、停位准确的场合。

三、选择题

1. 起重机的电磁制动器制动属于（　　）制动。

A. 电力　　　　　　　B. 机械　　　　　　　C. 反接　　　　　　　D. 能耗

2. 三相笼型异步电动机采用反接制动时，是通过（　　），使定子绕组产生反向旋转磁场，从而使转子产生一个与原转矩相反的电磁转矩，以实现制动。

A. 接入直流电　　　　B. 接入单相交流电　　C. 改变三相电源相序

3. 速度继电器是反映电动机转速和转向的继电器，其主要作用是以旋转速度的快慢为指令信号，与接触器配合实现对电动机的（　　）控制。

A. 电容制动　　　　　B. 再生发电制动　　　C. 能耗制动　　　　　D. 反接制动

4. 三相笼型异步电动机采用能耗制动时，给定子绕组接入（　　），从而产生一个与原转矩方向相反的电磁转矩，以实现制动。

A. 直流电源　　　　　B. 单相交流电　　　　C. 三相交流电

四、简答题

1. 说出制动的概念和分类。

</td>
</tr>
</table>

班级		姓名		小组名称		工位号	

<table>
<tr><td rowspan="1">资讯</td><td>

2. 什么是能耗制动？写出能耗制动的优缺点及适用场合。

3. 画出速度继电器的图形符号和文字符号。

4. 写出反接制动控制线路的工作原理。

5. 写出无变压器单相半波整流能耗制动控制线路的工作原理。

6. 图 1-8-1 所示为有变压器全波整流单向起动能耗制动控制线路，分析线路的哪些地方画错了，并改正。

图 1-8-1
</td></tr>
</table>

班级		姓名		小组名称		工位号	

计划	计划总工时_____，工作步骤：				
	序号	工作内容	工具材料	质量安全措施	工时

决策	计划提交小组讨论或指导教师审查，形成实施性计划（方案）。意见建议如下： 　　　　　　　　　　　小组代表（指导教师）签名：

实施	在下面框内画出安装电路图或接线图 填写材料清单，从仓库中领取材料，并检查其是否完好

班级			姓名		小组名称		工位号	

<table>
<tr><td rowspan="14">实施</td><td>序号</td><td>名称</td><td colspan="2">型号与规格</td><td>单位</td><td colspan="2">数量</td><td colspan="2">是否完好</td></tr>
<tr><td>1</td><td></td><td colspan="2"></td><td></td><td colspan="2"></td><td colspan="2"></td></tr>
<tr><td>2</td><td></td><td colspan="2"></td><td></td><td colspan="2"></td><td colspan="2"></td></tr>
<tr><td>3</td><td></td><td colspan="2"></td><td></td><td colspan="2"></td><td colspan="2"></td></tr>
<tr><td>4</td><td></td><td colspan="2"></td><td></td><td colspan="2"></td><td colspan="2"></td></tr>
<tr><td>5</td><td></td><td colspan="2"></td><td></td><td colspan="2"></td><td colspan="2"></td></tr>
<tr><td>6</td><td></td><td colspan="2"></td><td></td><td colspan="2"></td><td colspan="2"></td></tr>
<tr><td>7</td><td></td><td colspan="2"></td><td></td><td colspan="2"></td><td colspan="2"></td></tr>
<tr><td>8</td><td></td><td colspan="2"></td><td></td><td colspan="2"></td><td colspan="2"></td></tr>
<tr><td>9</td><td></td><td colspan="2"></td><td></td><td colspan="2"></td><td colspan="2"></td></tr>
<tr><td>10</td><td></td><td colspan="2"></td><td></td><td colspan="2"></td><td colspan="2"></td></tr>
<tr><td>11</td><td></td><td colspan="2"></td><td></td><td colspan="2"></td><td colspan="2"></td></tr>
<tr><td>12</td><td></td><td colspan="2"></td><td></td><td colspan="2"></td><td colspan="2"></td></tr>
<tr><td>13</td><td></td><td colspan="2"></td><td></td><td colspan="2"></td><td colspan="2"></td></tr>
<tr><td colspan="9">安装接线过程记录，如有故障，请在下表填写故障现象、故障原因及处理方法</td></tr>
<tr><td colspan="3">故障现象</td><td colspan="3">故障原因</td><td colspan="3">处理方法</td></tr>
<tr><td colspan="3"></td><td colspan="3"></td><td colspan="3"></td></tr>
<tr><td colspan="9">调试过程记录，如有故障，请在下表填写故障现象、故障原因及处理方法</td></tr>
<tr><td colspan="3">故障现象</td><td colspan="3">故障原因</td><td colspan="3">处理方法</td></tr>
<tr><td colspan="3"></td><td colspan="3"></td><td colspan="3"></td></tr>
</table>

班级			姓名		小组名称		工位号		
检查	检查项目	评价标准				配分	自检	互检	师检
	准备工作	工具、仪表缺少，每件扣2分 器材缺少，每件扣2分 图纸未领或未按要求绘制，扣2~10分				10			
	安装、接线工艺	元器件装错，每处扣5分；未紧固，每处扣2分 不按图接线，每处扣10分 露铜、松动，每处扣5分 接线不美观，扣2~15分				25			
	通电前操作	未进行线号核对检查，扣10分 发现漏接或错接，每处扣2分 不会进行万用表检查，扣10分 检查过程不完整，每项扣5分				15			
	通电试运行	试运行操作不熟练，扣5分 验电操作不规范，扣5分 热继电器电流整定错误，扣5分 时间继电器时间整定错误，扣5分 通电一次不成功，经15min自行修复，扣10分 短路故障，经15min自行修复，扣20分 二次试运行不成功，不得分 功能不全或动作错误，扣10~20分				40			
	安全文明生产	违章操作并造成严重后果，扣10分 违章操作被劝阻，每次扣5分 未穿工作服，扣5分 未穿电工绝缘鞋，扣10分 试运行时工具摆放杂乱，扣5分 试运行时板内有导线、线头，扣5分 当无监考人员在场时自行试运行，扣10分				10			
	备注	参照相关国家职业技能标准和行业技术标准制定本检查细则				总分			
						检查员：			
评价	作品展示及小组评议情况记录： 优点： 缺点：								

班级			姓名		小组名称		工位号		
评价		评价内容	评价标准			配分	自我评价	小组评价	教师评价
		方法能力	资料收集整理的能力 制订、实施工作计划的能力 自主获取知识与技能的学习能力			30			
		专业能力	无变压器单相半波整流能耗制动控制线路工作原理的分析能力 无变压器单相半波整流能耗制动控制线路的安装与调试能力 安全用电操作规程的认知能力 电工工具和仪表的使用能力			50			
		社会能力	沟通协调能力、语言表达能力 团队组织能力、班组管理能力 责任心与职业道德、安全与自我保护能力 环境适应能力			20			
		指导教师描述性评价：				小计			
						权重			
			指导教师签名：　　　　日期：			总分			

任务实施工作小结反馈：

实施者签名：　　　　日期：

三相笼型异步电动机变极调速控制线路的安装与调试工作页

编号：AZ09

班级		姓名		小组名称		工位号	
小组成员及分工							

<table>
<tr><td rowspan="30">资讯</td><td colspan="7">任务实施前，请阅读教材和相关资料，完成以下练习：</td></tr>
</table>

任务实施前，请阅读教材和相关资料，完成以下练习：

一、填空题

1. 三相异步电动机的调速方法有三种：一是改变_____调速；二是改变_____调速；三是改变_____调速。

2. 变极调速是通过改变电动机_____的连接方式来实现的。

3. 双速电动机的定子绕组共有_____个出线端，可作_____和_____两种连接方式，电动机低速时定子绕组接成_____，高速时定子绕组接成_____。

4. 三速异步电动机有_____套定子绕组，第一套绕组（双速）有_____个出线端，分别是_____、_____、_____、_____和_____，可作_____和_____联结；第二套绕组（单速）有_____个出线端，用_____、_____和_____表示，只作Y联结。

5. 三速异步电动机低速运行时，定子绕组接成_____，中速时接成_____，高速时接成_____。

二、判断题

（　　）1. 双速电动机的定子绕组从一种连接方式变为另一种连接方式时，必须把电源相序反接，以保证电动机在两种转速下的旋转方向相反。

（　　）2. 改变异步电动机的磁极对数调速称为变极调速。

三、选择题

1. 双速电动机高速运转时的转速是低速运转时转速的（　　）倍。

A. 1　　　　　　　　　　B. 2　　　　　　　　　　C. 3

2. 在图1-9-1所示电路中，使电动机起动并作高速运转，应按下按钮（　　）。

A. SB1　　　　　　　　　B. SB2　　　　　　　　　C. SB3

3. 在图1-9-1所示电路中，使电动机起动并作低速运转，应按下按钮（　　）。

A. SB1　　　　　　　　　B. SB2　　　　　　　　　C. SB3

4. 变极调速是（　　）调速。

A. 无级　　　　　　　　　B. 有级　　　　　　　　　C. 都不是

5. 变极调速只适用于（　　）异步电动机。

A. 笼型　　　　　　　　　B. 绕线转子　　　　　　　C. 笼型和绕线转子

6. 变极调速是通过改变电动机（　　）的连接方式来实现的。

A. 转子绕组　　　　　　　B. 定子绕组　　　　　　　C. 转子绕组和定子绕组

7. 三速异步电动机有（　　）套定子绕组。

A. 1　　　　　　　　　　B. 2　　　　　　　　　　C. 3

班级		姓名		小组名称		工位号	

资讯

图 1-9-1

四、简答题

1. 在图 1-9-2 所示接线盒框图中分别画出双速电动机在低、高速时定子绕组的接线图。

a) 传速 △ 联结(4极)　　　b) 传速 Y Y 联结(2极)

图 1-9-2

2. 在图 1-9-3 所示接线盒框图中分别画出三速电动机在低、中、高速成时定子绕组的接线图。

班级		姓名		小组名称		工位号	

a) 低速△联结　　　　　b) 中速丫联结　　　　　c) 高速丫丫联结

图　1-9-3

3. 分析图 1-9-4 所示时间继电器控制的三相双速异步电动机调速控制线路的工作过程。

图　1-9-4

班级		姓名		小组名称		工位号	

计划	计划总工时_____，工作步骤：				
	序号	工作内容	工具材料	质量安全措施	工时

决策	计划提交小组讨论或指导教师审查，形成实施性计划（方案）。意见建议如下： 小组代表（指导教师）签名：

实施	在下面框内画出安装电路图或接线图 填写材料清单，从仓库中领取材料，并检查其是否完好

班级		姓名		小组名称		工位号	
实施	序号	名称	型号与规格		单位	数量	是否完好
	1						
	2						
	3						
	4						
	5						
	6						
	7						
	8						
	9						
	10						
	11						
	12						
	13						

安装接线过程记录，如有故障，请在下表填写故障现象、故障原因及处理方法

故障现象	故障原因	处理方法

调试过程记录，如有故障，请在下表填写故障现象、故障原因及处理方法

故障现象	故障原因	处理方法

（续）

班级		姓名		小组名称		工位号	

	检查项目	评价标准	配分	自检	互检	师检
检查	准备工作	工具、仪表缺少，每件扣2分 器材缺少，每件扣2分 图纸未领或未按要求绘制，扣2~10分	10			
	安装、接线工艺	元器件装错，每处扣5分；未紧固，每处扣2分 不按图接线，每处扣10分 露铜、松动，每处扣5分 接线不美观，扣2~15分	25			
	通电前操作	未进行线号核对检查，扣10分 发现漏接或错接，每处扣2分 不会进行万用表检查，扣10分 检查过程不完整，每项扣5分	15			
	通电试运行	试运行操作不熟练，扣5分 验电操作不规范，扣5分 热继电器电流整定错误，扣5分 时间继电器时间整定错误，扣5分 通电一次不成功，经15min自行修复，扣10分 短路故障，经15min自行修复，扣20分 二次试运行不成功，不得分 功能不全或动作错误，扣10~20分	40			
	安全文明生产	违章操作并造成严重后果，扣10分 违章操作被劝阻，每次扣5分 未穿工作服，扣5分 未穿电工绝缘鞋，扣10分 试运行时工具摆放杂乱，扣5分 试运行时板内有导线、线头，扣5分 当无监考人员在场时自行试运行，扣10分	10			
	备注	参照相关国家职业技能标准和行业技术标准制定本检查细则	总分			
			检查员：			

	作品展示及小组评议情况记录： 优点： 缺点：
评价	

班级			姓名		小组名称			工位号		
评价	评价内容		评价标准				配分	自我评价	小组评价	教师评价
	方法能力		资料收集整理的能力 制订、实施工作计划的能力 自主获取知识与技能的学习能力				30			
	专业能力		双速异步电动机的连接能力 双速异步电动机控制线路工作原理的分析能力 双速异步电动机控制线路的安装与调试能力 安全用电操作规程的认知能力 电工工具和仪表的使用能力				50			
	社会能力		沟通协调能力、语言表达能力 团队组织能力、班组管理能力 责任心与职业道德、安全与自我保护能力 环境适应能力				20			
	指导教师描述性评价：						小计			
							权重			
	指导教师签名：　　　　　日期：						总分			

任务实施工作小结反馈：

　　　　　　　　　　　　　　　　　　　　　　实施者签名：　　　　　日期：

三相绕线转子异步电动机起动与调速控制线路的安装与调试工作页

编号：AZ10

班级		姓名		小组名称		工位号	
小组成员及分工							

	任务实施前，请阅读教材和相关资料，完成以下练习：
资讯	**一、填空题** 1. 三相绕线转子异步电动机可以通过＿＿＿＿＿在转子绕组中＿＿＿＿＿来改善电动机的机械特性，从而达到减小＿＿＿＿＿、增大＿＿＿＿＿以及＿＿＿＿＿的目的。 2. 三相绕线转子异步电动机常用于要求＿＿＿＿＿较大且能＿＿＿＿＿的场合。 3. 三相绕线转子异步电动机起动时，在转子回路中串入作＿＿＿＿＿、＿＿＿＿＿的三相起动电阻，并把可变电阻的＿＿＿＿＿调到最大，以减小起动电流，获得较大的起动转矩。随着电动机转速的升高，可变电阻逐级＿＿＿＿＿。起动完毕后，切除可变电阻，转子绕组被直接＿＿＿＿＿，电动机便在额定状态下运行。 4. 输入量为＿＿＿＿＿，当＿＿＿＿＿达到规定值时做出动作的继电器叫作电流继电器。使用时，电流继电器的线圈＿＿＿＿＿在被测电路中。 5. 电流继电器分为＿＿＿＿＿继电器和＿＿＿＿＿继电器两种。 6. JT4 系列为交流通用继电器，在这种继电器的电磁系统上装设不同的线圈便可制成＿＿＿＿＿、＿＿＿＿＿、过电压、欠电压等继电器。 7. 凸轮控制器是利用＿＿＿＿＿来操作动触头动作的控制器，主要用于控制功率不大于＿＿＿＿＿kW 的中小型＿＿＿＿＿异步电动机的起动、调速和换向。 **二、判断题** （　　）1. 电动机转子绕组中串接的外加电阻在每段切除前和切除后，三相电阻始终是对称的，称为三相对称电阻。 （　　）2. 当电路中发生短路或过载故障时，过电流继电器的触头即动作。 （　　）3. 在电路正常工作时，欠电流继电器的衔铁与铁心始终是吸合的。 （　　）4. KTJ1 系列凸轮控制器的 12 对触头都用于控制线路中，故都不带灭弧罩。 **三、选择题** 1. 当流过继电器线圈的电流超过整定值时就动作的继电器称为（　　）。 A. 欠电压继电器　　B. 过电压继电器　　C. 过电流继电器　　D. 欠电流继电器 2. 当流过继电器线圈的电流低于整定值时就动作的继电器称为（　　）。 A. 欠电压继电器　　B. 过电压继电器　　C. 过电流继电器　　D. 欠电流继电器 3. 图 1-10-1 所示电路中的三个过电流继电器 KA1、KA2 和 KA3 能根据电动机转子电流的变化，控制接触器按（　　）依次得电动作，来逐级切除起动电阻。 A. KM3、KM2、KM1　　　　　　　　　B. KM2、KM1、KM3 C. KM1、KM2、KM3　　　　　　　　　D. KM1、KM3、KM2 4. 图 1-10-1 所示电路中的三个过电流继电器 KA1、KA2 和 KA3 的线圈串接在转子回路中，它们的吸合电流都一样，但释放电流不同，（　　）的最大。 A. KA3　　　　　　　B. KA2　　　　　　　C. KA1

班级		姓名		小组名称		工位号	

5. 图 1-10-1 所示电路中，在电动机起动过程中，随着电动机转速的升高，转子电流逐渐减小，过电流继电器依次释放，电阻依次被短接，最先被短接的电阻是（   ）。

A. R_1 B. R_2 C. R_3

图 1-10-1

6. KTJ1-50 型凸轮控制器的触头系统共有 12 对触头，（   ）对常开。

A. 12   B. 11   C. 10   D. 9

四、简答题

1. 图 1-10-1 中，与 SB1 串联的接触器 KM1、KM2、KM3 的常闭辅助触头的作用是什么？

班级		姓名		小组名称		工位号	

2. 写出图 1-10-1 所示时间继电器自动控制的三相绕线转子异步电动机串电阻起动控制线路的工作原理。

3. 结合图 1-10-2 所示的凸轮控制器控制的三相绕线转子异步电动机控制线路, 回答以下问题:

1) 线路有哪些保护? 各由什么电器实现?

2) 凸轮控制器的手轮处于 12 个位置时分别能实现哪些操作?

3) 凸轮控制器的 12 对触头各接在什么电路中? 各起什么作用?

资讯

a) 电路图 b) 触点分合表

图 1-10-2

60

班级		姓名		小组名称		工位号	

<table>
<tr><td rowspan="9">计划</td><td colspan="7">计划总工时_____，工作步骤：</td></tr>
<tr><td>序号</td><td colspan="3">工作内容</td><td>工具材料</td><td>质量安全措施</td><td>工时</td></tr>
<tr><td></td><td colspan="3"></td><td></td><td></td><td></td></tr>
<tr><td></td><td colspan="3"></td><td></td><td></td><td></td></tr>
<tr><td></td><td colspan="3"></td><td></td><td></td><td></td></tr>
<tr><td></td><td colspan="3"></td><td></td><td></td><td></td></tr>
<tr><td></td><td colspan="3"></td><td></td><td></td><td></td></tr>
<tr><td></td><td colspan="3"></td><td></td><td></td><td></td></tr>
<tr><td></td><td colspan="3"></td><td></td><td></td><td></td></tr>
</table>

决策	计划提交小组讨论或指导教师审查，形成实施性计划（方案）。意见建议如下： 小组代表（指导教师）签名：

实施	在下面框内画出安装电路图或接线图 填写材料清单，从仓库中领取材料，并检查其是否完好

班级			姓名			小组名称			工位号	
	序号	名称		型号与规格			单位		数量	是否完好
	1									
	2									
	3									
	4									
	5									
	6									
	7									
	8									
	9									
	10									
	11									
	12									
	13									

实施

安装接线过程记录，如有故障，请在下表填写故障现象、故障原因及处理方法

故障现象	故障原因	处理方法

调试过程记录，如有故障，请在下表填写故障现象、故障原因及处理方法

故障现象	故障原因	处理方法

班级			姓名		小组名称			工位号	
检查	检查项目		评价标准			配分	自检	互检	师检
	准备工作		工具、仪表缺少，每件扣2分 器材缺少，每件扣2分 图纸未领或未按要求绘制，扣2~10分			10			
	安装、接线工艺		元器件装错，每处扣5分；未紧固，每处扣2分 不按图接线，每处扣10分 露铜、松动，每处扣5分 接线不美观，扣2~15分			25			
	通电前操作		未进行线号核对检查，扣10分 发现漏接或错接，每处扣2分 不会进行万用表检查，扣10分 检查过程不完整，每项扣5分			15			
	通电试运行		试运行操作不熟练，扣5分 验电操作不规范，扣5分 热继电器电流整定错误，扣5分 时间继电器时间整定错误，扣5分 通电一次不成功，经15min自行修复，扣10分 短路故障，经15min自行修复，扣20分 二次试运行不成功，不得分 功能不全或动作错误，扣10~20分			40			
	安全文明生产		违章操作并造成严重后果，扣10分 违章操作被劝阻，每次扣5分 未穿工作服，扣5分 未穿电工绝缘鞋，扣10分 试运行时工具摆放杂乱，扣5分 试运行时板内有导线、线头，扣5分 当无监考人员在场时自行试运行，扣10分			10			
	备注		参照相关国家职业技能标准和行业技术标准制定本检查细则		总分				
					检查员：				
评价	作品展示及小组评议情况记录： 优点： 缺点：								

班级			姓名		小组名称			工位号	
评价	评价内容		评价标准			配分	自我评价	小组评价	教师评价
	方法能力		资料收集整理的能力 制订、实施工作计划的能力 自主获取知识与技能的学习能力			30			
	专业能力		常用低压电器的应用能力 转子绕组串电阻起动控制线路工作原理的分析能力 转子绕组串电阻起动控制线路的安装与调试能力 安全用电操作规程的认知能力 电工工具和仪表的使用能力			50			
	社会能力		沟通协调能力、语言表达能力 团队组织能力、班组管理能力 责任心与职业道德、安全与自我保护能力 环境适应能力			20			
	指导教师描述性评价：					小计			
						权重			
			指导教师签名：　　　　日期：			总分			

任务实施工作小结反馈：

实施者签名：　　　　日期：

选用设计篇

低压电器的选用工作页

编号：SJ01

班级		姓名		小组名称		工位号	
小组成员及分工							

资讯	任务实施前，请阅读教材和相关资料，完成以下练习：
	一、填空题
	1. 低压电器的额定电压应与所在回路的_____相适应。
	2. 可能通过短路电流的电器应满足在短路条件下的_____和_____要求。
	3. 断开短路电流的保护电器应具备在短路条件下_____的能力。
	4. 选用低压电器时，特殊使用环境条件具体包括_____、_____、_____、_____、_____。
	5. 防爆电气设备应在明显处有"_____"防爆标志。
	6. 海拔超过_____的地区划为高原地区，高原地区应采用相应的高原型电器。
	7. 计算电流是指计算负荷在_____下的工作电流。计算负荷是一个假想的_____，其热效应与同一时间内实际变动负荷所产生的_____相等。
	8. 接触器的选择：接触器主触头的额定电流应_____负载线路的额定电流，接触器线圈的额定电压应_____所控制线路的额定电压。
	9. 对于△联结的电动机，可选用_____的热继电器，安装保护位置不同，其_____也不同。
	10. 低压电器型号的命名详见 JB/T 2930—2007《_____》。
	二、选择题
	1. 低压电器的额定电流不应小于所在回路的负荷（　　）。
	A. 工作电流　　　　　　　B. 额定电流　　　　　　　C. 计算电流
	2. 下列属于短路电流保护电器的是（　　）。
	A. 接触器　　　　　　　　B. 熔断器　　　　　　　　C. 继电器
	3. 一般情况下，热继电器中热元件的整定电流为电动机额定电流的（　　）倍。
	A. 4～7　　　　　　　　　B. 0.95～1.05　　　　　　C. 1.5～2
	4. 对于在户外中等腐蚀环境下使用的电器，应选择（　　）型。
	A. F1　　　　　　　　　　B. WF1　　　　　　　　　C. WF2
	5. 低压断路器的热脱扣器的整定电流应（　　）所控制的电动机或其他负载线路的额定电流。
	A. 等于　　　　　　　　　B. 大于　　　　　　　　　C. 小于
	6. 教材的图 1-8-9 中，如果电动机的额定电流为 15A，则热继电器的整定电流应为（　　）。
	A. 15A　　　　　　　　　B. $15\sqrt{3}$ A　　　　　　C. $15/\sqrt{3}$ A
	三、问答题
	1. 正常工作条件下选用低压电器的原则有哪些？

班级		姓名		小组名称		工位号	

资讯	2. 单台用电设备的计算电流如何估算？ 3. 选用低压断路器的一般要求有哪些？

计划总工时：

	序号	工作安排	计划工时
计划		需要进一步了解的内容： 	
		需要准备的资料： 	

决策	计划提交小组讨论或指导教师审查，形成实施性计划（方案）。修改意见建议： 　　　　　　　　　　　　　　　　　　小组代表（指导教师）签名：

班级		姓名		小组名称		工位号	

实施	列出教材图 2-1-2 中所用元器件的选择清单				
	序号	代号	名称	型号	规格	数量

检查	检查中所发现问题的记录： 经验教训：

评价	评价内容	评价标准	配分	自我评价	小组评价	教师评价
	方法能力	资料收集整理不到位，扣 1~5 分 没有制订工作计划，扣 20 分 制订工作计划不合理，扣 5~10 分	20			
	专业能力	所选元器件的名称漏写或写错，每处扣 2 分 所选元器件型号漏写或写错，每处扣 2 分 所选元器件规格漏写或写错，每处扣 2 分 所选元器件的数量漏写或写错，每处扣 2 分	60			
	社会能力	不遵守纪律、举止不文明，扣 5~10 分 不协作、不参加研讨交流，扣 5~10 分	20			
	指导教师描述性评价： 　　　　　　　　指导教师签名：　　　日期：		小计			
			权重			
			总分			

任务实施工作小结反馈：   　　　　　　　　　　　　　　实施者签名：　　　日期：

电气控制线路的设计工作页

编号：SJ02

班级		姓名		小组名称		工位号	
小组成员及分工							

<table>
<tr>
<td rowspan="1">资讯</td>
<td>

任务实施前，请阅读教材和相关资料，完成以下练习：

一、填空题

1. 电动机的控制方式有_____、_____、_____和_____。

2. 在实际生产中，反接制动控制中不允许采用_____方式，而是采用_____方式。

3. 常用的电动机保护形式有_____、_____、_____、_____、_____及失磁保护等。

4. 实现电动机欠电压保护的电器是_____和_____。

5. 若电动机在正常运转过程中，磁场突然减弱或消失，电动机的转速将会迅速升高，甚至发生"_____"。

6. 电气控制线路的设计方法通常有两种：一种是_____，另一种是_____。

7. 当控制电器较多，控制电路较复杂时，通常采用_____，将控制电压降低到220V或110V及以下。

8. 在一般情况下，将_____的所有接触器、继电器以及执行电器线圈的一端，均接在电源的一侧，而将这些电器的_____接在电源的另一侧。

9. 在控制线路的动作过程中，非正常接通的线路叫作_____。

10. 控制线路应保证即使在_____情况下也不致造成事故，必要时还应考虑设置合闸、断开、事故、安全等_____。

二、选择题

1. 利用时间继电器按一定时间间隔来控制电动机的工作状态称为（   ）方式。

A. 位置控制   B. 时间控制   C. 电流控制   D. 速度控制

2. 实现电动机电流控制方式的电器是（   ）。

A. 接触器   B. 熔断器   C. 热继电器   D. 电流继电器

3. 一般当电网电压降低到额定电压的（   ）以下时，接触器（或电压继电器）线圈产生的电磁吸力减小到小于复位弹簧的拉力，动铁心被迫释放，其主触头和自锁触头同时断开，切断主电路和控制电路电源，使电动机停转。

A. 30%   B. 50%   C. 85%   D. 90%

4. （   ）是根据生产工艺要求，利用逻辑代数来分析、设计线路。

A. 经验设计法   B. 逻辑设计法

三、问答题

1. 电动机的控制方式有哪些？

</td>
</tr>
</table>

班级		姓名		小组名称		工位号	

资讯	2. 常用的电动机保护形式有哪些？分别用什么电器进行保护？ 3. 简述电气控制线路的设计原则。 4. 叙述经验设计法设计电气控制线路的步骤。 5. 说出电气控制线路设计的一般要求。

计划	计划总工时：		
	序号	工作安排	计划工时

决策	计划提交小组讨论或指导教师审查，形成实施性计划（方案）。修改意见建议： 小组代表（指导教师）签名：

班级		姓名		小组名称		工位号	

实施	画出电气控制线路图					

元器件明细表

序号	代号	名称	型号	规格	数量

检查	检查中所发现问题的记录： 经验教训：

班级			姓名		小组名称			工位号	

	评价内容	评价标准	配分	自我评价	小组评价	教师评价
评价	方法能力	资料收集整理不到位，扣1~5分 没有制订工作计划，扣20分 制订工作计划不合理，扣5~10分	30			
	专业能力	主电路设计错误，扣10~20分 控制电路设计错误，扣10~20分 元器件漏选或错选，每处扣2分 设计图面不整洁，扣2~10分	50			
	社会能力	不遵守纪律、举止不文明，扣5~10分 不协作、不参加研讨交流，扣5~10分	20			
	指导教师描述性评价：		小计			
			权重			
	指导教师签名：　　日期：		总分			

任务实施工作小结反馈：

实施者签名：　　日期：

分析检修篇

CA6150 型卧式车床电气控制线路的分析与检修工作页

编号：JX01

班级		姓名		小组名称		工位号	
小组成员及分工							

资讯	任务实施前，请阅读教材和相关资料，完成以下练习：

一、填空题

1. 当电气设备发生故障后，切忌盲目随便动手检修。在检修前，应先通过_____、_____、_____、_____来了解故障前后的操作情况和故障发生后出现的异常现象，以便根据故障现象判断出故障发生的部位，进而准确地排除故障。

2. 机床电气故障的基本检修方法包括_____、_____、_____、对比法、置换元件法、逐步开路法、强迫闭合法和短接法等。

3. 在故障点的修复工作中，一般情况下尽量做到_____。

4. 电阻测量法必须在_____状况下进行，带电测量易造成_____、_____等后果。

5. 测导线或触头的通、断应选择"_____"挡并调零。测量继电器线圈电阻应选择"_____"挡并调零。

6. 电阻测量完毕后，及时将万用表转换开关打到_____最大挡，以免造成误测量而烧坏仪表。

7. 使用电阻测量法测电阻前，必须先_____、_____，确保无电后方可实施。

8. CA6150 型卧式车床共有 4 台电动机，它们分别是_____、_____、_____和_____。

9. CA6150 型卧式车床的工作电源及电源变压器一次侧输入电源由断路器 QF1 控制，并兼有_____、_____保护作用。熔断器 FU1 为 M3、M4 的_____短路保护。

10. CA6150 型卧式车床的润滑油泵控制开关 QF2 闭合，车床控制线路中的 QF2 常开触头（5—6）起到_____控制作用。只有_____起动运转后，_____才能起动运转。

11. CA6150 型卧式车床的主轴正反转是由_____与_____配合来完成的。

12. CA6150 型卧式车床主电动机 M1 正反转控制中采用_____实现机械联锁，并利用接触器_____和_____的常闭辅助触头实现接触器联锁。

13. CA6150 型卧式车床主轴正反转控制中采用操纵杆控制_____、_____、_____实现机械联锁，利用中间继电器_____、_____的常闭触头实现继电器联锁。

14. CA6150 型卧式车床电磁离合器 YC1 和 YC2 间，利用_____和_____的常开、常闭辅助触头以及_____和_____的常开触头实现控制线路联锁。

15. CA6150 型卧式车床主轴运行与主轴制动控制由_____和_____的常开、常闭触头来实现联锁。

班级		姓名		小组名称		工位号	

二、判断题

（　）1. 维修时可根据实际需要修改生产机械的电气控制线路。

（　）2. 在实际检修机床电气故障过程中，不同的测量方法可交叉使用。

（　）3. 在故障的修理过程中，一般情况下应做到尽量复原。

（　）4. CA6150 型卧式车床主轴的正反转是由主轴电动机 M1 的正反转来实现的。

（　）5. 在操作 CA6150 型卧式车床时，按下起动按钮 SB3，发现接触器 KM1 得电动作，但主轴电动机 M1 不能起动，则故障原因可能是热继电器 FR 动作后未复位。

（　）6. CA6150 型卧式车床的主轴电动机 M1 因过载而停转，且热继电器还未复位，则冷却泵电动机 M3 和快速移动电动机 M4 都因断电而无法运转。

三、选择题

1. 由于导线绝缘老化而造成的设备故障属于（　　）。

A. 自然故障　　　　　　　　B. 人为故障　　　　　　　　C. 无法确定

2. CA6150 型卧式车床主轴电动机 M1 的失电压保护由（　　）完成。

A. 接触器　　　　　　　　　B. 低压断路器　　　　　　　C. 热继电器

3. CA6150 型卧式车床冷却泵电动机 M3 的过载保护由（　　）完成。

A. 接触器　　　　　　　　　B. 低压断路器　　　　　　　C. 热继电器

4. CA6150 型卧式车床的主轴电动机选用的是（　　）。

A. 直流电动机　　　　　　　B. 三相笼型异步电动机　　　C. 三相绕线转子异步电动机

5. 按下起动按钮后，主轴电动机 M1 起动后不能自锁，则故障原因可能是（　　）。

A. 接触器 KM1（KM2）的自锁触头接触不良

B. 接触器 KM1（KM2）的主触头接触不良

C. 热继电器 FR 动作

四、简答题

1. 简述机床设备故障检修的一般流程。

2. 电压测量法检修故障时要注意哪些问题？

3. 在 CA6150 型卧式车床电气控制线路中有几台电动机？它们的作用分别是什么？

资讯

班级		姓名		小组名称		工位号	

资讯

4. 在 CA6150 型卧式车床控制线路中，按下 SB3［SA2 触头（7—8）闭合］使主轴电动机正转，然后再压下主轴操作手柄，使主轴反转（SQ5 闭合）。写出上述过程的工作原理。

5. 在 CA6150 型卧式车床中，当 SA2 与左边 8#线相连，按下 SB3，接触器 KM1 吸合；但当 SA2 与右边 10#线相连，按下 SB3，接触器 KM2 不能吸合。分析故障原因，确定可能的故障范围。

6. 在 CA6150 型卧式车床中，若接触器 KM1 和 KM2 及中间继电器 KA1 都能正常吸合，但 KA2 不能吸合。分析故障原因，确定可能的故障范围。

7. 在 CA6150 型卧式车床中，若接触器 KM1 和 KM2 都能正常吸合，压下 SQ3 或按下 SB4，KA1 能吸合，但压下 SQ4，KA1 不能吸合。分析故障原因，确定可能的故障范围。

班级		姓名		小组名称		工位号	

计划	计划工时： 需要准备的工具、仪表、资料等： 工作步骤： 检修方法：
决策	计划提交小组讨论或指导教师审查，形成实施性计划（方案）。修改意见建议： 小组代表（指导教师）签名：
实施	我的工作计划顺利通过（　　）已作修改（　　）请求实施 任务一：故障现象_____ 故障范围判定_____ 排故经过_____ _____ _____ 实际故障点_____ 任务二：故障现象_____ 故障范围判定_____ _____ 排故经过_____ _____ _____ 实际故障点_____ 任务三：故障现象_____ 故障范围判定_____ _____ 排故经过_____ _____ _____ 实际故障点_____

班级			姓名		小组名称		工位号	
检查	检查项目	评价标准				配分	自检	互检	师检
	工作准备	工具、仪表等准备不足或错误，每只扣 2 分 资料、文具等准备不足或错误，每项扣 2 分				10			
	故障判定	操作不规范，每次扣 2 分 未能观察到机床故障，每处故障扣 5 分				10			
	故障分析	故障区域判断错误，每次扣 5 分 分析线路思路不清，每次扣 2 分 故障区域判断过大，每次扣 2 分				10			
	故障排除	不能排除故障，每处扣 20 分 排除故障思路不清，每处扣 5 分 排除故障方法不正确，每次扣 5~10 分 仪表使用不正确，每次扣 3 分 扩大故障后不能自行修复，每处扣 10 分；能自行修复，每处扣 5 分 发生短路现象，每次扣 10 分（包括被监考制止） 损坏器材，每次扣 10 分 修复故障时接错线，每次（条）扣 5 分 严重损坏设备及造成事故，扣单项 30~60 分				60			
	安全文明	穿戴不符合要求或工具、仪表不齐，扣 2~5 分 违规操作，每次扣 2~5 分 不按"7S"标准排除故障，扣 2~5 分				5			
	施工时间	超过定额用时，每 5min 扣 1 分				5			
	备注	参照相关国家职业技能标准和行业技术标准制定本检查细则				总分			
						检查员：			

检修情况记录：

班级			姓名		小组名称			工位号	

评价	评价内容	评价标准	配分	自我评价	小组评价	教师评价
评价	方法能力	电气故障检修的组织实施能力 制订、实施工作计划的能力 查询电气故障检查方法的能力	30			
	专业能力	CA6150 型车床线路图的识读能力 CA6150 型车床工电气设备的操作能力 CA6150 型车床电气故障的诊断和排除能力 安全用电操作规程的认知能力 电工工具和仪表的使用能力	50			
	社会能力	沟通协调能力、语言表达能力 团队组织能力、班组管理能力 责任心与职业道德、安全与自我保护能力 环境适应能力	20			
	指导教师描述性评价：		小计			
			权重			
	指导教师签名：　　　日期：		总分			

任务实施工作小结反馈：

实施者签名：　　　日期：

Z3050 型摇臂钻床电气控制线路的分析与检修工作页

编号：JX02

班级		姓名		小组名称		工位号	
小组成员及分工							

资讯	任务实施前，请阅读教材和相关资料，完成以下练习：

一、填空题

1. Z3050 型摇臂钻床的运动方式为主轴可_____运动和_____，主轴箱可沿摇臂_____运动，摇臂可_____和_____运动。

2. 摇臂升降由_____拖动，采用继电器控制电动机的_____，并严格按松开→移动→夹紧这一自动程序运行。

3. 电源电路中，QF2 用于手动控制冷却泵电动机 M4 的运行及_____、_____保护，QF3 用来专门控制摇臂升降电动机 M2、液压泵电动机 M3 和控制变压器一次侧的电源通断和_____保护。

4. Z3050 型摇臂钻床共有四台电动机，它们分别是_____、_____、_____和_____。四台电动机中，_____和_____要求单向运转，_____和_____要求双向运转。

5. 主轴电动机 M1：_____控制单向运行，_____作为过载保护，_____作为短路保护，正反转由机械系统实现。

6. 摇臂升降电动机 M2：_____控制正反转，_____作为短路保护。

7. 液压泵电动机 M3：_____控制正反转，_____作为过载保护，_____作为短路保护。

8. 冷却泵电动机 M4：由_____手动控制单向运行，_____作为短路、过载保护。

9. 控制电路电源由控制变压器 TC 提供_____电压，_____作为短路保护。

10. 为了保证操作安全，电源箱控制电路具有"开门断电"功能，由门控开关_____来实现。

11. 由于立柱和主轴箱的夹紧和放松都是短时工作，故采用_____控制。

二、判断题

(   ) 1. 摇臂钻床的摇臂可绕外立柱回转。

(   ) 2. Z3050 型摇臂钻床在使用时不允许沿一个方向连续转动摇臂。

(   ) 3. Z3050 型摇臂钻床中的低压断路器 QF1，只有当线圈通电时才能合闸。

三、选择题

1. Z3050 型摇臂钻床的外立柱可绕不动的内立柱回转（   ）。

A. 90°   B. 180°   C. 360°

2. Z3050 型摇臂钻床上四台电动机的短路保护均由（   ）来实现。

A. 熔断器   B. 过电流继电器   C. 低压断路器

3. Z3050 型摇臂钻床的主轴（   ）。

A. 只能单向旋转   B. 由机械手柄操作正反转   C. 由电动机 M1 带动正反转

4. Z3050 型摇臂钻床的摇臂升降电动机 M2 采用了（   ）。

班级		姓名		小组名称		工位号	

A. 接触器联锁正反转控制　　　　　　　　　B. 按钮联锁正反转控制

C. 按钮接触器双重联锁正反转控制

5. Z3050 型摇臂钻床大修后，若将摇臂升降电动机的三相电源相序接反，则会出现（　　）的现象。

A. 电动机不能起动　　　　　B. 上升与下降方向颠倒　　　　　C. 电动机不能停止

四、简答题

1. 在 Z3050 型摇臂钻床的电气控制线路中有几台电动机？它们的作用分别是什么？

2. 写出 Z3050 型摇臂钻床摇臂下降时各继电器得电的电流回路。

3. 操作者按下 Z3050 型摇臂钻床的摇臂上升按钮后，发现 KT1 能得电，但接触器 KM4 没吸合，不过当按下 SB6，KM4 却能吸合。分析故障原因，确定可能的故障范围。

4. 操作者按下 Z3050 型摇臂钻床的摇臂下降按钮 SB5 后，KT1、KM4、KM3 能依次得电，松开 SB5 后，KM5 不吸合，但再按下 SB7，KM5 却能吸合。分析故障原因，确定可能的故障范围。

5. 操作者按下 Z3050 型摇臂钻床的摇臂上升按钮 SB4 或下降按钮 SB5 后，KM4 能吸合，按下 SB7，KM5 能吸合，但按下 SB6 时，KM4 却不能吸合。分析故障原因，确定可能的故障范围。

资讯

班级		姓名		小组名称		工位号	

计划	计划工时： 需要准备的工具、仪表、资料等： 工作步骤： 检修方法：
决策	计划提交小组讨论或指导教师审查，形成实施性计划（方案）。修改意见建议： 小组代表（指导教师）签名：
实施	我的工作计划顺利通过（　　）已作修改（　　）请求实施 任务一：故障现象_____ 故障范围判定_____ 排故经过_____ _____ _____ 实际故障点_____ 任务二：故障现象_____ 故障范围判定_____ _____ 排故经过_____ _____ _____ 实际故障点_____ 任务三：故障现象_____ 故障范围判定_____ _____ 排故经过_____ _____ _____ 实际故障点_____

班级			姓名		小组名称		工位号		
	检查项目	评价标准				配分	自检	互检	师检
检查	工作准备	工具、仪表等准备不足或错误，每只扣2分 资料、文具等准备不足或错误，每项扣2分				10			
	故障判定	操作不规范，每次扣2分 未能观察到机床故障，每处故障扣5分				10			
	故障分析	故障区域判断错误，每次扣5分 分析线路思路不清，每次扣2分 故障区域判断过大，每次扣2分				10			
	故障排除	不能排除故障，每处扣20分 排除故障思路不清，每处扣5分 排除故障方法不正确，每次扣5～10分 仪表使用不正确，每次扣3分 扩大故障后不能自行修复，每处扣10分；能自行修复，每处扣5分 发生短路现象，每次扣10分（包括被监考制止） 损坏器材，每次扣10分 修复故障时接错线，每次（条）扣5分 严重损坏设备及造成事故，扣单项30～60分				60			
	安全文明	穿戴不符合要求或工具、仪表不齐，扣2～5分 违规操作，每次扣2～5分 不按"7S"标准排除故障，扣2～5分				5			
	施工时间	超过定额用时，每5min扣1分				5			
	备注	参照相关国家职业技能标准和行业技术标准制定本检查细则				总分			
						检查员：			

检修情况记录：

班级			姓名		小组名称		工位号		
评价	评价内容		评价标准			配分	自我评价	小组评价	教师评价
	方法能力		电气故障检修的组织实施能力 制订、实施工作计划的能力 查询电气故障检查方法的能力			30			
	专业能力		Z3050型钻床线路图的识读能力 Z3050型钻床电气设备的操作能力 Z3050型钻床电气故障的诊断和排除能力 安全用电操作规程的认知能力 电工工具和仪表的使用能力			50			
	社会能力		沟通协调能力、语言表达能力 团队组织能力、班组管理能力 责任心与职业道德、安全与自我保护能力 环境适应能力			20			
	指导教师描述性评价： 　　　　　　　　　　指导教师签名：　　　　日期：					小计			
						权重			
						总分			

任务实施工作小结反馈：

　　　　　　　　　　　　　　　　　　　　　实施者签名：　　　　日期：

M7130 型平面磨床电气控制线路的分析与检修工作页

编号：JX03

班级		姓名		小组名称		工位号	
小组成员及分工							

<table>
<tr><td rowspan="30">资讯</td><td>任务实施前，请阅读教材和相关资料，完成以下练习：</td></tr>
</table>

任务实施前，请阅读教材和相关资料，完成以下练习：

一、填空题

1. M7130 型平面磨床的运动方式如下：_____ 是主运动，_____ 为进给运动，_____ 均为辅助运动。

2. 工作台每完成一次往返运动，砂轮箱作一次间断性的 _____ 进给；当加工完整个平面后，砂轮箱作一次间断性的 _____ 进给。

3. 主电动机 M1（砂轮电动机）：拖动砂轮高速旋转，_____ 控制其单向连续运行，_____ 过载保护，_____ 短路保护。

4. 冷却泵电动机 M2：供应冷却液，需要冷却时对 M2 进行 _____ 控制，_____ 短路保护。

5. 液压电动机 M3：_____ 控制其单向连续运行，_____ 过载保护，_____ 短路保护。

6. 在充磁状态时，_____ 断开，_____ 和 _____ 闭合。

7. 工件加工完毕后，先把 SA2 扳到 _____ 位置，切断电磁吸盘 YH 的直流电源。然后将 SA2 扳到 _____ 位置，电磁吸盘 YH 通入较小的（因串入了退磁电阻 R_2）反向电流进行退磁。

8. SA2 是控制电磁吸盘电源的 _____。SA2 扳到 "_____" 位置，SA2（16—18）、（17—20）闭合，SA2（3—4）断开，YH 得电；SA2 扳到 "_____" 位置，SA2（16—18）、（17—20）断开，YH 失电；SA2 扳到 "_____" 位置，SA2（16—19）、（17—18）闭合，SA2（3—4）闭合，YH 得反向电流。

9. 在退磁回路中的电位器 R_2 用于 _____。

10. 在电磁吸盘的直流回路中，给电磁吸盘线圈并联一欠电压继电器 K1，用以保证 _____ _____。

11. 若电磁吸盘电源电压不正常，大多数是因为 _____ 短路或断路造成的。

二、判断题

（   ）1. M7130 型平面磨床的砂轮架的横向进给运动只能采用液压传动。

（   ）2. M7130 型平面磨床的砂轮要求有较高的转速，通常采用两极笼型异步电动机驱动。

（   ）3. M7130 型平面磨床在磨削工作的过程中，工作台换向时，砂轮架就横向进给一次。

（   ）4. 电磁吸盘吸力不足的原因可能是电磁吸盘损坏或整流器输出电压不正常造成的。

（   ）5. M7130 型平面磨床的工作台采用了液压传动，当工作台前侧的换向挡铁碰撞床身上的液压换向开关时，工作台便自动改变了运动方向，实现了工作台的纵向往复运动。

三、选择题

1. M7130 型平面磨床的砂轮电动机 M1 和冷却泵电动机 M2 在（   ）上实现顺序控制。

A. 主电路   B. 控制线路   C. 电磁吸盘电路

2. M7130 型平面磨床电磁吸盘与三台电动机 M1、M2、M3 之间的电气联系是由（   ）实现的。

A. SA2   B. K1   C. SA2 和 K1 的常开触头（3—4）

班级		姓名		小组名称		工位号	

<table>
<tr><td rowspan="1">资讯</td><td>

3. 电磁吸盘的吸力不足，经检查发现整流器空载输出电压正常，而负载时输出电压远低于110V，由此可判断电磁吸盘线圈（　　）。

A. 断路　　　　　　　　B. 短路　　　　　　　　C. 无故障

4. 若电磁吸盘电路中的电阻 R_2 开路，则会造成（　　）。

A. 吸盘不能充磁　　　　B. 吸盘不能退磁　　　　C. 吸盘既不能充磁也不能退磁

四、简答题

1. 为什么电磁吸盘要用直流电而不用交流电？

2. 操作者把 M7130 型平面磨床的 SA2 扳到"退磁"位置，分别按 SB2、SB4，KM1 和 KM2 都能吸合，当 SA2 扳到"充磁"位置时，K1 得电，但分别按 SB2、SB4，KM1 和 KM2 都不能吸合。分析故障原因，确定可能的故障范围。

3. 操作者把 M7130 型平面磨床的 SA2 分别扳到"退磁"位置和"充磁"位置，且充磁时 K1 能得电，但分别按 SB2、SB4，KM1 和 KM2 都不能吸合。分析故障原因，确定最有可能的故障范围。

4. 操作者把 M7130 型平面磨床 SA2 扳到"退磁"位置，按下 SB2，KM1 能吸合，但按下 SB4，KM2 不能吸合。分析故障原因，确定可能的故障范围。

</td></tr>
</table>

班级		姓名		小组名称		工位号	

计划	计划工时： 需要准备的工具、仪表、资料等： 工作步骤： 检修方法：
决策	计划提交小组讨论或指导教师审查，形成实施性计划（方案）。修改意见建议： 小组代表（指导教师）签名： 我的工作计划顺利通过（　　）已作修改（　　）请求实施
实施	任务一：故障现象＿＿＿＿＿＿＿＿＿＿＿＿＿＿＿＿＿＿＿＿＿＿＿＿＿ 故障范围判定＿＿＿＿＿＿＿＿＿＿＿＿＿＿＿＿＿＿＿＿＿＿＿＿＿ 排故经过＿＿＿＿＿＿＿＿＿＿＿＿＿＿＿＿＿＿＿＿＿＿＿＿＿＿＿ ＿＿＿＿＿＿＿＿＿＿＿＿＿＿＿＿＿＿＿＿＿＿＿＿＿＿＿＿＿＿＿ ＿＿＿＿＿＿＿＿＿＿＿＿＿＿＿＿＿＿＿＿＿＿＿＿＿＿＿＿＿＿＿ 实际故障点＿＿＿＿＿＿＿＿＿＿＿＿＿＿＿＿＿＿＿＿＿＿＿＿＿＿＿ 任务二：故障现象＿＿＿＿＿＿＿＿＿＿＿＿＿＿＿＿＿＿＿＿＿＿＿＿ 故障范围判定＿＿＿＿＿＿＿＿＿＿＿＿＿＿＿＿＿＿＿＿＿＿＿＿＿ ＿＿＿＿＿＿＿＿＿＿＿＿＿＿＿＿＿＿＿＿＿＿＿＿＿＿＿＿＿＿＿ 排故经过＿＿＿＿＿＿＿＿＿＿＿＿＿＿＿＿＿＿＿＿＿＿＿＿＿＿＿ ＿＿＿＿＿＿＿＿＿＿＿＿＿＿＿＿＿＿＿＿＿＿＿＿＿＿＿＿＿＿＿ 实际故障点＿＿＿＿＿＿＿＿＿＿＿＿＿＿＿＿＿＿＿＿＿＿＿＿＿＿＿ 任务三：故障现象＿＿＿＿＿＿＿＿＿＿＿＿＿＿＿＿＿＿＿＿＿＿＿＿ 故障范围判定＿＿＿＿＿＿＿＿＿＿＿＿＿＿＿＿＿＿＿＿＿＿＿＿＿ ＿＿＿＿＿＿＿＿＿＿＿＿＿＿＿＿＿＿＿＿＿＿＿＿＿＿＿＿＿＿＿ 排故经过＿＿＿＿＿＿＿＿＿＿＿＿＿＿＿＿＿＿＿＿＿＿＿＿＿＿＿ ＿＿＿＿＿＿＿＿＿＿＿＿＿＿＿＿＿＿＿＿＿＿＿＿＿＿＿＿＿＿＿ ＿＿＿＿＿＿＿＿＿＿＿＿＿＿＿＿＿＿＿＿＿＿＿＿＿＿＿＿＿＿＿ 实际故障点＿＿＿＿＿＿＿＿＿＿＿＿＿＿＿＿＿＿＿＿＿＿＿＿＿＿＿

班级			姓名		小组名称		工位号	

	检查项目	评价标准	配分	自检	互检	师检
检查	工作准备	工具、仪表等准备不足或错误，每只扣2分 资料、文具等准备不足或错误，每项扣2分	10			
	故障判定	操作不规范，每次扣2分 未能观察到机床故障，每处故障扣5分	10			
	故障分析	故障区域判断错误，每次扣5分 分析线路思路不清，每次扣2分 故障区域判断过大，每次扣2分	10			
	故障排除	不能排除故障，每处扣20分 排除故障思路不清，每处扣5分 排除故障方法不正确，每次扣5～10分 仪表使用不正确，每次扣3分 扩大故障后不能自行修复，每处扣10分；能自行修复，每处扣5分 发生短路现象，每次扣10分（包括被监考制止） 损坏器材，每次扣10分 修复故障时接错线，每次（条）扣5分 严重损坏设备及造成事故，扣单项30～60分	60			
	安全文明	穿戴不符合要求或工具、仪表不齐，扣2～5分 违规操作，每次扣2～5分 不按"7S"标准排除故障，扣2～5分	5			
	施工时间	超过定额用时，每5min扣1分	5			
	备注	参照相关国家职业技能标准和行业技术标准制定本检查细则	总分			
			检查员：			

检修情况记录：

班级			姓名		小组名称		工位号	

	评价内容	评价标准	配分	自我评价	小组评价	教师评价
评价	方法能力	电气故障检修的组织实施能力 制订、实施工作计划的能力 查询电气故障检查方法的能力	30			
	专业能力	M7130 型平面磨床线路图的识读能力 M7130 型平面磨床电气设备的操作能力 M7130 型平面磨床电气故障的诊断和排除能力 安全用电操作规程的认知能力 电工工具和仪表的使用能力	50			
	社会能力	沟通协调能力、语言表达能力 团队组织能力、班组管理能力 责任心与职业道德、安全与自我保护能力 环境适应能力	20			
	指导教师描述性评价：		小计			
			权重			
	指导教师签名：　　　　日期：		总分			

任务实施工作小结反馈：

实施者签名：　　　　日期：

X62W 型万能铣床电气控制线路的分析与检修工作页

编号：JX04

班级		姓名		小组名称		工位号	
小组成员及分工							

资讯	任务实施前，请阅读教材和相关资料，完成以下练习： 一、填空题 1. X62W 型万能铣床有三台电动机，即_____、_____和_____。 2. 要求主轴电动机能正反转及在变速时能_____一下，并要求能_____和_____控制。 3. 工作台的三种运动形式（六个方向的移动）是靠_____方法来实现的，对进给电动机要求能正反转，在纵向、横向、垂直三种运动形式相互应有_____。工作台进给变速时，电动机要能满足_____、_____及_____等要求。 4. 工作台有前后、左右、上下六个方向的进给运动和快速移动，进给的快速移动是通过_____和_____来完成的。工作台上装有圆工作台，由进给电动机传动机构驱动。 5. 六个方向的进给运动中只能产生一种运动，所以采用_____和_____配合来实现六个方向的联锁。 6. X62W 型万能铣床在加工过程中不需要频繁变换主轴旋转的方向，因此用_____来控制主轴电动机的正反转。 7. 主轴电动机 M1：熔断器_____作为短路保护，接触器_____作为失电压、欠电压保护，热继电器_____作为过载保护。 8. 进给电动机 M2：熔断器_____作为短路保护，接触器_____作为失电压、欠电压保护，热继电器_____作为过载保护。 9. 冷却泵电动机 M3：熔断器_____作为短路保护，接触器_____作为失电压、欠电压保护，热继电器_____作为过载保护。 10. 主轴变速操纵箱装在床身左侧，主轴变速由一个_____和一个_____来实现。 11. 主轴变速时的冲动控制是利用变速手柄与_____通过机械上的_____进行的。 12. 进给电动机控制线路采用了与纵向运动机械操纵手柄联动的行程开关_____，以及与横向和垂直运动机械操纵手柄联动的行程开关_____，组成复合联锁控制。 二、判断题 （　　）1. X62W 型万能铣床的顺铣和逆铣加工是由主轴电动机 M1 的正反转来实现的。 （　　）2. 为了提高工作效率，X62W 型万能铣床要求主轴和进给能同时起动和停止。 （　　）3. 圆工作台工作时，允许工作台有六个方向的进给运动。 （　　）4. X62W 型万能铣床工作台的快速运动是由专门的电动机拖动的。 （　　）5. 进给操作手柄被置于某一方向后，电动机 M2 只能朝一个方向旋转，其传动链也只能与一根丝杠搭合。 （　　）6. 圆工作台加工不需要调速，也不要求正反转。 （　　）7. X62W 型万能铣床不论是开机还是停机，都应以较快的速度把主轴变速操纵手柄推回原始位置。

班级		姓名		小组名称		工位号	

三、选择题

1. X62W 型万能铣床的操作方法是（　　）。
A. 全用按钮　　　　　　　B. 全用手柄　　　　　　　C. 既有按钮又有手柄

2. X62W 型万能铣床的主轴电动机 M1 要求正反转，不用接触器控制而用组合开关控制，是因为（　　）。
A. 接触器易损坏　　　　　B. 正反转不频繁　　　　　C. 操作方便

3. 工作台进给没有采取制动措施，是因为（　　）。
A. 惯性小　　　　　　　　B. 速度不高且用丝杠传动　C. 有机械制动

4. X62W 型万能铣床主轴电动机 M1 的制动采用（　　）。
A. 反接制动　　　　　　　B. 电磁制动器制动　　　　C. 电磁离合器制动

5. X62W 型万能铣床的主轴若未起动，工作台（　　）。
A. 不能有任何进给　　　　B. 可以进给　　　　　　　C. 可以快速进给

6. 圆工作台的回转运动是由（　　）经传动机构驱动的。
A. 主轴电动机 M1　　　　B. 进给电动机 M2　　　　C. 冷却泵电动机 M3

7. 当左右进给操纵手柄扳向右端时，将压合行程开关（　　）。
A. SQ1　　　　　　　　　B. SQ2　　　　　　　　　C. SQ3
D. SQ4　　　　　　　　　E. SQ5　　　　　　　　　F. SQ6

8. 当操纵手柄扳向进给变速时，将压合行程开关（　　）。
A. SQ1　　　　　　　　　B. SQ2　　　　　　　　　C. SQ3
D. SQ4　　　　　　　　　E. SQ5　　　　　　　　　F. SQ6

9. 当上下前后进给手柄扳向上端时，将压合行程开关（　　）。
A. SQ1　　　　　　　　　B. SQ2　　　　　　　　　C. SQ3
D. SQ4　　　　　　　　　E. SQ5　　　　　　　　　F. SQ6

10. X62W 型万能铣床工作台的进给，必须在主轴起动后才允许进行，这是为了（　　）。
A. 安全需要　　　　　　　B. 加工工艺的需要　　　　C. 电路安装的需要

11. 进给电动机控制线路在选择三种运动形式的六个方向移动时，只能进行其中（　　）方向的移动。
A. 一个　　　　　　　　　B. 二个　　　　　　　　　C. 多个

12. 由于 X62W 型万能铣床圆工作台的通电线路经过（　　），所以，任意一个进给手柄不在零位时，都将使圆工作台停下来。
A. 进给系统行程开关的所有常闭触头
B. 进给系统行程开关的所有常开触头
C. 进给系统行程开关的所有常开及常闭触头

四、简答题

1. 在 X62W 型万能铣床的电气控制线路中，主轴起动与停止控制、主轴冲动控制与进给控制以及快速进给控制各采用了什么控制方式？

班级		姓名		小组名称		工位号	
资讯	2. 写出工作台向右进给的电流通道。 3. 写出工作台向后、向上进给的电流通道。 4. 写出工作台进给变速冲动的电流通道。 5. 写出圆工作台进给的电流通道。						

班级		姓名		小组名称		工位号	

计划	计划工时： 需要准备的工具、仪表、资料等： 工作步骤： 检修方法：
决策	计划提交小组讨论或指导教师审查，形成实施性计划（方案）。修改意见建议： 　　　　　　　　　　　　　　　　小组代表（指导教师）签名： 我的工作计划顺利通过（　　）已作修改（　　）请求实施
实施	任务一：故障现象＿＿＿＿＿＿＿＿＿＿＿＿＿＿＿＿ 故障范围判定＿＿＿＿＿＿＿＿＿＿＿＿＿＿ 排故经过＿＿＿＿＿＿＿＿＿＿＿＿＿＿＿＿ ＿＿＿＿＿＿＿＿＿＿＿＿＿＿＿＿＿＿ ＿＿＿＿＿＿＿＿＿＿＿＿＿＿＿＿＿＿ 实际故障点＿＿＿＿＿＿＿＿＿＿＿＿＿＿ 任务二：故障现象＿＿＿＿＿＿＿＿＿＿＿＿ 故障范围判定＿＿＿＿＿＿＿＿＿＿＿＿＿＿ ＿＿＿＿＿＿＿＿＿＿＿＿＿＿＿＿＿＿ 排故经过＿＿＿＿＿＿＿＿＿＿＿＿＿＿＿＿ ＿＿＿＿＿＿＿＿＿＿＿＿＿＿＿＿＿＿ 实际故障点＿＿＿＿＿＿＿＿＿＿＿＿＿＿ 任务三：故障现象＿＿＿＿＿＿＿＿＿＿＿＿ 故障范围判定＿＿＿＿＿＿＿＿＿＿＿＿＿＿ ＿＿＿＿＿＿＿＿＿＿＿＿＿＿＿＿＿＿ 排故经过＿＿＿＿＿＿＿＿＿＿＿＿＿＿＿＿ ＿＿＿＿＿＿＿＿＿＿＿＿＿＿＿＿＿＿ ＿＿＿＿＿＿＿＿＿＿＿＿＿＿＿＿＿＿ 实际故障点＿＿＿＿＿＿＿＿＿＿＿＿＿＿

班级			姓名		小组名称			工位号	
	检查项目		评价标准			配分	自检	互检	师检
检查	工作准备		工具、仪表等准备不足或错误，每只扣2分 资料、文具等准备不足或错误，每项扣2分			10			
	故障判定		操作不规范，每次扣2分 未能观察到机床故障，每处故障扣5分			10			
	故障分析		故障区域判断错误，每次扣5分 分析线路思路不清，每次扣2分 故障区域判断过大，每次扣2分			10			
	故障排除		不能排除故障，每处扣20分 排除故障思路不清，每处扣5分 排除故障方法不正确，每次扣5～10分 仪表使用不正确，每次扣3分 扩大故障后不能自行修复，每处扣10分；能自行修复，每处扣5分 发生短路现象，每次扣10分（包括被监考制止） 损坏器材，每次扣10分 修复故障时接错线，每次（条）扣5分 严重损坏设备及造成事故，扣单项30～60分			60			
	安全文明		穿戴不符合要求或工具、仪表不齐，扣2～5分 违规操作，每次扣2～5分 不按"7S"标准排除故障，扣2～5分			5			
	施工时间		超过定额用时，每5min扣1分			5			
	备注		参照相关国家职业技能标准和行业技术标准制定本检查细则			总分			
						检查员：			

检修情况记录：

班级			姓名		小组名称		工位号	

	评价内容	评价标准	配分	自我评价	小组评价	教师评价
评价	方法能力	电气故障检修的组织实施能力 制订、实施工作计划的能力 查询电气故障检查方法的能力	30			
	专业能力	X62W 型铣床线路图的识读能力 X62W 型铣床电气设备的操作能力 X62W 型铣床电气故障的诊断和排除能力 安全用电操作规程的认知能力 电工工具和仪表的使用能力	50			
	社会能力	沟通协调能力、语言表达能力 团队组织能力、班组管理能力 责任心与职业道德、安全与自我保护能力 环境适应能力	20			
	指导教师描述性评价：		小计			
			权重			
	指导教师签名：　　　　日期：		总分			

任务实施工作小结反馈：

实施者签名：　　　　日期：

T68型卧式镗床电气控制线路的分析与检修工作页

编号：**JX05**

班级		姓名		小组名称		工位号	
小组成员及分工							

资讯	**任务实施前，请阅读教材和相关资料，完成以下练习：**
	一、填空题
	1. T68型卧式镗床的主运动包括镗床_____的旋转运动和_____的旋转运动。
	2. T68型卧式镗床的进给运动包括镗床主轴的_____进给、花盘上刀具的_____进给、镗头的_____进给、工件的_____进给和_____进给。
	3. T68型卧式镗床的辅助运动包括镗床_____、_____、尾架的_____及各部分的_____。
	4. 主轴电动机M1由五只接触器控制：KM1和KM2为_____控制，KM3为_____接触器，KM4为_____接触器，KM5为_____接触器。
	5. 快速移动电动机M2由KM6、KM7实现_____控制，熔断器_____作为短路保护，接触器KM6和KM7作为_____保护。
	二、判断题
	（　　）1. 镗床主轴要求恒功率拖动、大范围内调速，采用△-丫丫双速电动机。
	（　　）2. 为了适应加工过程中调整的需要，通过主轴电动机高速点动来实现主轴的正反转点动调整。
	（　　）3. 为了防止滑移齿轮变速时出现顶齿，要求主轴变速时电动机做低速断续冲动。
	（　　）4. T68型卧式镗床的主轴电动机采用减压起动。
	三、选择题
	1. T68型卧式镗床的主轴采用（　　）制动，有的也采用电磁铁制动。
	A. 能耗　　　　　　B. 电容　　　　　　　C. 反接　　　　　　　D. 再生发电
	2. T68型卧式镗床调速能在主轴电动机M1（　　）时进行。
	A. 停机　　　　　　B. 运行　　　　　　　C. 停机或运行
	3. T68型卧式镗床调速时，主轴电动机M1可获得（　　）连续冲动，以方便齿轮顺利啮合。
	A. 低速　　　　　　B. 高速　　　　　　　C. 低速和高速
	四、简答题
	1. T68型卧式镗床有哪些运动形式？

班级		姓名		小组名称		工位号	

<table>
<tr>
<td rowspan="7">资讯</td>
<td>2. 写出 T68 型卧式镗床主轴电动机正向点动控制的电流通道。</td>
</tr>
<tr>
<td>3. 写出 T68 型卧式镗床低速正转控制、低速反转控制时，继电器、接触器线圈的得电顺序。</td>
</tr>
<tr>
<td>4. 写出 T68 型卧式镗床高速正转控制、高速反转控制时，继电器、接触器线圈的得电顺序。</td>
</tr>
<tr>
<td>5. 写出 T68 型卧式镗床主轴电动机反向高速控制的电流通道。</td>
</tr>
<tr>
<td>6. 写出 T68 型卧式镗床运行时的变速控制流程。</td>
</tr>
<tr>
<td>7. 若 SQ3、SQ5 和 SQ4、SQ6 有一组未被压迫，机床通电后会产生什么动作状态？</td>
</tr>
</table>

班级		姓名		小组名称		工位号	

计划	计划工时： 需要准备的工具、仪表、资料等： 工作步骤： 检修方法：
决策	计划提交小组讨论或指导教师审查，形成实施性计划（方案）。修改意见建议： 小组代表（指导教师）签名：
实施	我的工作计划顺利通过（　　）已作修改（　　）请求实施 任务一：故障现象＿＿＿＿＿＿＿＿＿＿＿＿＿＿＿＿＿＿＿＿＿＿ 故障范围判定＿＿＿＿＿＿＿＿＿＿＿＿＿＿＿＿＿＿＿＿＿＿ 排故经过＿＿＿＿＿＿＿＿＿＿＿＿＿＿＿＿＿＿＿＿＿＿＿＿ ＿＿＿＿＿＿＿＿＿＿＿＿＿＿＿＿＿＿＿＿＿＿＿＿＿＿＿＿ ＿＿＿＿＿＿＿＿＿＿＿＿＿＿＿＿＿＿＿＿＿＿＿＿＿＿＿＿ 实际故障点＿＿＿＿＿＿＿＿＿＿＿＿＿＿＿＿＿＿＿＿＿＿＿＿ 任务二：故障现象＿＿＿＿＿＿＿＿＿＿＿＿＿＿＿＿＿＿＿＿＿＿ 故障范围判定＿＿＿＿＿＿＿＿＿＿＿＿＿＿＿＿＿＿＿＿＿＿ ＿＿＿＿＿＿＿＿＿＿＿＿＿＿＿＿＿＿＿＿＿＿＿＿＿＿＿＿ 排故经过＿＿＿＿＿＿＿＿＿＿＿＿＿＿＿＿＿＿＿＿＿＿＿＿ ＿＿＿＿＿＿＿＿＿＿＿＿＿＿＿＿＿＿＿＿＿＿＿＿＿＿＿＿ ＿＿＿＿＿＿＿＿＿＿＿＿＿＿＿＿＿＿＿＿＿＿＿＿＿＿＿＿ 实际故障点＿＿＿＿＿＿＿＿＿＿＿＿＿＿＿＿＿＿＿＿＿＿＿＿ 任务三：故障现象＿＿＿＿＿＿＿＿＿＿＿＿＿＿＿＿＿＿＿＿＿＿ 故障范围判定＿＿＿＿＿＿＿＿＿＿＿＿＿＿＿＿＿＿＿＿＿＿ ＿＿＿＿＿＿＿＿＿＿＿＿＿＿＿＿＿＿＿＿＿＿＿＿＿＿＿＿ 排故经过＿＿＿＿＿＿＿＿＿＿＿＿＿＿＿＿＿＿＿＿＿＿＿＿ ＿＿＿＿＿＿＿＿＿＿＿＿＿＿＿＿＿＿＿＿＿＿＿＿＿＿＿＿ ＿＿＿＿＿＿＿＿＿＿＿＿＿＿＿＿＿＿＿＿＿＿＿＿＿＿＿＿ 实际故障点＿＿＿＿＿＿＿＿＿＿＿＿＿＿＿＿＿＿＿＿＿＿＿＿

班级			姓名		小组名称		工位号	
检查	检查项目		评价标准			配分	自检	互检	师检
	工作准备		工具、仪表等准备不足或错误，每只扣2分 资料、文具等准备不足或错误，每项扣2分			10			
	故障判定		操作不规范，每次扣2分 未能观察到机床故障，每处故障扣5分			10			
	故障分析		故障区域判断错误，每次扣5分 分析线路思路不清，每次扣2分 故障区域判断过大，每次扣2分			10			
	故障排除		不能排除故障，每处扣20分 排除故障思路不清，每处扣5分 排除故障方法不正确，每次扣5～10分 仪表使用不正确，每次扣3分 扩大故障后不能自行修复，每处扣10分；能自行修复，每处扣5分 发生短路现象，每次扣10分（包括被监考制止） 损坏器材，每次扣10分 修复故障时接错线，每次（条）扣5分 严重损坏设备及造成事故，扣单项30～60分			60			
	安全文明		穿戴不符合要求或工具、仪表不齐，扣2～5分 违规操作，每次扣2～5分 不按"7S"标准排除故障，扣2～5分			5			
	施工时间		超过定额用时，每5min扣1分			5			
	备注		参照相关国家职业技能标准和行业技术标准制定本检查细则			总分			
						检查员：			

检修情况记录：

班级			姓名		小组名称		工位号	

	评价内容		评价标准	配分	自我评价	小组评价	教师评价
评价	方法能力		电气故障检修的组织实施能力 制订、实施工作计划的能力 查询电气故障检查方法的能力	30			
	专业能力		T68 型卧式镗床线路图的识读能力 T68 型卧式镗床电气设备的操作能力 T68 型卧式镗床电气故障的诊断和排除能力 安全用电操作规程的认知能力 电工工具和仪表的使用能力	50			
	社会能力		沟通协调能力、语言表达能力 团队组织能力、班组管理能力 责任心与职业道德、安全与自我保护能力 环境适应能力	20			
	指导教师描述性评价：			小计			
				权重			
	指导教师签名： 日期：			总分			

任务实施工作小结反馈：

实施者签名： 日期：

20/5t 桥式起重机电气控制线路的分析与检修工作页

编号：JX06

班级		姓名		小组名称		工位号	
小组成员及分工							

<table>
<tr><td rowspan="1">资讯</td><td>

任务实施前，请阅读教材和相关资料，完成以下练习：

一、填空题

1. 起重机是一种用来_____或_____重物，并使重物在短距离内_____移动的起重设备。

2. 由于起重机工作时是经常移动的，因此需采用_____电源供电。小型起重机常采用_____供电；大型起重机一般采用_____和_____供电。

3. 桥式起重机的工作环境较恶劣，经常需要带载起动，要求电动机的起动转矩大、起动电流小，且有一定的调速要求，因此多选用_____电动机拖动。

4. 为保证人身和设备的安全，桥式起重机的停机必须采用安全可靠的制动方式，因此采用_____制动。

5. 整个起重机的控制和保护由_____和_____来实现。

6. 为了保障维修人员的安全，在驾驶室舱门上装有安全开关_____，在横梁两侧栏杆门上分别装有安全开关_____，在保护柜上还装有一只单刀单掷的紧急开关_____。

7. 起重机还设置了_____保护，其目的是为了防止电动机在转子回路电阻被切除的情况下直接起动，产生很大的冲击电流造成事故。

8. 桥式起重机提升的第一挡作为预备级，是为了消除_____和预紧_____，以避免过大的_____。

9. 起重机投入运行前，应将所有凸轮控制器手柄置于_____位，合上_____，关好_____和_____，使行程开关 SQ1、SQ2、SQ3 的常开触点也处于_____状态。

10. 桥式起重机的大车、小车和副钩电动机一般采用_____控制，而主钩电动机则采用_____控制。

11. 凸轮控制器 Q1、Q2、Q3 的手轮均有_____个位置，中间位置是_____位，左、右两边各有_____个位置，用来控制电动机 M1、M2、M3 和 M4 在不同转速下的正反转。

12. 桥式起重机的主钩下降有 6 挡位置，其中"C""1""2"为_____位置，用于重负载_____，电动机处于_____运行状态；"3""4""5"为_____位置，主要用于轻负载_____。

二、判断题

（　　）1. 桥式起重机的主钩电动机需带负载起动，因此起动转矩越大越好。

（　　）2. 桥式起重机工作时，若副钩因过载而使过电流继电器 KI1 动作，电动机 M1 停转，其他电动机可照常起动运转。

（　　）3. 桥式起重机的驾驶室舱门和横梁栏杆门是否关闭不影响桥式起重机的工作。

三、选择题

1. 关于主钩和副钩位置的叙述正确的是（　　）。

A. 主钩和副钩都装在小车上　　　　　　　B. 主钩和副钩都装在大车上

C. 主钩和副钩可同时提升两个重物　　　　D. 主钩装在大车上，副钩装在小车上

</td></tr>
</table>

班级		姓名		小组名称		工位号	

<table>
<tr><td rowspan="1">资讯</td><td>

2. 在桥式起重机上，为保障维修人员的安全而安装的行程开关是（　　）。

A. SQ1 和 SQ4　　　　B. SQ2 和 SQ5　　　　C. SQ3 和 SQ6　　　　D. SQ1、SQ2 和 SQ3

3. 在桥式起重机上，总电源由 QS1 控制，KI 实现过电流保护，KI 线圈串联在公用相，整定值不应超过全部电动机额定电流总和的（　　）倍。

A. 1　　　　　　　　B. 1.5　　　　　　　　C. 2　　　　　　　　D. 2.5

4. 在桥式起重机上，KI1～KI5 的整定值一般整定在被保护电动机额定电流的（　　）倍。

A. 0.5～1　　　　　B. 1～1.5　　　　　C. 1.5～2　　　　　D. 2.2～2.5

5. 桥式起重机上功率最大的电动机是（　　）。

A. 小车电动机 M2　　　B. 大车电动机 M3 和 M4

C. 副钩电动机 M1　　　D. 主钩电动机 M5

6. 桥式起重机的主钩电动机下放空钩时，电动机工作在（　　）状态。

A. 正转电动　　　　　B. 反转电动　　　　　C. 倒拉反接　　　　　D. 再生制动

7. 桥式起重机的主钩处于下降"1"挡时，若重力大于电动机的电磁力矩，重物下降，此时主钩电动机处于（　　）状态。

A. 正转电动　　　　　B. 反转电动　　　　　C. 倒拉反接　　　　　D. 再生制动

8. 桥式起重机的主钩处于下降"2"挡时，转子电阻全部串入转子电路，这种状态用于（　　）。

A. 重物加速下降　　　B. 重物减速下降　　　C. 重物提升

四、简答题

1. 若按下 SB，电源接触器 KM 线圈不得电，应检测哪条支路？以电流通道的方式写出。

2. 若按下 SB，电源接触器点动控制，应检测哪条支路？以电流通道的方式写出。

3. 在教材图 3-6-4 中，16 区的 KMD 常开辅助触头与 16 区的 KM5 常开辅助触头串联支路的作用是什么？

4. 接触器 KMU 线路中的 KMU 常开触头与 KM5 常闭触头并联的主要作用是什么？

</td></tr>
</table>

班级		姓名		小组名称		工位号	

计划	计划工时： 需要准备的工具、仪表、资料等： 工作步骤： 检修方法：
决策	计划提交小组讨论或指导教师审查，形成实施性计划（方案）。修改意见建议： 小组代表（指导教师）签名：
	我的工作计划顺利通过（　　）已作修改（　　）请求实施
实施	任务一：故障现象_____ 故障范围判定_____ 排故经过_____ _____ _____ 实际故障点_____ 任务二：故障现象_____ 故障范围判定_____ 排故经过_____ _____ _____ 实际故障点_____ 任务三：故障现象_____ 故障范围判定_____ _____ 排故经过_____ _____ _____ _____ 实际故障点_____

班级			姓名		小组名称		工位号	
检查	检查项目	评价标准				配分	自检	互检	师检

	检查项目	评价标准	配分	自检	互检	师检
检查	工作准备	工具、仪表等准备不足或错误，每只扣2分 资料、文具等准备不足或错误，每项扣2分	10			
	故障判定	操作不规范，每次扣2分 未能观察到机床故障，每处故障扣5分	10			
	故障分析	故障区域判断错误，每次扣5分 分析线路思路不清，每次扣2分 故障区域判断过大，每次扣2分	10			
	故障排除	不能排除故障，每处扣20分 排除故障思路不清，每处扣5分 排除故障方法不正确，每次扣5～10分 仪表使用不正确，每次扣3分 扩大故障后不能自行修复，每处扣10分；能自行修复，每处扣5分 发生短路现象，每次扣10分（包括被监考制止） 损坏器材，每次扣10分 修复故障时接错线，每次（条）扣5分 严重损坏设备及造成事故，扣单项30～60分	60			
	安全文明	穿戴不符合要求或工具、仪表不齐，扣2～5分 违规操作，每次扣2～5分 不按"7S"标准排除故障，扣2～5分	5			
	施工时间	超过定额用时，每5min扣1分	5			
	备注	参照相关国家职业技能标准和行业技术标准制定本检查细则	总分			
			检查员：			

检修情况记录：

班级			姓名		小组名称				工位号		

	评价内容	评价标准	配分	自我评价	小组评价	教师评价
评价	方法能力	电气故障检修的组织实施能力 制订、实施工作计划的能力 查询电气故障检查方法的能力	30			
	专业能力	20/5t 桥式起重机线路图的识读能力 20/5t 桥式起重机电气设备的操作能力 20/5t 桥式起重机电气故障的诊断排除能力 安全用电操作规程的认知能力 电工工具和仪表的使用能力	50			
	社会能力	沟通协调能力、语言表达能力 团队组织能力、班组管理能力 责任心与职业道德、安全与自我保护能力 环境适应能力	20			

指导教师描述性评价：	小计			
	权重			
指导教师签名：　　　　　日期：	总分			

任务实施工作小结反馈：

实施者签名：　　　　　日期：